ISNM

INTERNATIONAL SERIES OF NUMERICAL MATHEMATICS
INTERNATIONALE SCHRIFTENREIHE ZUR NUMERISCHEN MATHEMATIK
SÉRIE INTERNATIONALE D'ANALYSE NUMÉRIQUE

VOL. 30

Numerische Methoden der Approximationstheorie Band 3

Vortragsauszüge
der Tagung über numerische Methoden der Approximationstheorie
vom 25. bis 31. Mai 1975
im Mathematischen Forschungsinstitut Oberwolfach (Schwarzwald)

Herausgegeben von
L. Collatz, Hamburg, H. Werner, Münster, und G. Meinardus, Erlangen

SPRINGER BASEL AG

CIP-Kurztitelaufnahme der Deutschen Bibliothek

Numerische Methoden der Approximationstheorie
Bd. 3. Vortragsauszüge der Tagung über numerische Methoden der Approximationstheorie: vom 25.-31. Mai 1975 im Math. Forschungsinst. Oberwolfach (Schwarzwald)/hrsg. von L. Collatz...
(International series of numerical mathematics; Vol. 30)
NE: Collatz, Lothar [Hrsg.]; Tagung über Numerische Methoden der Approximationstheorie ‹1975, Oberwolfach›; Mathematisches Forschungsinstitut ‹Oberwolfach›

Originally published by Birkhäuser Verlag Basel in 1976

ISBN 978-3-7643-0824-7 ISBN 978-3-0348-7692-6 (eBook)
DOI 10.1007/978-3-0348-7692-6

Vorwort

Der vorliegende Band stellt Vortragsmanuskripte einer am Mathematischen Forschungsinstitut, Oberwolfach, in der Zeit vom 25. bis 31. Mai 1975 veranstalteten Tagung zusammen, die unter der Leitung der Unterzeichner stand. Die letzten dieser Tagungen über numerische Methoden der Approximationstheorie fanden 1971 und 1973 statt - der Schwerpunkt lag bei Fragen der Numerik von Algorithmen zur Darstellung von Funktionen -, ließen aber bereits ein wachsendes Interesse an Anwendungen erkennen. Die diesjährige Tagung war gekennzeichnet durch die Behandlung praktischer Aufgabenstellungen sowie durch die Einbeziehung der Anwendungen aus Nachbargebieten bzw. die Verwendung der Methoden dieser Gebiete in der Approximationstheorie, insbesondere wurde auch auf die Beziehungen von Optimierung und Kontrolltheorie zu speziellen approximationstheoretischen Aufgaben eingegangen. Der starke Einfluß auf die numerischen Methoden zur Behandlung von Differentialgleichungen wurde etwa bei der Methode der finiten Elemente oder bei Kollokationsaufgaben deutlich. So ist zu hoffen, daß auch diese Tagung dazu beigetragen hat, Theorie und Anwendungen wieder stärker zu verbinden.
Die spezifische Atmosphäre des Forschungsinstituts stimulierte einen intensiven, durch die breite internationale Streuung der Tagungsteilnehmer verstärkten, fruchtbaren Gedankenaustausch. Zum Erfolg der Tagung trug - wie immer - die hervorragende Betreuung durch die Mitarbeiter und Angestellten des Forschungsinstituts und das verständnisvolle Entgegenkommen von Herrn Kollege Barner bei.
Unser besonderer Dank gilt ferner dem Birkhäuser Verlag für die sehr gute Ausstattung des Buches.

L. Collatz, G. Meinardus, H. Werner

Inhaltsverzeichnis

DOUBLE APPROXIMATION METHODS FOR THE SOLUTION OF FREDHOLM INTEGRAL EQUATIONS

P. M. Anselone and J. W. Lee

A double approximation method with error bounds is presented for the numerical solution of Fredholm integral equations. The method embraces standard finite rank and projections methods which, when applied to the Fredholm equation $(I - K)x = y$, yield approximations $(I - K^m)x^m = y$ equivalent to matrix problems. However, the matrix elements are integrals which almost always must be done numerically. This is equivalent to a double approximation scheme $(I - K_n^m)x_n^m = y$, where x_n^m is the solution computed numerically. Under typical conditions, $K_n^m \to K$ pointwise as $m, n \to \infty$, K is compact, $\{K_n^m\}$ is collectively compact, and an available operator approximation theory yields convergence theorems and error bounds for the approximate solutions. Optimal choices for m relative to n are also considered.

1. Introduction and Summary

Consider a Fredholm integral equation

$$(1.1) \quad x(s) - \int_0^1 k(s,t)x(t)dt = y(s), \qquad 0 \leqq s \leqq 1,$$

where, for the present, all functions are continuous on closed domains. Later more general Fredholm equations with discontinuous or singular kernels defined in R^n will be considered, as well as extensions to nonlinear problems. Widely used numerical methods for the solution of (1.1) are based on the approximation of the kernel k

by a sequence of kernels k^m, $m = 1, 2, \ldots$. Thus, approximate solutions x^m of (1.1) satisfy integral equations,

$$(1.2) \qquad x^m(s) - \int_0^1 k^m(s,t)x^m(t)dt = y(s).$$

If k^m is degenerate then the corresponding integral operator has finite rank (finite dimensional range) and (1.2) reduces to a matrix problem. Most projection methods fall into this category. Further specialization yields collocation, Ritz-Galerkin, moment, and least-squares procedures.

Consider (1.1) and (1.2) in operator form

$$(I - K)x = y, \qquad (I - K^m)x^m = y,$$

on $C[0,1]$ with the max norm. If $k^m \to k$ uniformly, which is often the case, then $\|K^m - K\| \to 0$. Standard operator approximation theory relates the existence and operator norm convergence of the inverses of $I - K$ and $I - K^m$, plus error bounds. There are also comparisons of eigenvalues, eigenfunctions, and other spectral properties of K and K^m. Particular approximation methods, such as collocation or Ritz-Galerkin, require more detailed analysis which utilizes results from the theory of approximation of functions, e.g., polynomial or spline approximation.

Numerical integration yields approximations to (1.1) of the form

$$(1.3) \qquad x_n(s) - \sum_{j=1}^{n} w_{nj}\, k(s,t_{nj})x_n(t_{nj}) = y(s)$$

with, say, a convergent quadrature rule. Consider (1.1) and (1.3) in operator form

$$(I - K)x = y, \qquad (I - K_n)x_n = y.$$

The operators K and K_n satisfy the conditions:

$K_n \to K$ pointwise, $\{K_n\}$ collectively compact, K compact.

An operator approximation theory presented in [1] and summarized in §4 below relates the existence and pointwise convergence of the inverses of $I - K$ and $I - K_n$, plus error bounds. Other results compare eigenvalues, eigenfunctions, and other spectral properties of K and K_n.

Since (1.3) reduces to a matrix problem when $s = t_{ni}$, the x_n can be calculated by means of various matrix algorithms. This is seldom true for the approximations x^m in (1.2). Even if k^m is degenerate, the coefficients and right members in the corresponding matrix problem are integrals which ordinarily must be estimated numerically. Unless k is rather simple, efficient kernel approximation methods, including most projection methods, produce approximate solutions x^m which in turn must be approximated. This means that the theoretical convergence results and error bounds pertain to approximate solutions which in fact are not available computationally.

Numerical integration in (1.2) yields equations of the form

$$(1.4)\quad x_n^m(s) - \sum_{j=1}^{n} w_{nj}\, k^m(s,t_{nj})x_n^m(t_{nj}) = y(s).$$

When k^m is degenerate, this is equivalent to the use of numerical integration in the matrix problem corresponding to (1.2). Consider (1.1) and (1.4) in operator form

$$(I - K)x = y, \qquad (I - K_n^m)x_n^m = y.$$

It will be shown that $K_n^m \to K$ pointwise and $\{K_n^m\}$ is collectively compact. The collectively compact operator approximation theory applies without essential change to double sequences. It yields convergence results and error bounds for the approximations x_n^m to x.

There are several practical advantages to the foregoing method. The approximations x_n^m can be calculated. In fact, such approximations are obtained when (1.2) is treated computationally. It is possible to infer the existence and uniqueness of the solution x of (1.1) and to estimate it directly from numerical results. The error bounds depend in the correct qualitative manner on the smoothness of the given functions. Perhaps most important, it is possible to balance the errors from the kernel approximations and from the numerical integration so as to reduce computation. In fact, the error bounds for $\|x - x_n^m\|$ given below lead to asymptotically "optimal" choices for m relative to n for many practical numerical procedures. An important area for future study is the extent to which practical use can be made of these asymptotic results. It would be especially useful to identify classes of kernels with associated choices of kernel approximation methods and numerical integration rules for which the asymptotic error estimates provide nearly optimal choices for m and n over the range of values commonly used in the numerical solution of integral equations.

2. Notation and Conventions

The operator approximation theory to be applied will have an abstract setting. Let X be a real or complex Banach space and $\mathcal{B} = \{x \in X : \|x\| \leq 1\}$, the closed unit ball in X. Let $[X]$ denote the space of bounded linear operators $T : X \to X$ with the usual operator norm, $\|T\| = \sup\{\|Tx\| : x \in \mathcal{B}\}$. Operator norm convergence will be expressed by $\|T_m - T\| \to 0$ with the understanding that $m \to \infty$ through the positive integers. Pointwise or strong convergence, $\|T_n x - Tx\| \to 0$ for each $x \in X$, will be expressed by $T_n \to T$. Operator norm convergence is equivalent to pointwise convergence uniform on $\mathcal{B}$ or any bounded set. Any pointwise convergent sequence is bounded and converges uniformly on each relatively compact (equivalently, totally bounded) set.

3. Standard Operator Approximation Theory

The following well known propositions are fundamental to the operator approximation theory based on operator norm convergence.

PROPOSITION 3.1. Let $S, T \in [X]$. Assume there exists $S^{-1} \in [X]$ and $\Delta = \|S^{-1}\| \, \|S - T\| < 1$. Then there exists $T^{-1} \in [X]$ and

$$\|T^{-1}\| \leq \frac{\|S^{-1}\|}{1 - \Delta}, \qquad \|S^{-1} - T^{-1}\| \leq \frac{\|S^{-1}\|}{1 - \Delta}.$$

PROPOSITION 3.2. Let $T, T_m \in [X]$ and $\|T_m - T\| \to 0$. Then there exists $T^{-1} \in [X]$ iff for m sufficiently large there exist uniformly bounded $T_m^{-1} \in [X]$, in which case $\|T_m^{-1} - T^{-1}\| \to 0$, with error bounds from Proposition 3.1.

4. Collectively Compact Operator Approximation Theory

Recall that an operator $K \in [X]$ is compact if the set $K\mathcal{B} = \{Kx : x \in \mathcal{B}\}$ is relatively compact. By the Riesz theory, $I - K$ is one-to-one iff $I - K$ is onto, in which case $(I - K)^{-1} \in [X]$. A set $\mathcal{K} \subset [X]$ of operators is collectively compact if the set

$$\mathcal{K}\mathcal{B} = \{Kx : K \in \mathcal{K}, \ x \in \mathcal{B}\}$$

is relatively compact. An operator approximation theory based on the hypotheses

(4.1) $K_n \to K$, $\{K_n\}$ collectively compact, K compact,

is presented in [1]. The following results are fundamental to that theory.

PROPOSITION 4.1. Let $T, T_n \in [X]$ and $T_n \to T$. Then $\|(T_n - T)K\| \to 0$ for each compact operator K, uniformly for K in any collectively compact set. In particular, if K, K_n satisfy (4.1) then $\|(K_n - K)K\| \to 0$ and $\|(K_n - K)K_n\| \to 0$.

PROPOSITION 4.2. Let $K, L \in [X]$ be compact. Assume $(I - L)^{-1}$ exists and $\Delta = \|(I-L)^{-1}\| \, \|(K-L)K\| < 1$. Then $(I - K)^{-1}$ exists and

$$\|(I-K)^{-1}\| \leq \frac{1 + \|(I-L)^{-1}\| \, \|K\|}{1 - \Delta},$$

$$\|(I-K)^{-1}y - (I-L)^{-1}y\| \leq \frac{\|(I-L)^{-1}\| \, \|Ky-Ly\| + \Delta\|(I-L)^{-1}\|}{1 - \Delta}$$

for each $y \in X$.

PROPOSITION 4.3. Let $K, K_n \in [X]$ satisfy (4.1). Then $(I - K)^{-1}$ exists iff for all n sufficiently large there exist uniformly bounded $(I - K_n)^{-1}$, in which case $(I - K_n)^{-1} \to (I - K)^{-1}$, with error bounds from Proposition 4.2.

5. Integral Operator Approximations

According to the Arzela-Ascoli theorem, a set in $C = C[0,1]$ is relatively compact iff it is bounded and equicontinuous. It follows that the integral operator on C,

$$(Kx)(s) = \int_0^1 k(s,t)x(t)dt, \tag{5.1}$$

is compact if the kernel is continuous on the closed unit square. Then $K \in [C]$ and

$$\|K\| = \max_{0 \leq s \leq 1} \int_0^1 |k(s,t)|dt \leq \|k\|, \tag{5.2}$$

where

$$\|k\| = \max_{0 \leq s,t \leq 1} |k(s,t)|.$$

Define approximations $K^m \in [C]$ to K by

$$(5.3) \qquad (K^m x)(s) = \int_0^1 k^m(s,t)x(t)dt,$$

where k^m is continuous and $\|k^m - k\| \to 0$, which is uniform convergence. (Here m is a superscript.) Then

$$(5.4) \quad \|K^m - K\| = \max_s \int_0^1 |k^m(s,t) - k(s,t)|dt \to 0,$$

and the standard operator approximation theory applies to $I - K$ and $I - K^m$.

Define approximations $K_n \in [C]$ to K by

$$(5.5) \qquad (K_n x)(s) = \sum_{j=1}^{n} w_{nj}\, k(s,t_{nj})x(t_{nj}),$$

with a convergent quadrature rule, i.e.,

$$(5.6) \qquad \sum_{j=1}^{n} w_{nj}\, x(t_{nj}) \to \int_0^1 x(t)dt, \quad x \in C.$$

This convergence is necessarily uniform on bounded equicontinuous subsets of C and there exists $b < \infty$ such that

$$(5.7) \qquad \sum_{j=1}^{n} |w_{nj}| \le b, \quad n = 1, 2, \ldots .$$

(Usually, every $w_{nj} \ge 0$ and (5.7) holds with $b = 1$.) Thus, by straightforward arguments,

$$(5.8) \quad K_n \to K, \ \{K_n\} \text{ is collectively compact, } K \text{ is compact,}$$

and the collectively compact theory applies to $I - K$ and $I - K_n$.

Kernel approximation and numerical integration yield approximations $K_n^m \in [C]$ to K of the form

$$(5.9) \qquad (K_n^m x)(s) = \sum_{j=1}^{n} w_{nj}\, k^m(s,t_{nj})x(t_{nj}).$$

Assume as above that k and k^m are continuous, $k^m \to k$ uniformly, and the quadrature rule is convergent. Then

(5.10) $K_n^m \to K, \{K_n^m\}$ is collectively compact, and K is compact.

The verification of (5.10) parallels that for (5.8). The main points in the analysis are as follows.

First,

(5.11) $\|K_n^m x - Kx\| \leqq \|K_n^m x - K_n x\| + \|K_n x - Kx\|,$

and

(5.12) $\|K_n^m x - Kx\| \leqq \|K_n^m x - K^m x\| + \|K^m x - Kx\|.$

From (5.5), (5.7), and (5.9),

(5.13) $$\|K_n^m - K_n\| \leqq b\|k^m - k\|,$$

(5.14) $\|K_n^m - K_n\| \to 0$ as $m \to \infty$ uniformly in n.

Now (5.11), (5.13), and $K_n \to K$ yield $K_n^m \to K$ as $m, n \to \infty$, and,

(5.15) $\|K_n^m x - Kx\| \leqq b\|k^m - k\| \|x\| + \|K_n x - Kx\|.$

Another proof that $K_n^m \to K$ is based on (5.12) and (5.4): Since $k^m \to k$ uniformly on the closed unit square,

(5.16) $\{k^m\}$ is bounded and equicontinuous.

Then (5.3), (5.9), and (5.6)ff yield

(5.17) $K_n^m \to K^m$ as $n \to \infty$ uniformly in m.

Now (5.12) and (5.17) imply $K_n^m \to K$. Also, (5.12) yields the error bound,

(5.18) $\|K_n^m x - Kx\| \leq \|K_n^m x - K^m x\| + \|k^m - k\| \, \|x\|.$

However, it is likely that (5.15) would be more useful that (5.18) for numerical purposes.

From (5.7) and (5.9),

(5.19) $$\|K_n^m\| \leq b\|k^m\|,$$

(5.20) $$|(K_n^m x)(s)-(K_n^m x)(s')| \leq b\|x\| \max_t |k^m(s,t)-k^m(s',t)|.$$

By (5.16) and the Arzela-Ascoli theorem, $\{K_n^m\}$ is collectively compact. Thus, (5.10) is verified.

Another proof of (5.10) can be based on the following abstract result of independent interest.

THEOREM 5.1. Let $K_n, K_n^m \in [X]$. Assume $\{K_n\}$ and $\{K_n^m\}$, for each fixed m, are collectively compact and that $\|K_n^m - K_n\| \to 0$ as $m \to \infty$ uniformly in n. Then the double sequence $\{K_n^m\}$ is collectively compact.

PROOF. Let $\varepsilon > 0$. Then there exists $m(\varepsilon)$ such that $\|K_n^m x - K_n x\| \leq \|K_n^m - K_n\| < \varepsilon$ for $m \geq m(\varepsilon)$, $n \geq 1$, and $x \in \mathcal{B}$. So $\{K_n^m x : m \geq m(\varepsilon),\ n \geq 1,\ x \in \mathcal{B}\}$ has the ε-net $\{K_n x : n \geq 1,\ x \in \mathcal{B}\}$, which is totally bounded because $\{K_n\}$ is collectively compact. For each m, $\{K_n^m x : n \geq 1,\ x \in \mathcal{B}\}$ has a finite ε-net because $\{K_n^m : n \geq 1\}$ is collectively compact. It follows that $\{K_n^m : m \geq 1,\ n \geq 1,\ x \in \mathcal{B}\}$ has a totally bounded ε-net, which implies that $\{K_n^m\}$ is collectively compact.

6. Finite Rank Approximations

Consider the integral equation on C,

(6.1) $$x^m(s) - \int_0^1 k^m(s,t)x^m(t)\,dt = y(s),$$

where the kernel k^m is continuous. Suppose also that

k^m is degenerate, say,

$$k^m(s,t) = \sum_{\alpha=1}^{m} g_\alpha(s)h_\alpha(t). \tag{6.2}$$

Then x^m satisfies (6.1) iff

$$x^m = y + \sum_{\alpha=1}^{m} \xi_\alpha g_\alpha, \quad \xi_\alpha - \sum_{\beta=1}^{m} c_{\alpha\beta}\xi_\beta = \eta_\alpha, \tag{6.3}$$

where

$$c_{\alpha\beta} = \int_0^1 h_\alpha(t)g_\beta(t)dt, \quad \eta_\alpha = \int_0^1 h_\alpha(t)y(t)dt. \tag{6.4}$$

Thus, (6.1) reduces to a matrix problem.

As mentioned above, the $c_{\alpha\beta}$ and η_α must be approximated numerically unless k^m and y have a rather simple form. The use of numerical integration in (6.4) is equivalent to its use in (6.1). Specifically, if the coefficients in (6.4) are approximated by a convergent quadrature rule to obtain

$$\begin{aligned} c_{\alpha\beta,n} &= \sum_{j=1}^{n} w_{nj}\, h_\alpha(t_{nj})g_\beta(t_{nj}), \\ \eta_{\alpha,n} &= \sum_{j=1}^{n} w_{nj}\, h_\alpha(t_{nj})y(t_{nj}), \end{aligned} \tag{6.5}$$

then the computationally available solution to (6.1) is not x^m as in (6.3), but rather

$$\begin{aligned} x^{m,n} &= y + \sum_{\alpha=1}^{m} \xi_{\alpha,n}\, g_\alpha, \\ \xi_{\alpha,n} &- \sum_{\beta=1}^{m} c_{\alpha\beta,n}\, \xi_{\beta,n} = \eta_{\alpha,n}. \end{aligned} \tag{6.6}$$

On the other hand, direct numerical integration of (6.1) yields

$$x_n^m(s) - \sum_{j=1}^{n} w_{nj}\, k^m(s,t_{nj})x_n^m(t_{nj}) = y(s). \tag{6.7}$$

It follows that x_n^m satisfies (6.7) iff

$$(6.8)\qquad \begin{aligned} x_n^m &= y + \sum_{\alpha=1}^{m} \xi_{\alpha,n}\, g_\alpha, \\ \xi_{\alpha,n} &- \sum_{\beta=1}^{m} c_{\alpha\beta,n}\, \xi_{\beta,n} = \eta_{\alpha,n}, \end{aligned}$$

where the coefficients are given by (6.5). Thus, $x^{m,n} = x_n^m$ as indicated.

Using the notation of §5, (6.1), i.e., $(I - K^m)x^m = y$ reduces to the $m \times m$ matrix problem (6.3). The solution x^m is available computationally only for rather simple k^m and y. When numerical integration is required to solve (6.3), the standard finite rank approach is equivalent to solving (6.7), i.e., $(I - K_n^m)x_n^m = y$, which in turn reduces to the $m \times m$ matrix problem (6.8). On the other hand, (6.7) is also equivalent to an $n \times n$ system by means of the substitutions $s = t_{ni}$,

$$(6.9)\qquad x_n^m(t_{ni}) - \sum_{j=1}^{n} w_{nj}\, k^m(t_{ni},t_{nj})\, x_n^m(t_{nj}) = y(t_{ni}),$$

$i = 1, \ldots, n$.

The foregoing analysis reveals several important points. First, when numerical integration is used to solve (6.3), this fundamentally changes the type of operator approximation involved. That is, the operator norm approximations K^m to K with corresponding solutions x^m are replaced by the collectively compact operator approximations K_n^m to K with corresponding solutions x_n^m. This basic change in approximation modes has not been pointed out before as far as the authors know. A significant consequence of the fact that x_n^m corresponds to the collectively compact approximations K_n^m is that the explicitly computable error bounds of the collectively compact theory serve to estimate the error $\|x_n^m - x\|$. Thus, the numerical integration error is automatically included in the general error analysis. The few authors who have considered the error due to numerical integration in (6.3) generally suggest using either a very accurate quadrature rule to minimize the associated error, as in Ikebe [3], or suggest employing kernel factorization which (when applicable) effectively leads to systems like (6.3) for which the coefficient integrals can be evaluated explicitly, an approach used in Phillips [5]. Finally, it should be mentioned that Prenter [6] contains error bounds which do include numerical quadrature errors for certain collocation methods; however, the bounds given there are primarily of theoretical interest.

The fact that (6.7) is equivalent to both an $n \times n$ and an $m \times m$ system is important for computational purposes. The matrices involved in these systems are usually dense and Gauss elimination is used to solve the systems. The number of operations (multiplications and divisions) needed to solve the $n \times n$ system (6.9) is

$$(6.10) \qquad \left(\frac{n^3}{3} + n^2 - \frac{n}{3}\right) + n^2(m + 1),$$

where the first summand is the number of operations needed to solve the $n \times n$ system by Gauss elimination, see e.g. Isaacson and Keller [4], and the second is the number of operations needed to obtain the coefficient matrix of the system. Likewise, to solve the $m \times m$ system equivalent to (6.7) requires

$$(6.11) \qquad \left(\frac{m^3}{3} + m^2 - \frac{m}{3}\right) + (nm^2 + 2mn),$$

operations. It follows easily that the $n \times n$ system should be used when $n \leqq m$. When $n = m$ the $n \times n$ system (6.9) can still be solved in n^2 fewer operations than the $n \times n$ system (6.8). When $n > m$ a short calculation shows that the $m \times m$ system has a smaller operation count. These observations may be useful even when numerical integration is not needed to evaluate the coefficients in (6.4). For example, suppose m is rather large. Then it may be desirable to approximate the coefficients in (6.4) with a high order quadrature rule for which n can be chosen significantly less than m. Thus, the $m \times m$ system in (6.3) can be replaced by the $n \times n$ system in (6.9).

Projection methods will be considered in the next section. Since these methods are finite rank approximations, the analysis and comments of this section apply to them.

7. Projection Methods

In this section projection methods are shown to be special finite rank approximations and some implications of this are explored. Thus, in addition to the usual procedures for dealing with projection methods, the methods of §6 are available. This is particularly useful when numerical integration must be used to implement the projection method. Before treating integral equations explicitly, some general preliminary results are discussed.

Let X be a Banach space as in §2, and $P^m \in [X]$ be a sequence of projections:

$$P^m \to I,$$
$$(P^m)^2 = P^m,$$
$$P^m X = X^m,$$
$$\dim X^m < \infty,$$

for $m = 1, 2, \ldots$. For simplicity assume $\dim X^m = m$. If $u_1^m, \ldots, u_m^m$ is a basis for X^m, then there is a uniquely defined dual basis $f_1^m, \ldots, f_m^m \in X^*$ such that

(7.1) $$P^m x = \sum_{i=1}^{m} f_i^m(x) u_i^m,$$

for $x \in X$. Let $K \in [X]$ be compact and consider

(7.2) $$(I - K)x = y.$$

Define approximations K^m to K by

(7.3) $$K^m = P^m K,$$

and approximate (7.2) by

(7.4) $$(I - K^m)x^m = P^m y.$$

The familiar collocation, Ritz-Galerkin, moment, and least squares methods are of this kind. Although it is common to approximate y in (7.2) by $P^m y$ in (7.4), this approximation and its attendant error are often unnecessary. Rather (7.2) can be approximated by

(7.5) $$(I - K^m)x^m = y.$$

Both (7.4) and (7.5) reduce to matrix problems. In (7.4), the solution $x^m \in X^m$, while in (7.5) $x^m \in y + X^m$. Indeed, x^m satisfies (7.4) iff

(7.6) $$x^m = \sum_{i=1}^{m} f_i^m(x^m) u_i^m,$$

where

(7.7) $$f_i^m(x^m) - \sum_{j=1}^{m} f_i^m(Ku_j^m) f_j^m(x^m) = f_i^m(y),$$

for $i = 1,\ldots, m$. On the other hand,

(7.8) $$(I - K^m)x^m = y \quad \text{iff} \quad (I - K^m)z^m = K^m y \quad \text{and} \quad x^m = y + z^m,$$

in which case $z^m = K^m x^m$. Thus,

(7.9) $$z^m = \sum_{i=1}^{m} f_i^m(z^m)u_i^m,$$

where

(7.10) $$f_i^m(z^m) - \sum_{j=1}^{m} f_i^m(Ku_j^m)f_j^m(z^m) = f_i^m(Ky),$$

for $i = 1,\ldots, m$. Thus, in view of (7.8), (7.5) is essentially equivalent to the $m \times m$ system (7.10).

In principle, projection methods based on $K^m = P^m K$ fall within the scope of the standard operator approximation theory of §3 because $\|K^m - K\| \to 0$. Indeed,

$$\|K^m - K\| = \sup\{\|(P^m - I)Kx\| : x \in \mathcal{B}\} \to 0$$

because the pointwise convergence $P^m \to I$ is uniform on the relatively compact set $K\mathcal{B}$. In many applications however the coefficients in (7.7) or (7.10) must be estimated numerically, and when this is so the standard operator approximation theory does not apply to the computationally available solution.

The foregoing material will now be specialized to integral operators. The notation of §5 will be used. Thus, let $K \in [C]$ be the integral operator

(7.11) $$(Kx)(s) = \int_0^1 k(s,t)x(t)dt,$$

with k continuous on the closed unit square. Approximate K by $K^m = P^m K$ where $P^m \in [C]$ are projections. The following notation will be used: Let

$$\phi_n x = \sum_{j=1}^{n} w_{nj}\, x(t_{nj})$$

define a convergent quadrature rule on C, and

$$\phi x = \int_0^1 x(t)dt.$$

Then $\phi_n \to \phi$ pointwise. Also, define $k_s, k^t \in C$ by

$$k_s(t) = k(s,t) = k^t(s),$$

for $0 \leq s, t \leq 1$. Then $(Kx)(s) = \phi(k_s x)$ and $(K_n x)(s) = \phi_n(k_s x)$ where K_n is defined in (5.5).

THEOREM 7.1. Let K and $K^m = P^m K$ be as above. Then $K^m \in [C]$ is an integral operator with kernel

$$k^m(s,t) = (P^m k^t)(s), \tag{7.12}$$

continuous on the unit square, and

$$\|k^m - k\| = \max_t \|(P^m - I)k^t\| \to 0, \tag{7.13}$$

as $m \to \infty$. That is, $k^m \to k$ uniformly on the closed unit square.

PROOF. Fix m and define k^m by (7.12). Then

$$|k^m(s,t) - k^m(s',t')| \leq |(P^m k^t)(s) - (P^m k^t)(s')| + \|P^m\| \, \|k^t - k^{t'}\|. \tag{7.14}$$

Now $\{P^m k^t : 0 \leq t \leq 1\} = P^m\{k^t : 0 \leq t \leq 1\}$ is relatively compact because $\{k^t : 0 \leq t \leq 1\}$ is. This fact, the Arzela-Ascoli theorem, (7.14), and the continuity of k on the unit square imply that k^m is also continuous on the unit square.

Since $\phi_n \to \phi$ pointwise, the convergence is uniform on the relatively compact set $\{k_s x : 0 \leq s \leq 1\}$ for each $x \in C$. Thus,

$$\phi_n(k_s x) \to \phi(k_s x) \quad \text{uniformly in } s \text{ as } n \to \infty,$$

or

$$K_n x \to Kx \quad \text{in } C.$$

Then

$$P^m K_n x \to P^m Kx = K^m x. \tag{7.15}$$

On the other hand,

$$(P^m K_n x)(s) = \sum_{j=1}^{n} w_{nj}\, k^m(s,t_{nj})x(t_{nj})$$
$$= \phi_n(k_s^m x) \to \phi(k_s^m x) = \int_0^1 k^m(s,t)x(t)dt.$$

Thus by (7.15),

$$(K^m x)(s) = \int_0^1 k^m(s,t)x(t)dt.$$

Finally,

$$\|k^m - k\| = \max_{s,t} |(P^m - I)k^t(s)| = \max_t \|(P^m - I)k^t\| \to 0,$$

by the uniform convergence of P^m to I on $\{k^t\}$.

Since $\|K^m - K\| \leq \|k^m - k\|$, (7.13) yields a direct proof that $\|K^m - K\| \to 0$ for integral operators. Also, note that the only properties of P^m used in the proof of the theorem are $P^m \to I$ and $P^m \in [C]$.

Since the P^m have finite dimensional range, each kernel k^m is degenerate. In fact (7.1) yields

$$k^m(s,t) = (P^m k^t)(s) = \sum_{i=1}^{m} f_i^m(k^t)u_i^m(s). \tag{7.16}$$

Thus, the projection methods (7.3), (7.4), and (7.5) are special finite rank approximations, and the results and methods in §5 apply to them. The fact that $\|k^m - k\| \to 0$ can be used to simplify much of the analysis commonly given for projection methods.

The Ritz-Galerkin, moment, and least squares methods are all specified by projections with the f_i^m defined by integrals. Thus, the coefficients $f_i^m(Ku_j^m)$ in (7.7) and (7.10) involve repeated integrals which must usually be done numerically. On the other hand, the f_i^m for collocation methods are evaluation functionals, and the coefficients $f_i^m(Ku_j^m)$ involve only one integral. For this reason, collocation methods are usually easier to implement and more efficient to use. The following analysis is specialized to collocation procedures.

Consider a collocation method defined by projections,

$$P^m x = \sum_{i=1}^{m} x(s_{mi})u_i^m, \tag{7.17}$$

where $0 \leqq s_{m1} < \cdots < s_{mm} \leqq 1$ are prescribed points, $f_i^m(x) = x(s_{mi})$, and $u_i^m \in C$ interpolate at $\{s_{mi}\}$:

$$u_i^m(s_j^m) = \delta_{ij}. \tag{7.18}$$

In practice, u_i^m is usually a spline function with knots $\{s_{mi}\}$. If $K^m = P^m K$, the kernel k^m of K^m is

$$k^m(s,t) = \sum_{i=1}^{m} k(s_{mi},t)u_i^m(s), \tag{7.19}$$

and the matrix problem equivalent to (7.4) is

$$x^m(s_{mi}) - \sum_{j=1}^{m} (Ku_j^m)(s_{mi})x^m(s_{mi}) = y(s_{mi}). \tag{7.20}$$

(In what follows only (7.4) and its matrix equivalent (7.20) are treated; however, similar results hold for (7.5) and its matrix equivalent.) In general the coefficients,

$$(Ku_j^m)(s_{mi}) = \int_0^1 k(s_{mi},t)u_j^m(t)\,dt, \tag{7.21}$$

in (7.20) must be evaluated numerically before (7.20) can be solved. This amounts to replacing K by K_n in

(7.20) and yields the system,

$$(7.22) \qquad \tilde{x}^m(s_{mi}) - \sum_{j=1}^{m} (K_n u_j^m)(s_{mi})\tilde{x}^m(s_{mj}) = y(s_{mi}),$$

approximating (7.20). Then the numerical solution obtained for $(I - K^m)x^m = P^m y$ is

$$(7.23) \qquad \tilde{x}^m = \sum_{i=1}^{m} \tilde{x}^m(s_{mi})u_i^m,$$

not x^m from (7.6) with $f_i^m(x) = x(s_{mi})$.

If $m = n$, $s_{mi} = t_{ni}$, and the quadrature rule $\phi_m x = \phi(P^m x) = \sum_{j=1}^{m} w_{mj}x(s_{mj})$ where $w_{mj} = \phi u_j^m$ is used, error bounds for $\|\tilde{x}^m - x\|$ are obtained in [6] for certain collocation methods. However, whenever $m = n$, $s_{mi} = t_{ni}$, and any convergent quadrature rule is used, the system (7.22) is just the Nyström system corresponding to the integral equation $(I - K)x = P^m y$ or $(I - K^m)x^m = P^m y$ because $K_n u_j^m(s_{mi}) = w_{nj}k(s_{mi}, s_{nj}) = w_{nj}k^m(s_{mi}, s_{nj})$. Thus when $(I - K^m)x^m = P^m y$ is approximated by $(I - K_m^m)x_m^m = P^m y$, the solution $x_m^m = P^m(K_m x_m^m + y) \in P^m C$, and so,

$$(7.24) \qquad x_m^m = \sum_{i=1}^{m} x_m^m(s_{mi})u_i^m.$$

Assume $I - K$ is invertible. Then $I - K_m^m$ is invertible for large m and $x_m^m(s_{mi}) = \tilde{x}^m(s_{mi})$ because (7.22) has a unique solution. By (7.23) and (7.24), $x_m^m = \tilde{x}^m$. Thus, when numerical integration is required in (7.21) the usual projection method procedure is equivalent to solving $(I - K_m^m)x_m^m = P^m y$. Thus, error bounds become available for $\tilde{x}_m = x_m^m$ from the collectively compact theory.

Whether $m = n$ or not, if numerical integration is needed in the solution of $(I - K^m)x^m = P^m y$, the approach of §6 can be used. That is, $(I - K^m)x^m = P^m y$ has a degenerate kernel k^m and can be treated as in §6 with error bounds available from §5 and the collectively compact theory. Thus, $(I - K^m) = P^m y$ is approximated by $(I - K_n^m)x_n^m = P^m y$ where

$$(K_n^m x)(s) = \sum_{j=1}^{m} w_{nj}\, k^m(s,t_{nj})x(t_{nj}) = (P^m K_n x)(s),$$

so $K_n^m = P^m K_n$. By (7.19), K_n^m can also be expressed as

$$(K_n^m x)(s) = \sum_{i=1}^{m} (K_n x)(s_{mi})u_i^m(s).$$

To illustrate the procedure indicated in the previous paragraph, consider collocation with piecewise linear splines and knots $s_{mi} = i/m$ for $i = 0, 1,\ldots, m$. Then u_i^m are the piecewise linear splines such that $u_i^m(s_j^m) = \delta_{ij}$. It is well known that

$$\|(P^m - I)x\| \leq \frac{1}{8m^2}\|x''\|, \tag{7.25}$$

for $x \in C^2$, the set of twice continuously differentiable functions on $[0,1]$. Assume k is twice continuously differentiable with respect to both s and t, and that the trapezoidal rule with $t_{nj} = j/n$, $j = 0, 1,\ldots, n$, is used. Then

$$\|K_n x - Kx\| \leq \frac{1}{12n^2}\max_s\|(k_s x)''\|$$

where $x \in C^2$, and $(k_s x)(t) = k(s,t)x(t)$. By (7.13) and (7.25),

$$\|k^m - k\| \leq \frac{1}{8m^2}\max_t\|(k^t)''\|.$$

Then (5.15) yields

$$\|K_n^m x - Kx\| \leq \frac{\|x\|}{8m^2}\max_t\|(k^t)''\| + \frac{1}{12n^2}\max_s\|(k_s x)''\|. \tag{7.26}$$

Error bounds for other quadrature rules and projection methods can be obtained similarly. Thus, if Simpson's rule is used instead of the trapezoidal rule and appropriate smoothness is assumed, the estimate

$$(7.27)\quad \|K_n^m x - Kx\| \leq \frac{\|x\|}{8m^2} \max_t \|(k^t)''\| + \frac{1}{180n^4} \max_s \|(k_s x)^{(4)}\|,$$

is obtained. Collocation methods defined by higher degree polynomial splines are especially useful in applications. Error estimates analogous to (7.25) bound $\|(P^m - I)x\|$ in terms of certain derivatives of x, granted sufficient differentiability. Use of these bounds yields error estimates similar to (7.26) and (7.27) for $\|K_n^m x - Kx\|$. Error estimates such as (7.26) and (7.27) lead to asymptotically optimal choices for m relative to n. These are discussed in the next section.

Projection methods based on $K^m = KP^m$ and $K^m = P^m K P^m$ are sometimes used. Thus, a few brief comments are in order. Assume $K \in [X]$ is compact and $P^m \in [X]$ are projections. In general, neither $K^m = KP^m$ nor $K^m = P^m K P^m$ converge in operator norm to K, and so the standard operator approximation theory does not apply. However, the collectively compact theory can be used:

THEOREM 7.2. Let $K \in [X]$ be compact, P^m, $P \in [X]$, $P^m \to P$, and $R_n \in [X]$ be uniformly bounded. Then the sequence $K_n^m = P^m K R_n$ is collectively compact. If, additionally, $R_n \to R \in [X]$ (in which case uniform boundedness need not be assumed), then $K_n^m \to PKR$ as $m, n \to \infty$.

A straightforward proof can be given using Theorem 5.1. The details are omitted.

8. Balancing Errors for Double Approximations

Double approximation procedures were introduced to account for the combined errors of kernel approximation and numerical integration. Once it is clear that such a method is in use several practical problems arise. For instance, the kernel approximation and quadrature rule should be chosen to fit the problem so that computation can be minimized. In practical numerical analysis such choices, based partly on analysis and partly on intuition, are made routinely. For example, by (5.4), $\|K^m - K\| = \max_s \|k_s^m - k_s\|_1$. Suppose k is not very smooth. It may be possible to replace k by a smoother L_1-approximation k^m before numerical integration is performed. The resulting improvement in the rate of convergence of the numerical quadrature can more than compensate for the error due to approximating k by k^m. In such a case, the kernel k^m need not be of finite rank; the analysis of §5 still applies. By (7.19), the kernel k^m corresponding to k for collocation is no smoother in t than k itself. Thus, if k is not relatively smooth in t, it may be computationally efficient to approximate k by a smoother k^m. Alternatively, it may be possible to use a quadrature rule which approximates k especially well.

Once a kernel approximation method and quadrature rule are chosen, error bounds such as (7.26) and (7.27) suggest the need for balancing the error due to kernel approximation (m) against that due to numerical quadrature (n). Let $(I - K)x = y$ and $(I - K_n^m)x_n^m = y$ as usual. Then

$$x_n^m - x = K_n^m x_n^m - Kx = K_n^m x_n^m - K_n^m x + K_n^m x - Kx,$$

$$x_n^m - x = (I - K_n^m)^{-1}(K_n^m x - Kx),$$

$$\|x_n^m - x\| \leq \|(I - K_n^m)^{-1}\| \, \|K_n^m x - Kx\|. \tag{8.1}$$

A similar computation (or symmetry) yields

$$x_n^m - x = (I - K)^{-1}(K_n^m x_n^m - Kx_n^m),$$

$$\text{(8.2)} \qquad \|x_n^m - x\| \leq \|(I - K)^{-1}\| \, \|K_n^m x_n^m - Kx_n^m\|.$$

Then (5.15), (8.1), and (8.2) yield

$$\text{(8.3)} \quad \|x_n^m - x\| \leq \|(I - K_n^m)^{-1}\| \{b\|k^m - k\| \, \|x\| + \|K_n x - Kx\|\},$$

$$\text{(8.4)} \quad \|x_n^m - x\| \leq \|(I - K)^{-1}\| \{b\|k^m - k\| \, \|x_n^m\| + \|K_n x_n^m - Kx_n^m\|\},$$

respectively. The error bounds (8.3) and (8.4) are neither purely practical nor purely theoretical. If a prior knowledge about the smoothness of x is available (8.3) can be used for numerical purposes. If an estimate for $(I - K)^{-1}$ is known, (8.4) can be used. Other error bounds are available from Chapter 1 of [1].

Consider a simple example. Let $k(s,t) = e^{st}$ and y be smooth. Choose collocation with piecewise linear splines and use the trapezoidal rule for numerical integration. By (7.26) and (8.3),

$$\text{(8.5)} \quad \|x_n^m - x\| \leq \|(I - K_n^m)^{-1}\| \left\{ \frac{\|x\|e}{8m^2} + \frac{(\|x\| + 2\|x'\| + \|x''\|)e}{12n^2} \right\}.$$

Since $(I - K_n^m)^{-1}$ are uniformly bounded, c.f. Proposition 4.3, (8.5) shows that the error tends to zero asymptotically at least like the term in parenthesis. Thus, a nearly optimal asymptotic choice for m and n would minimize $|8m^2 - 12n^2|$; that is, $m = (1.2)n$, approximately. Preliminary numerical work shows that this asymptotic choice is also appropriate for small values of m and n. For example, when $y(s) = 1 + [(e^s - 1)/s]$, in which case $x(s) \equiv 1$, a table of errors for $m, n = 2, 4, 8, 16$ shows:

If $m < n$ and m increases the error $\|x^m - x\|$ steadily decreases until $m = n$ and then remains nearly constant for $m > n$. The same is true when the roles of m and n are interchanged. Thus, over the range of the table the choice $m = n$ is best. This suggests that asymptotic error estimates like (8.5) can provide useful practical choices for m relative to n; however, extensive numerical work is still needed to determine the practical utility of such asymptotic results.

9. Extensions and Concluding Remarks

The operator approximation theory based on the double approximations K_n^m was developed primarily under the assumption that $K, K^m \in [C]$ were integral operators with continuous kernels k, k^m respectively. This assumption can be modified in various ways to extend the preceding analysis. For instance, integral equations defined in $\mathbb{R}^n$, such as those which arise from boundary value problems, can be treated by means similar to those above. Integral equations with smooth kernels and for which error bounds are required for both functions and their derivatives can also be treated similarly. Likewise, variants of these methods can be applied to the numerical solution of eigenvalue problems, and to nonlinear integral equations.

Another important extension embraces certain discontinuous or singular kernels. When $K \in [C]$ is compact, but has a discontinuous or singular kernel k, or even when k is continuous but not very smooth, it is advantageous to factor the kernel. This approach is due to Atkinson [2]; see also [1], Chapter 3. The use of kernel factorization in the context of the double approximations K_n^m is sketched below. Suppose that

$$k(s,t) = r(s,t)\sigma(s,t), \tag{9.1}$$

(9.2) $$k^m(s,t) = r^m(s,t)\sigma^m(s,t),$$

where r, r^m are continuous or smoother and σ, σ^m are possibly discontinuous or singular functions.

Let

$$\|\ell\|_1 = \int_0^1 |\ell(t)|dt,$$

and assume that σ_s, $\sigma_s^m \in L^1(o,1)$ for each s, and

(9.3) $$\|\sigma_{s'} - \sigma_s\|_1 \to 0,$$

(9.4) $$\|\sigma_{s'}^m - \sigma_s^m\|_1 \to 0,$$

as $s' \to s$ where $\sigma_s(t) = \sigma(s,t)$ as in §7. Then k, k^m determine compact integral operators K, $K^m \in [C]$ respectively. Assume $r^m \to r$ uniformly and, for each s, $\|\sigma_s^m - \sigma_s\|_1 \to 0$. In most practical applications, $\sigma^m = \sigma$ for all m. Define approximations $K_n^m \in [C]$ to K by

(9.5) $$(K_n^m x)(s) = \int_0^1 \{A_n[r^m(s,t)x(t)]\}\sigma^m(s,t)dt,$$

where $A_n \in [C]$, $A_n \to I$, and, in (9.5), A_n acts with respect to t for each fixed s. Then $\{K_n^m\}$ satisfies (5.10). A proof of this, which will be omitted, can be based on Theorem 5.1. When A_n is interpolation, K_n^m has the form

(9.6) $$(K_n^m x)(s) = \sum_{j=1}^{n} w_{nj}^m(s)r^m(s,t_{nj})x(t_{nj}),$$

where $w_{nj}^m(s)$ is a t-integral of $\sigma^m(s,t)$ times a function determined by the interpolation rule. In order to be able to evaluate $K_n^m x$ numerically, $\sigma^m(s,t)$ should be relatively simple, e.g., $|s - t|^{-1/2}$ or $\log|s - t|$.

In conclusion, it should be emphasized that the

practical problems of efficient computation discussed briefly in §8 and the program of study mentioned at the end of §1 provide important areas for future work.

References

1. Anselone, P. M.: Collectively Compact Operator Approximation Theory and Applications to Integral Equations. Englewood Cliffs, New Jersey, Prentice Hall, Inc. 1971.

2. Atkinson, K. E.: The Numerical Solution of Fredholm Integral Equations of the Second Kind. SIAM J. Num. Anal. 4(1967), 337-348.

3. Ikebe, Y.: The Galerkin Method for the Numerical Solution of Fredholm Integral Equations of the Second Kind. SIAM Review 14(1972), 465-491.

4. Isaacson, E. and Keller, H. B.: Analysis of Numerical Methods. New York, John Wiley & Sons, Inc. 1966.

5. Phillips, J. L.: Error Analysis for Direct Linear Integral Equations Methods. Math. of Comp. 27(1973), 849-859.

6. Prenter, P. M.: A Collocation Method for the Numerical Solution of Integral Equations. SIAM J. Numer. Anal. 10(1973), 570-581.

P. M. Anselone
Department of Mathematics
Oregon State University
Corvallis, Oregon 97331

J. W. Lee
Department of Mathematics
Oregon State University
Corvallis, Oregon 97331

ZUR KONVERGENZ VON SPLINES

H. Arndt und B. Eickenscheidt

When dealing with interpolation problems with certain nonlinear classes of spline functions, an estimate of the norm of an interpolation operator for linear spline interpolation is needed. If the knots are equally spaced and polynomial splines of degree less than fourteen are used, these norms may be estimated independent of the number of knots. This result is used in [2] to establish existence for nonlinear interpolation problems for sufficiently small mesh size and to obtain optimal convergence.

1. EINFÜHRUNG

Es sei $[a,b]$ ein reelles Intervall und

$$T: \quad a = t_1 < t_2 < \dots < t_k = b$$

eine Zerlegung von $[a,b]$ mit den Knoten t_j. Zu $n \in \mathbb{N}$ seien weiterhin zu jedem Intervall $[t_j, t_{j+1}]$ Funktionsklassen $X_j \subset C^{n+2}[t_j, t_{j+1}]$ gegeben. Dann definieren wir die Klasse S_X der (nichtlinearen) Splines bezüglich $X = (X_1, X_2, \dots, X_{k-1})$ und der Zerlegung T als

$$S_X = \{ s \in C^n[a,b] \;\Big|\; s_{|[t_j,t_{j+1}]} = x_j + p_j,$$

$$p_j \in \mathcal{P}_{n-1},\ x_j \in X_j,\ j=1,\dots,k-1 \};$$

dabei sei $\mathcal{P}_m$ die Menge aller Polynome höchstens m-ten Grades.

BEISPIEL. (a) Für $j=1,2,\dots,k-1$ sei

$$X_j = \{ x \in \mathcal{P}_{n+1} \mid x(t) = ct^n + dt^{n+1},\ c,d \in \mathbb{R} \} ;$$

dann ist S_X die Klasse der polynomialen Splines.

(b) Für $j=1,2,\dots,k-1$ sei

$$X_j = \{ x \in C^n[t_j,t_{j+1}] \mid x(t) = \frac{1}{c+dt},\ c,d \in \mathbb{R} \} ;$$

dann ist S_X die Klasse der rationalen Splines mit linearen Nennern.

Wir beschränken uns auf gerades $n \in \mathbb{N}$, also $n = 2m$, und betrachten das folgende symmetrische Interpolationsproblem:

Gegeben ist eine Funktion $f \in C^{n+2}[a,b]$.

Gesucht ist ein Spline $s \in S_X$ mit

$$\begin{aligned} s(t_j) &= f(t_j), & j &= 1,2,\dots,k, \\ s^{(i)}(a) &= f^{(i)}(a), & i &= 1,2,\dots,m, \\ s^{(i)}(b) &= f^{(i)}(b), & i &= 1,2,\dots,m. \end{aligned} \tag{1}$$

Dieses Interpolationsproblem ist in [2] für recht allgemeine Klassen X_j behandelt worden. Fordert man von diesen Klassen X_j, daß sie regulär von der Ordnung n, glatt vom Grade n+2 und (n+2)-beschränkt sind, und ist die zu interpolierende Funktion f zulässig (für Definitionen und Einzelheiten siehe [2]), so existiert eine Lösung des Interpolationsproblems (1) bei hinreichend kleinem Knotenabstand, wenn die Inversen A_T^{-1} der zu dem polynomialen

Splineproblem gehörenden Matrizen A_T gleichmäßig in k und bezüglich bestimmter Knotenverteilungen T beschränkt sind. Setzt man

$$M_j = s^{(n)}(t_j), \quad j = 1,2,\ldots,k,$$

für $s \in S_X$, $M = (M_1,M_2,\ldots,M_k)^T$ und $D = (D_1,D_2,\ldots,D_k)^T$, wobei die D_i gewisse n-te Differenzenquotienten von der Funktion f über aufeinanderfolgende Knoten sind, so lautet das nichtlineare Gleichungssystem für M zur Bestimmung des interpolierenden Splines

$$(2) \qquad A_T \cdot M = D + R(M)$$

mit einer k×k-Matrix A_T und einem Restglied $R(M) = O(h^2)$, wobei h den maximalen Knotenabstand bezeichnet (vgl. [2]). Für n = 4 und äquidistante Knotenabstände gilt z.B.

$$(3) \qquad 4!5!A_T = \begin{pmatrix} 51 & 66 & 3 & & & & & \\ 38/3 & 72 & 34 & 4/3 & & & & \\ 1 & 26 & 66 & 26 & 1 & & & \\ & 1 & 26 & 66 & 26 & 1 & & \\ & & \ddots & \ddots & \ddots & \ddots & \ddots & \\ & & & 1 & 26 & 66 & 26 & 1 \\ & & & & 4/3 & 34 & 72 & 38/3 \\ & & & & & 3 & 66 & 51 \end{pmatrix}.$$

Im Fall polynomialer Splines gilt $R(M) = 0$, d.h. (2) ist ein lineares Gleichungssystem, das stets genau eine Lösung besitzt.

2. NICHTNEGATIVE MATRIZEN

Für Fragen nach der Existenz von Interpolierenden im nichtlinearen Fall ist es von großer Wichtigkeit zu wissen, ob für eine gewisse Klasse von Zerlegungen T des Intervalls $[a,b]$ mit unbeschränkter Knotenzahl

$$(4) \qquad \sup_T \| A_T^{-1} \| < \infty$$

bei Verwendung der Zeilensummennorm gilt. Wenn die Matrizen A_T diese Eigenschaften besitzen, erhält man bestmögliche Konvergenz der Interpolierenden [1], [2] :

$$f^{(i)}(t) - s^{(i)}(t) = O(h^{n+2-i}), \quad i = 0,1,\dots,n+2;$$

für $i = n+1, n+2$ ist diese Relation nur außerhalb der Knoten zu verstehen.

Für $n = 2$ erhält man diagonaldominante Matrizen, so daß (4) gilt. Wie (3) zeigt, liegt schon für $n = 4$ keine Diagonaldominanz vor. Ein für unsere Zwecke geeignetes Hilfsmittel liefert das folgende

LEMMA. (vgl. [3]) Es sei $A = (a_{ij})$ eine nichtsinguläre $k \times k$-Matrix, deren sämtliche $(k-1)$-reihigen Unterdeterminanten nichtnegativ seien. Es existiere ein $\gamma = (\gamma_j) \in \mathbb{R}^k$ mit

$$(5) \qquad \sum_{j=1}^{k} (-1)^{i-j} \gamma_j a_{ij} \geq 1, \quad i = 1,2,\dots,k.$$

Dann gilt

$$\| A^{-1} \|_\infty \leq \| \gamma \|_\infty .$$

Auf die Nichtsingularität von A, die in Lemma 2.4 in [3] nicht gefordert wird, kann nicht verzichtet werden, wie das folgende Beispiel zeigt:

$$A = \begin{pmatrix} 1 & 1 & 1 \\ -1 & -1 & -1 \\ 1 & 1 & 1 \end{pmatrix}, \qquad \gamma = (1,-1,1).$$

Der Beweis des Lemmas verläuft ansonsten entsprechend dem von Lemma 2.4 in [3].

Wir wollen nun zeigen, daß die Matrizen A_T stets nichtnegative Unterdeterminanten besitzen. Um einfache Formeln zu erhalten, setzen wir

$$t_{1-m} = t_{2-m} = \ldots = t_0 = t_1 ,$$

$$t_{k+1} = t_{k+2} = \ldots = t_{k+m} = t_k .$$

Dann haben die Elemente der Matrix $A_T = (a_{ij})$ die Gestalt (vgl. z.B. [1], Kap.IV)

$$a_{ij} = \frac{t_{j+1}-t_{j-1}}{(n+1)!} \Delta_z^n(t_{i-m},\ldots,t_{i+m}) [\Delta_t^2(t_{j-1},t_j,t_{j+1})(z-t)_+^{n+1}];$$

dabei ist $\Delta_z^n(z_0,\ldots,z_n)g(z)$ der bezüglich der Stützstellen $z_0,\ldots,z_n$ und der Variablen z von g(z) gebildete n-te Differenzenquotient. Mit Hilfe des Darstellungssatzes von Peano für lineare Funktionale (siehe z.B. [6], Kap.III) folgt

$$(6) \qquad a_{ij} = \alpha_j \cdot \int_{t_{i-m}}^{t_{i+m}} g_i^n(\xi)\cdot g_j^2(\xi)d\xi$$

mit

$$\alpha_j = \frac{t_{j+1}-t_{j-1}}{(n-1)!}, \quad g_i^{2q}(\xi) = \Delta_t^{2q}(t_{i-q},\ldots,t_{i+q})(t-\xi)_+^{2q-1}.$$

Da die Kerne $g_i^n(\xi)$ und $g_j^2(\xi)$ total positiv sind ([5], Kap.10), folgt aus der "basic composition formula" ([5], Kap.1), daß sämtliche Unterdeterminanten nichtnegativ sind; ebenso folgt, daß die Determinante von A_T sogar positiv ist (für $\det A_T \neq 0$ siehe auch [1]). Aufgrund der Integrationsgrenzen in (6) besitzt A_T eine charakteristische Bandstruktur: Es sind nur die Diagonale und die m benachbarten Nebendiagonalen von A_T mit von Null verschiedenen Elementen besetzt.

Es sei angemerkt, daß sich alle in diesem Abschnitt angestellten Überlegungen auch auf ungerades $n \in \mathbb{N}$ und unsymmetrische Interpolationsprobleme übertragen lassen.

3. ÄQUIDISTANTE KNOTEN

Für $n = 4$ ist in [3] ein sehr schöner Ansatz gefunden worden, um (4) unabhängig von der Knotenverteilung zu beweisen. Um für höhere Grade n die Gültigkeit von (4) nachweisen zu können, beschränken wir uns im folgenden auf äquidistante Knotenabstände. In diesem Fall besitzen die Matrizen $A_k := A_T$ zusätzliche Eigenschaften (vgl. (3)): Sie sind symmetrisch und besitzen, abgesehen von den ersten und letzten m Zeilen, ein "konstantes Band", d.h. eine Erhöhung von k bewirkt nur eine Verlängerung des konstanten Bandes. Im Fall $n = 4$ erkennt man sofort, daß aufgrund dieser Eigenschaften der Vektor

$$\gamma = \text{const}\cdot(2,1,1,\ldots,1,2)$$

die Voraussetzung (5) für jedes k erfüllt. Dies führt zu einer in k gleichmäßigen Abschätzung von $\|A_k^{-1}\|$. Es liegt nahe, nach entsprechenden Vektoren γ für größere Werte von n zu suchen.

Es stellt sich also folgende Aufgabe: Zu $n = 2m$ und äquidistanter Knotenverteilung sind ein von der Anzahl k der Knoten unabhängiges $r \in \mathbb{N}_0$ und Vektoren

$$\gamma = \text{const}\cdot(\gamma_1,\gamma_2,\ldots,\gamma_r,1,1,\ldots,1,\gamma_r,\ldots,\gamma_1) \in \mathbb{R}^k$$

gesucht, die (5) erfüllen.

Aufgrund der speziellen Struktur der Matrizen A_k genügt es offenbar, mit $k = n+2r+1$ zu rechnen. Alle anderen Matrizen A_k mit $k \geq n$ erfüllen dann ebenfalls (5). Zur Verminderung des Rechenaufwandes wird man r möglichst klein wählen.

Diese Aufgabe wurde auf der Rechenanlage der Universität Münster gelöst [4]. Um kein durch Rundungsfehler verfälschtes Ergebnis zu erhalten, wurden alle Rechnungen in "langer" rationaler Arithmetik durchgeführt. Außerdem wurde das kleinstmögliche $r = r_{min}$ verwendet und zusätzlich bei gegebenem r_{min} ein optimales γ bestimmt. Da der Rechenaufwand mit n erheblich steigt, wurden die Rechnungen nach Erreichen von $n = 12$ abgebrochen. In der folgenden Tabelle sind die erhaltenen Ergebnisse angegeben.

n	r_{min}	$\frac{1}{n!(n+1)!} \cdot \sup\limits_{k \geq n} \Vert A_k^{-1} \Vert$
2	0	$= 0.5$
4	1	$\leq 0.969 \cdot 10^{-1}$
6	1	$\leq 0.177 \cdot 10^{-1}$
8	2	$\leq 0.702 \cdot 10^{-3}$
10	3	$\leq 0.366 \cdot 10^{-4}$
12	4	$\leq 0.154 \cdot 10^{-5}$

Berechnet man die Inversen der Matrizen A_k für kleine k und vergleicht deren Normen mit den oben angegebenen Schranken, so stellt man bis auf den Fall $n = 6$ Unterschiede in der Größenordnung von nur 20% fest. Aus diesem Grunde wurde der Fall $n = 6$ mit $r = 2$ noch einmal gerechnet. Es ergab sich

$$\frac{1}{6!7!} \cdot \sup_{k \geq 6} \| A_k^{-1} \| \leq 0.990 \cdot 10^{-2} ,$$

eine Schranke von vergleichbarer Schärfe.

Wir vermuten, daß für unsymmetrische Interpolationsprobleme, insbesondere für ungerades n, keine gleichmäßigen Schranken für die Normen der zugehörigen Matrizen zu erwarten sind.

[1] Ahlberg, J.H., Nilson, E.N., Walsh, J.L.: The Theory of Splines and Their Applications. New York and London, Academic Press 1967

[2] Arndt, H.: Interpolation mit regulären Splines. Erscheint im J. Approximation Theory

[3] De Boor, C.: On the Convergence of Odd-Degree Spline Interpolation. J. Approximation Theory 1(1968), 452-463

[4] Eickenscheidt, B.: Zur Konvergenz des Randwertproblems bei der Interpolation mit regulären Spline-Funktionen. Diplomarbeit, Münster 1974

[5] Karlin, S.: Total Positivity, vol. 1. Stanford University Press 1968

[6] Werner, H., Schaback, R.: Praktische Mathematik II. Berlin-Heidelberg-New York, Springer 1972

Dr. Herbert Arndt
Institut für Numerische Mathematik der Universität
44 Münster
Roxeler Straße 62

Bernd Eickenscheidt
Rechenzentrum der Universität
44 Münster
Roxeler Straße 60

BLENDING FUNCTION INTERPOLATION:

A SURVEY AND SOME NEW RESULTS

Robert E Barnhill

Blending function methods permit the exact interpolation of data given along curves and/or surfaces. Appropriate discretisations yield finite dimensional schemes. These methods are useful for Finite Element Analysis and for Computer Aided Geometric Design.

This paper contains a review of blending function methods, followed by several new results which include the following:

a method of interpolating exactly to the essential boundary conditions of a triangulated region with a curved boundary and the application of this method to derive a nonconforming element, "Morley's triangle" for a triangle with one curved side.

Additional topics: Rectangular element with one curved side, blending function integration schemes, Shepard's formula for global interpolation to arbitrary data in the plane, a new remainder formula for Lagrangian interpolation over a triangle which generalises the 1903 paper of Biermann.

Table of Contents

1. Introduction

A common problem in the representation and approximation of surfaces is to "blend" together information given along curves. An example is to find a smooth surface that includes the four curves shown in Figure 1.1. A solution to this problem will be given in Section 2. Usually there are several sets of such curves, as in Figure 1.2.

There are numerous applications of these methods. They have been used in the design of the surface of automobiles, ships, and airplanes, where cross sections of data are available. Similar data are available in a variety of other situations. Two interesting applications are the following: (i) searching for copper deposits (in Utah) by taking measurements in an airplane and (ii) representing the surface of a human heart. These applications involve discrete data instead of continuous data (Figure 1.3). Such approximations can be obtained by discretisation of blending function interpolants. The advantage of such an approach is that the underlying mathematical structure is clearer than for ad hoc schemes.

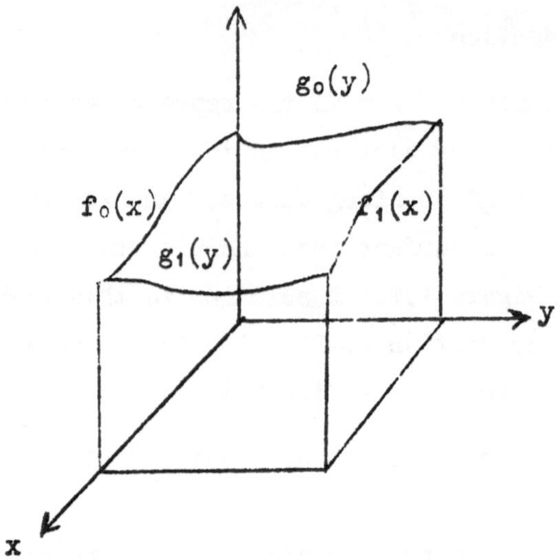

Figure 1.1: Boundary curves over the unit square.

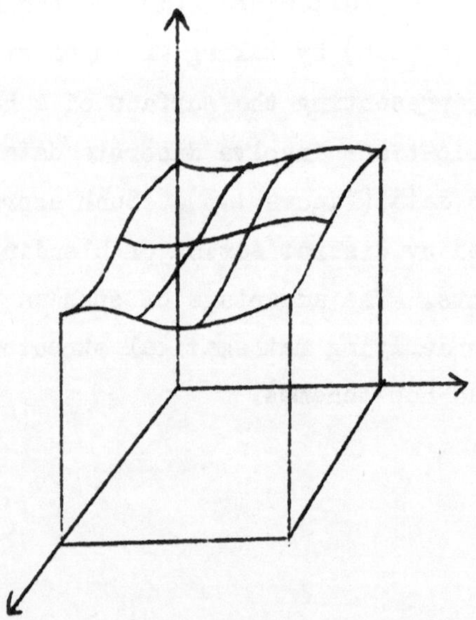

Figure 1.2: Boundary and interior curves.

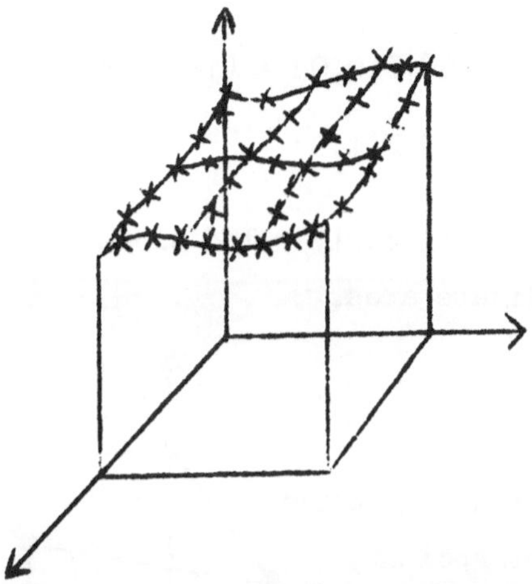

Figure 1.3: Discrete data given at the x points.

2. Blending Function Interpolation over Rectangles.

To illustrate the ideas, we begin with the humble but useful univariate linear interpolant, that is,

$$f = f(x) \Rightarrow (P_1 f)(x) \equiv (1-x)f(0) + xf(1) \qquad (2.1)$$

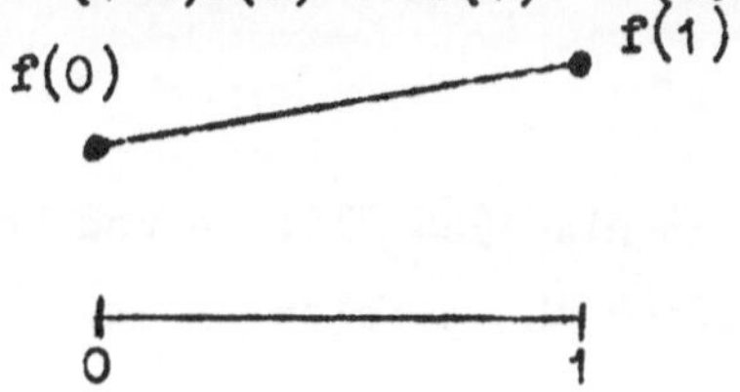

Figure 2.1: Univariate Linear Interpolant.

The data are the "positions" $f(0)$ and $f(1)$. The weighting functions $(1-x)$ and x are called the "blending" functions for these data.

Historically, bivariate schemes have been built up from univariate schemes, usually by means of tensor products. For example, with $F = F(x,y)$, given the data $F(0,0)$, $F(0,1)$, $F(1,0)$, and $F(1,1)$, the following bilinear function interpolates to these data:

$$U(x,y) = (1-x)(1-y)\,F(0,0) + (1-x)y\,F(0,1)$$
$$x(1-y)\,F(1,0) + \quad xy\,F(1,1) \qquad (2.2)$$

This function is linearly ruled along parallels to the two coordinate axes.

Figure 2.2: Tensor Product Bilinear Interpolant.

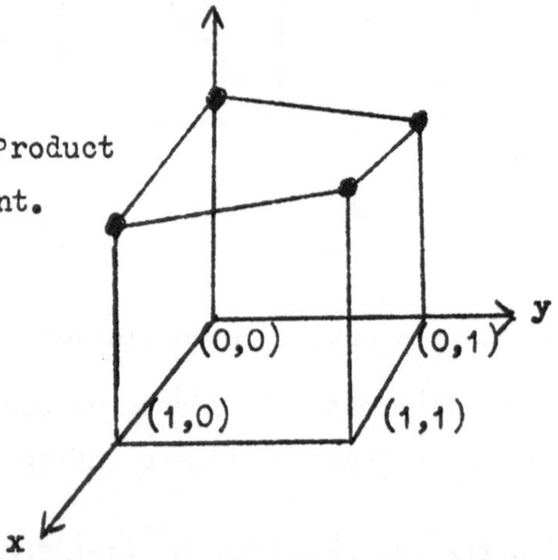

In his 1964 "little red book" [17], S A Coons considred the problem of interpolation to the four curves shown in Figure 2.3, which is Figure 1.1 with $f_0(x)$ replaced by $F(x,0)$, etc.

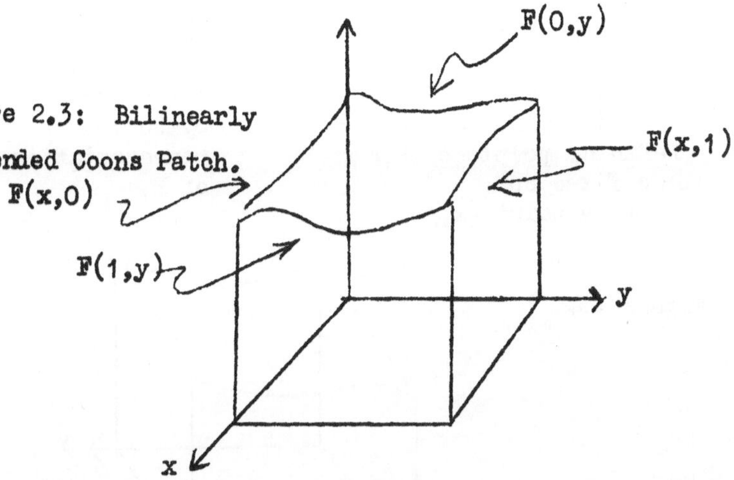

Figure 2.3: Bilinearly Blended Coons Patch.

He built up a solution to this problem as follows. For $F = F(x,y)$, let

$$(P_1 F)(x,y) \equiv (1-x)F(0,y) + xF(1,y) \qquad (2.3)$$

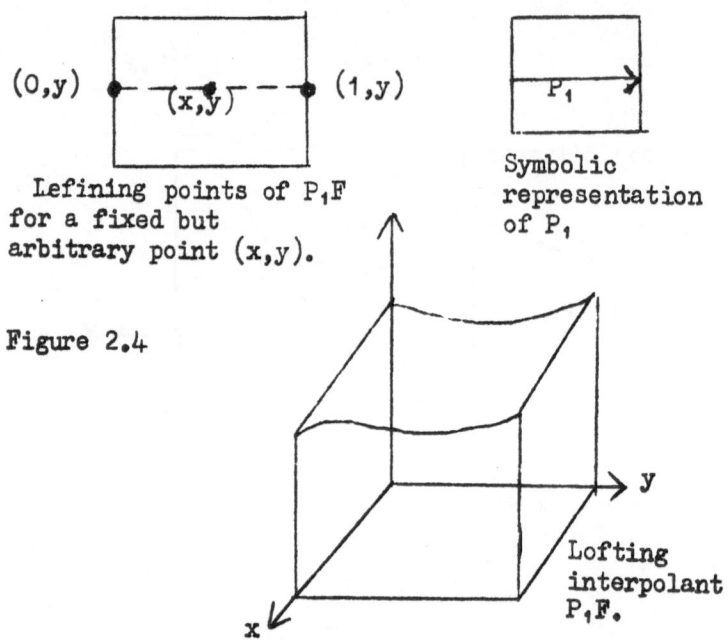

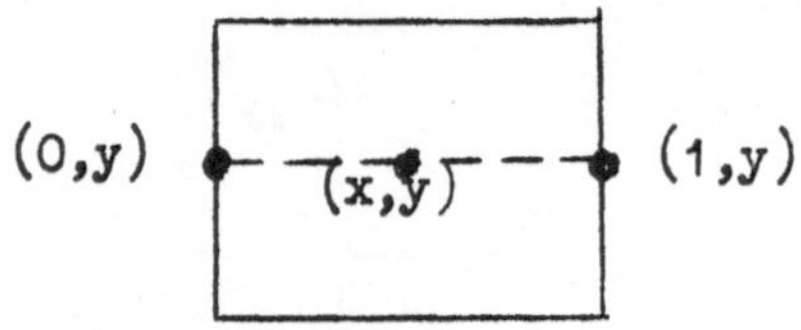

Lefining points of P_1F for a fixed but arbitrary point (x,y).

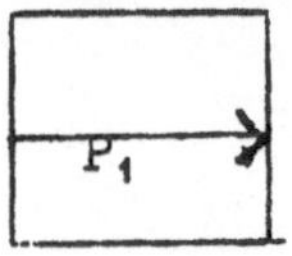

Symbolic representation of P_1

Figure 2.4

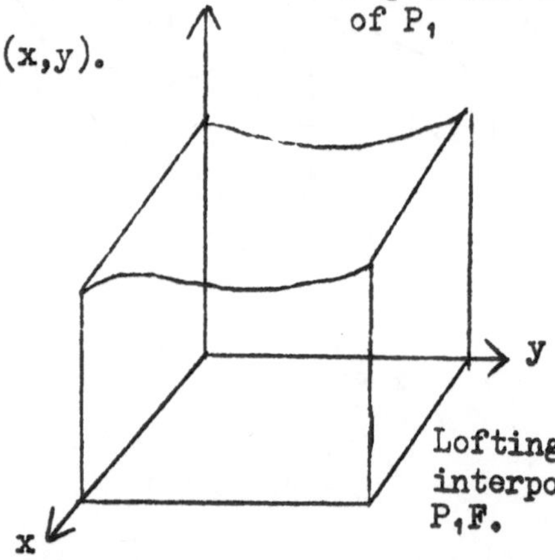

Lofting interpolant P_1F.

The aircraft engineers call P_1F a "lofting" interpolant. Dually, let

$$P_2F \equiv (1-y)F(x,0) + y\,F(x,1) \tag{2.4}$$

Now consider the lofting interpolant P_2F and its remainder, $(I-P_2)F$, shown in Figure 2.5. (I is the identity operator.)

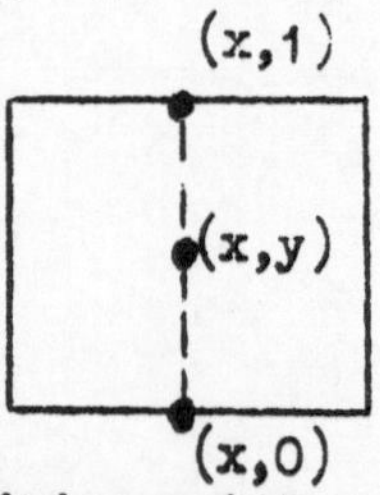

(a) Defining points of P_2F for a fixed but variable point (x,y).

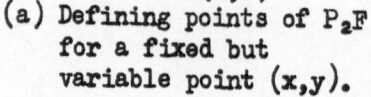

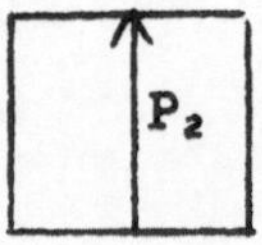

(b) Symbolic representation of P_2.

Figure 2.5

Figure 2.5 Contd.

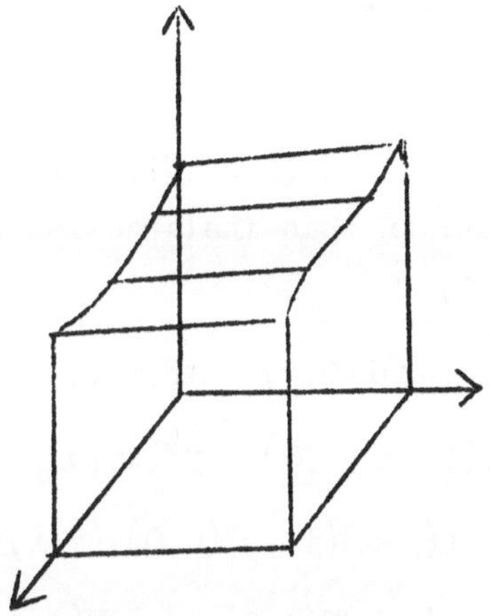

(c) P_2F: linearly ruled in y.

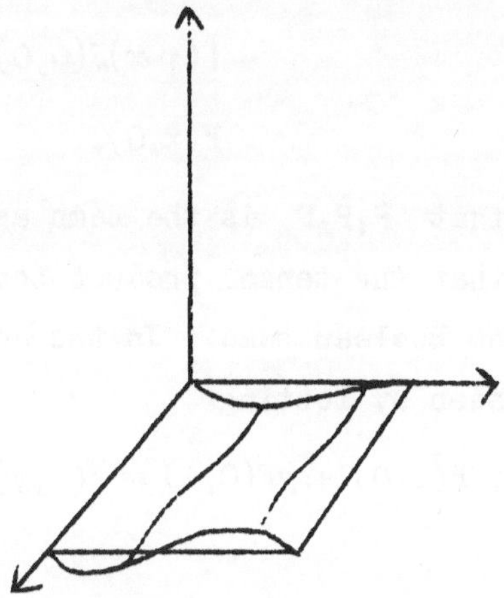

(d) The remainder $(I - P_2)F$.

$P_1 [(I-P_2)F]$ interpolates exactly to the boundary values of $(I-P_2)F$ along $x=0$ and $x=1$, and is linear along $y=0$ and $y=1$ so that it certainly interpolates to the zero function there. Hence $P_2F + P_1 [(I-P_2)F] = P_1F + P_2F - P_1P_2F$ interpolates to the four original curves $F(x,0)$, etc.

$$(P_1 + P_2 - P_1P_2)F \equiv (P_1 \oplus P_2)F$$

is a Boolean sum, as Gordon [21] pointed out. The explicit formula in this instance is, from (2.3), (2.4), and (2.5)

$$\begin{aligned}(P_1 \oplus P_2)F = \; & (1-x)F(0,y) + xF(1,y) \\ & +(1-y)F(x,0) + yF(x,1) \\ & - [(1-x)(1-y)F(0,0)+(1-x)yF(0,1) \\ & + x(1-y)F(1,0) + xy\,F(1,1)]\end{aligned} \tag{2.6}$$

Check: $[(P_1 \oplus P_2)F](x,0) = (1-x)F(0,0) + xF(1,0) + F(x,0)$

$$- [(1-x)F(0,0) + xF(1,0)]$$

$$= F(x,0).$$

One notices that P_1P_2F is the same as U in (2.2), which means that the tensor product schemes can be recovered from Boolean sums. In the above example, this can be seen by letting

$$F(0,y) \simeq (1-y)F(0,0) + yF(0,1) \equiv \tilde{F}(0,y) \tag{2.7}$$

etc.

$F(0,0) = \tilde{F}(0,0)$ etc.

with the result that

$$(P_1 \oplus P_2)\tilde{F} = P_1P_2F = U\,. \tag{2.8}$$

(2.7) is an example of a discretisation.

$(P_1 \oplus P_2)F$ is called a (rectangular) Coons patch. In connexion with finite element analysis, Gordon [22] calls it a transfinite element. $(P_1 \oplus P_2)F$ is also called a blending function interpolant. Since the blending functions in (2.6) are bilinear, $(P_1 \oplus P_2)F$ is a bilinearly blended Coons patch (Figure 2.3).

The three interpolants P_1P_2F, P_1F (and P_2F), and $(P_1 \oplus P_2)F$ form a lattice in which P_1P_2 is algebraically "minimal", P_1 and P_2 intermediate, and $P_1 \oplus P_2$ "maximal", in Gordon's [21] terminology. Also, $P_1P_2 = P_2P_1$ above, but, as we shall see, this is not true, in general, for interpolants on nonrectangular regions.

Discretisation.

Equation (2.8) illustrates one discretisation. A second example is the following: Again consider (2.3) and (2.4). Let

$$F(x,0) \approx \tilde{F}(x,0) = q_0(x)\, F(0,0) + q_{\frac{1}{2}}(x)\, F(\tfrac{1}{2},0) + q_1(x)\, F(1,0) \qquad (2.9)$$

where the $q_i(x)$ are the cardinal functions for univariate quadratic interpolation. The resulting stencil of function values is shown in Figure 2.6.

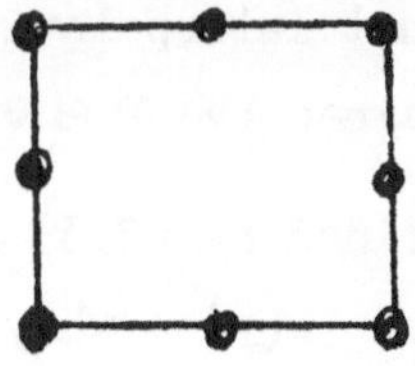

Figure 2.6: Quadratic discretisation of bilinearly blended Coons patch.

The interpolant of Figure 2.6, considered as a finite element, is called a "serendipity" element by the engineers [47]. The reason for this term is that such elements converge more rapidly than might be expected. This happens because of the function precision of these schemes. Figure 2.7 depicts the indices (i,j) of the monomials $x^i y^j$ for which $P_1 \oplus P_2$ is precise. (See (2.20) in [10]).

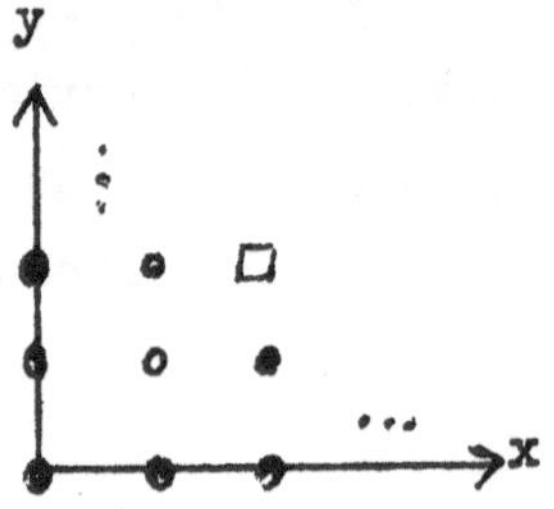

Figure 2.7: Monomial precision of $P_1 \oplus P_2$.

Gordon [21] showed that if $P_1P_2 = P_2P_1$, then the function precision of the Boolean sum is the union of the precisions of its constituent interpolants P_1 and P_2. Barnhill and Gregory [11] showed that in a Boolean sum $P \oplus Q$ of two interpolants, one always gets at least the interpolation properties of the first, P, and at least the function precision of the second, Q. Moreover, they prove a constructive theorem on how to find projectors so that interpolation properties of both P and Q are maintained by $P \oplus Q$.

P_1F defined by (2.3) is precise whenever $F(x,y)$ is of the form $g(y) + xh(y)$. Thus x^2y^2 is the lowest order monomial for which $P_1 \oplus P_2$ is not precise. Hence the remainder

$$RF \equiv [I - (P_1 \oplus P_2)]F \qquad (2.10)$$

is $O(h^4)$, if we consider interpolation on a sequence of squares of dimension h by h.

What is the effect of discretisation (2.9) on the order of convergence? Regarding the order of convergence of $(P_1 \oplus P_2)F$, only the fact that it was exact for all polynomials of degree $\leqslant 3$ mattered. The discretisation of $F(x,0)$ to $\tilde{F}(x,0)$ is exact for the monomials 1, x, and x^2 and, of course, multiples of these by functions of y, but x^3 is missed out. Hence $(P_1 \oplus P_2)\tilde{F}$ is exact for all polynomials of degree $\leqslant 2$ and therefore its remainder is $O(h^3)$.

When used as finite element, so that a Sobolev norm of RF is needed, for example

$$|RF|_1 = \left\{ \iint_\Omega \left[\frac{\partial R}{\partial x}\right]^2 + \left[\frac{\partial R}{\partial y}\right]^2 dxdy \right\}^{\frac{1}{2}},$$

in 2nd order problems, then these error estimates are altered in the obvious way. (e.g., one less, $O(h^3)$, for 2nd order problems). A precise statement of such error bounds, including the constants so that the bounds become computable, has been made by Barnhill and Gregory [12]. In this paper we are emphasizing the geometry and algebra of blending function methods, not their analysis.

In the above discretisation (2.9), the function precision implies that it would be more reasonable to let $\tilde{F}(x,y)$ be a cubic interpolant, along the relevant "sections", that is,

$$F(x,0) \simeq \bar{F}(x,0) = \phi_0(x)F(0,0) + \phi_{1/3}(x)F(1/3,0) + \phi_{2/3}(x)F(2/3,0) + \phi_1(x)F(1,0)$$

etc.

The resulting interpolant $(P_1 \oplus P_2)\bar{F}$ is exact for all cubic polynomials.

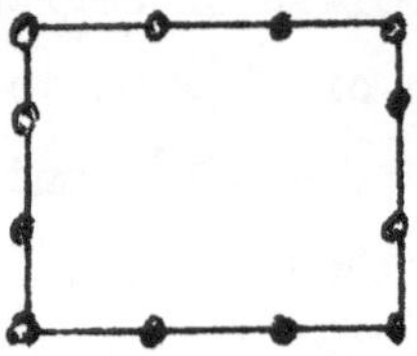

Figure 2.8: Cubic discretisation of bilinearly blended Coons patch.

With reference to Figure 1.3, we could consider a piecewise bilinearly blended Boolean sum on h by h squares with cubic discretisations of the transfinite data. This amounts to repetitions of Figure 2.8 in Figure 1.3. If the cubic discretisations are piecewise cubic with step-size k, then the discretisation error is $O(k^4)$. Since the Boolean sum error is still $O(h^4)$, a consistent choice of k, given h, is $k=h$. Fo a piecewise quadratic discretisation using (2.9), $k = h^{4/3}$ is consistent. (See [3]).

Barnhill, Gordon, and Thomas [8] used the idea of consistency for blending function cubatures, Gordon and Hall [22] have used it for transfinite element schemes.

Derivatives.

The bilinearly blended Coons patch defined by (2.6) interpolates all along the sides of the unit squaro and so it interpolates to tangential derivatives there, e.g., $F_{1,0}(x,0)$, assuming that this derivative is defined.

Frequently we would like to interpolate to normal derivatives along the sides of the unit square, e.g., $F_{0,1}(x,0)$. This comes up in Computer Aided Geometric Design when "slopes" as well as "positions" are given. The Finite Element Analysis of plate problems is a second example. This can be done by considering cubic Hermite interpolation instead of the linear interpolation in (2.1); for $f = f(x)$, let

$$(P_1^C f)(x) = \phi_0(x)f(0) + \phi_1(x)f'(0) + \psi_0(x)f(1) + \psi_1(x)f'(1) \qquad (2.9)$$

where $\phi_0(x) = (1-x)^2(2x+1)$, $\phi_1(x) = (1-x)^2 x$,

and $\psi_i(x) = (-1)^i \phi_i(1-x)$, $i = 0,1$.

The ϕ_i and ψ_i are the cardinal (or blending or shape) functions corresponding to univariate cubic Hermite interpolation, as is easily checked.

Letting $(P_2^C g)(y)$, for $g = g(y)$, be the dual "projector" (idempotent linear operator) in the variable y, we form the Boolean sum $(P_1^C \oplus P_2^C)F$, $F = F(x,y)$. For a couple of years, this Boolean sum was thought to interpolate to function values and normal derivatives all around the boundary of the unit square, but Lois Mansfield [29] pointed out that "compatibility conditions" of the form

$$\frac{\partial^2 F}{\partial x \partial y} = \frac{\partial^2 F}{\partial y \partial x} \qquad (2.10)$$

were needed at the corners of the square. Otherwise, interpolation does not occur, in particular, to the normal derivatives along $y = 0$ and $y = 1$. (Recall the earlier remark that a Boolean sum always has the interpolation properties of the 1st projector, at least.) Barnhill and Gregory [10] give a thorough discussion of this topic. Incidentally, the mathematical assumption that F be in $C^{1,1}$ implies that the compatibility conditions are satisfied, but this assumption cannot be made if discretisations are involved (since it would usually be false).

We conclude this Section with a more unusual blending function interpolant, which arose in a boundary value problem with mixed boundary conditions. The given boundary conditions are

$F(0,y)$, $F(x,1)$, $F(1,y)$, and $F_{0,1}(x,0)$ (see Figure 2.9).

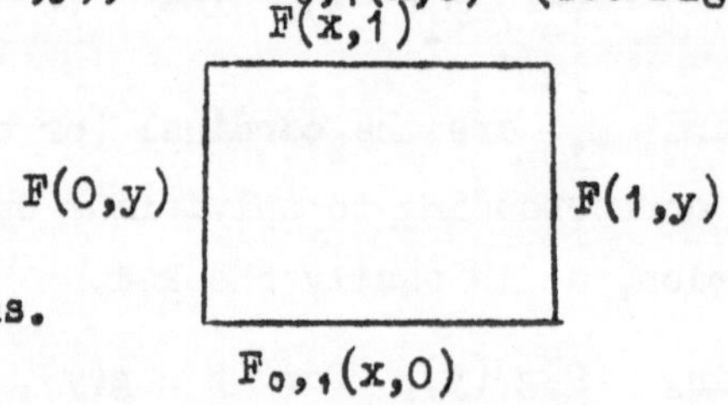

Figure 2.9: Mixed boundary conditions.

Let $P_1F = xF(1,y) + (1-x)F(0,y)$ (2.11)

$$P_2F = yF_{0,1}(x,0) + F(x,1) - F_{0,1}(x,0) \quad (2.12)$$

P_2 comes from the univariate interpolant $f = f(t) \Rightarrow P_2f = f'(0)t + f(1) - f'(0)$.

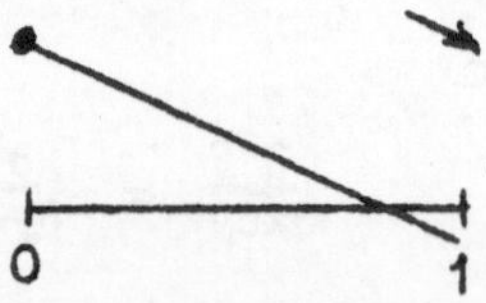

Figure 2.10: Univariate interpolation to the position f(0) and the slope f'(1).

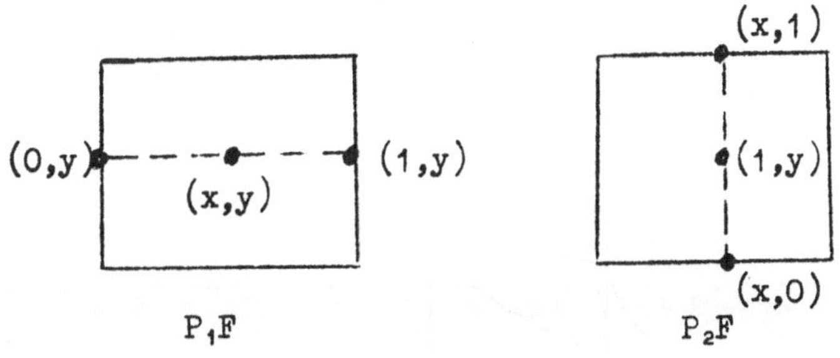

Figure 2.11: The bivariate projectors for the mixed boundary conditions, Figure 2.9.

The Boolean sum of (2.11) and (2.12) is the following:

$$(P_1 \oplus P_2)F = xF(1,y) + (1-x)F(0,y) + F(x,1) - (1-y)F_{0,1}(x,0) - [x\{F(1,1) - (1-y)F_{0,1}(1,0)\} + (1-x)\{F(0,1) - (1-y)F_{0,1}(0,0)\}] \qquad (2.13)$$

(2.13) interpolates the data of Figure 2.9.

3. Blending Function Interpolation over Triangles.

This subject was initiated by Barnhill, Birkhoff, and Gordon [5]. The use of triangles is an intrinsically bivariate approach to a bivariate interpolation problem. The simplest instance is interpolation to boundary curves over the standard triangle with vertices (1,0), (0,1), and (0,0), Figure 3.1.

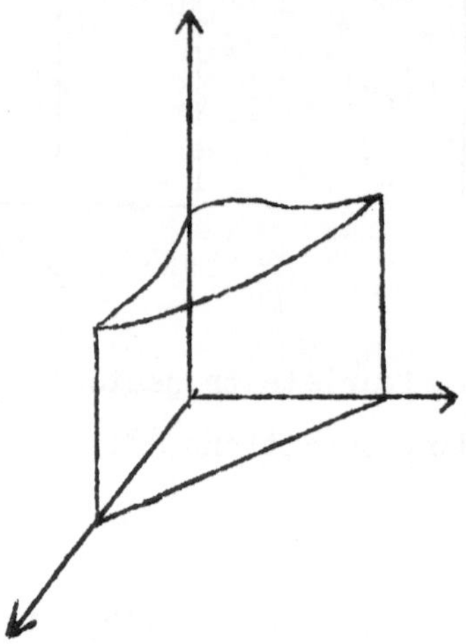

Figure 3.1: Boundary curves over the standard triangle.

Barnhill, Birkhoff, and Gordon (BBG) define a pair of lofting interpolants whose Boolean sum interpolates the date in Figure 3.1.. Let

$$P_1F = \left(\frac{1-x-y}{1-y}\right)F(0,y) + \left(\frac{x}{1-y}\right)F(1-y,y) \qquad (3.1)$$

See Figure 3.2.

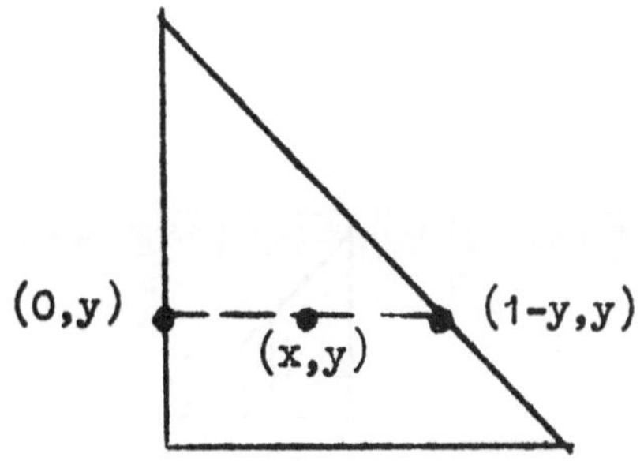

(a) **Defining** points of P_1F.

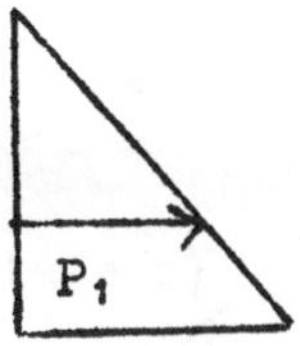

(b) **Symbolic representation of P_1F.**

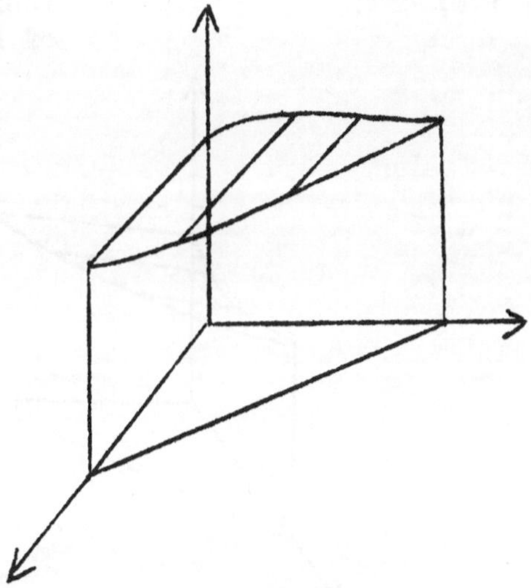

(c) **The triangular** lofting interpolant P_1F.

Figure 3.2

Analogously, let

$$P_2F = \left(\frac{1-x-y}{1-x}\right)F(x,0) + \left(\frac{y}{1-x}\right)F(x,1-x) \tag{3.2}$$

See Figure 3.3.

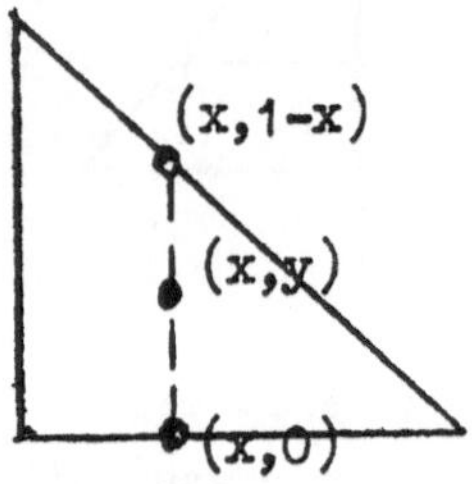

(a) Defining points of P_2F.

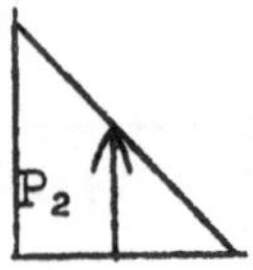

(b) Symbolic representation of P_2F.

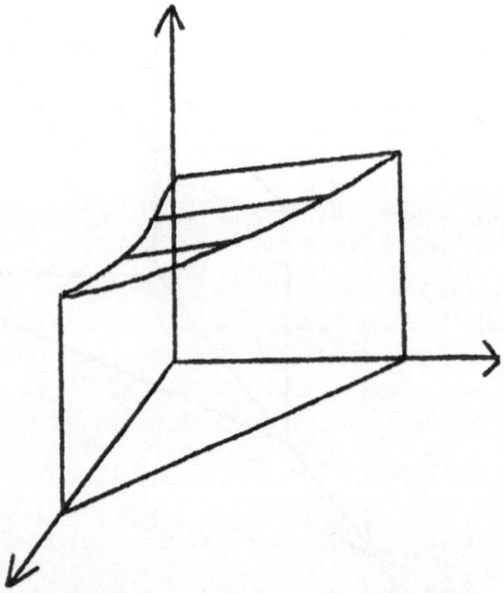

(c) The lofting interpolant P_2F.

Figure 3.3

Then $(P_1 \oplus P_2)F$ interpolates to the boundary data. So does $(P_2 \oplus P_1)F$. However, $P_1P_2F \neq P_2P_1F$ and so $(P_1 \oplus P_2)F$ and $(P_2 \oplus P_1)F$ are different interpolants to the boundary data. In fact, BBG created a more symmetric interpolant. Let

$$P_3F = \left(\frac{x}{x+y}\right)F(x+y,0) + \left(\frac{y}{x+y}\right)F(0,x+y) \tag{3.3}$$

See Figure 3.4.

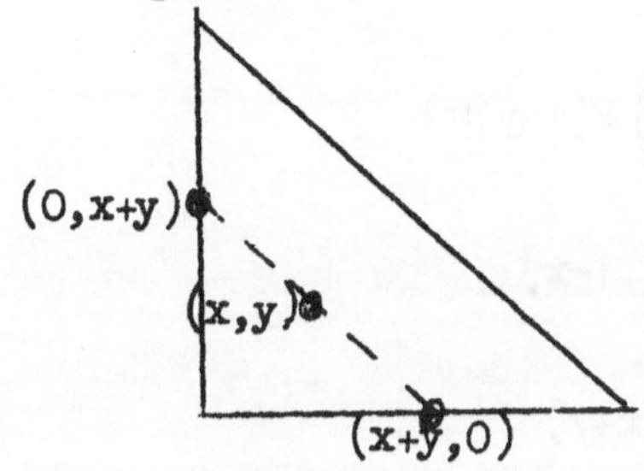

(a) Defining points of P_3F.

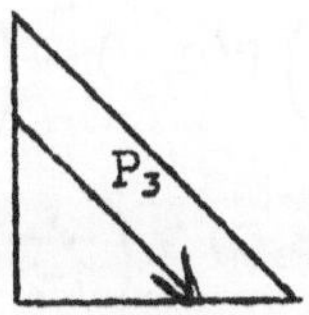

(b) Symbolic representation of P_3F.

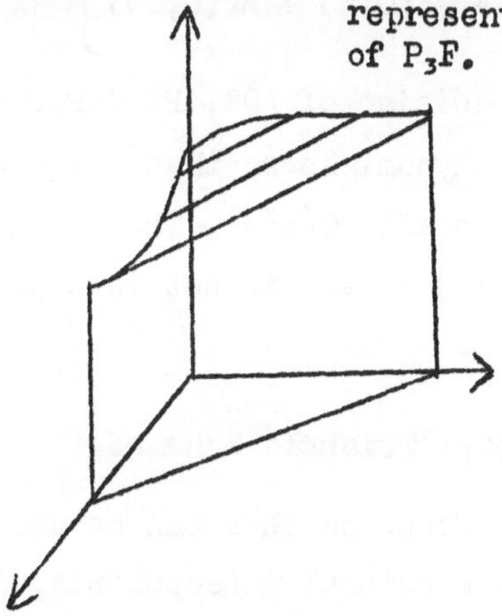

(c) The triangular lofting interpolant P_3F.

Figure 3.4.

Then consider

$$Q^*F = \tfrac{1}{2}[(P_i \oplus P_j) + (P_i \oplus P_k)]F, \quad i,j,k \text{ all different}$$

$$= \tfrac{1}{2}[P_1 + P_2 + P_3 - P_1P_2P_3]F, \quad \text{where} \tag{3.4}$$

$$P_1P_2P_3F = xF(1,0) + yF(0,1) + zF(0,0), \qquad z \equiv 1-x-y.$$

From (3.1) - (3.4), the "trilinear" interpolant Q^* is the following:

$$Q^*F = \tfrac{1}{2}\Big\{\left(\frac{1-x-y}{1-y}\right)F(0,y) + \left(\frac{x}{1-y}\right)F(1-y,y)$$

$$+ \left(\frac{1-x-y}{1-x}\right)F(x,0) + \left(\frac{y}{1-x}\right)F(x,1-x)$$

$$+ \left(\frac{x}{x+y}\right)F(x+y,0) + \left(\frac{y}{x+y}\right)F(0,x+y)$$

$$- [xF(1,0) + yF(0,1) + zF(0,0)]\Big\} \tag{3.5}$$

The function precision of Q^*, $P_1 \oplus P_2$, etc. includes all quadratic polynomials so that the remainders of these schemes are all $O(h^3)$. The cubic function $F(x,y) = xy(1-x-y) = xyz$ is not interpolated exactly by these schemes.

Finite Dimensional Triangle Schemes.

Triangular Coons patches can be discretised to define finite dimensional interpolants, in a similar way to rectangles. Barnhill and Gregory [10] and Birkhoff and Mansfield [15] develop 9-parameter interpolants that are C^1 over a triangulation.

Figure 3.5: C^1 9-parameter interpolant.

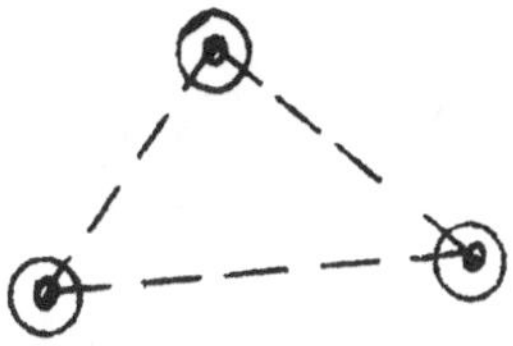

The following notation is used in the Figures for interpolation schemes:

• means interpolation to function value at a point.

⊙ means interpolation to function values and to the first derivatives at a point.

+ means interpolation to the normal derivative at the midpoint of a line segment.

——— means interpolation to function values all along a line segment (transfinite data).

- - - - means finite dimensional interpolation along a line segment ("spot" data).

These 9-parameter schemes are obtained by discretising a C^1 BBG interpolant, with the condition that the normal derivatives along the sides be linear. If this condition is not imposed, then a 12-parameter scheme, as in Figure 3.6, can be obtained.

Figure 3.6: C^1 12-parameter interpolant.

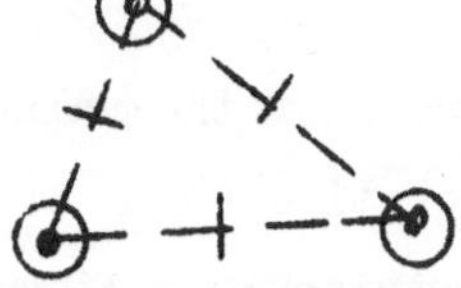

It turns out that the 9-parameter scheme had already been discovered by Irons [28]. One of the interesting aspects of discretisations of blending function interpolants is that the resulting finite dimensional elements are frequently already in the engineering, but not the mathematics, literature. (cf. "serendipity elements" above.)

Partially Discretised Elements

This idea was announced in two places almost simultaneously [9, 32] and it is the following: Consider any transfinite element; say, (3.4) for definiteness.

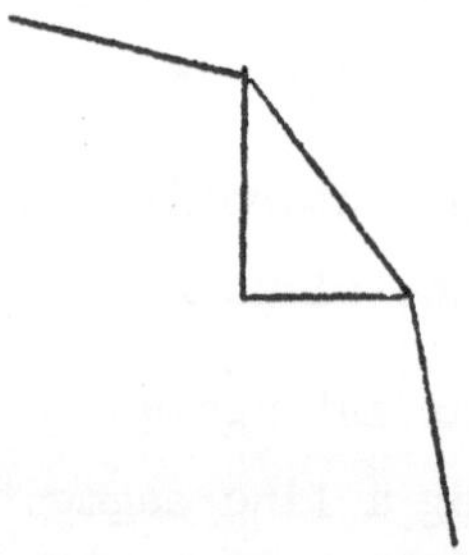

Figure 3.7: A boundary triangle.

Suppose that one side of the triangle is a part of the boundary of an overall region Ω as shown. To fix the ideas, consider Poisson's equation on Ω :

$$-\Delta u = f \quad \text{on} \quad \Omega \tag{3.6}$$

$$u = g \quad \text{on} \quad \partial\Omega \tag{3.7}$$

Since we know the values of u on the boundary of Ω, we discretise (3.4) only along the two interior sides of the triangle. If we discretise linearly, we obtain the element shown in Figure 3.8.

Figure 3.8: Partially discretised linear element.

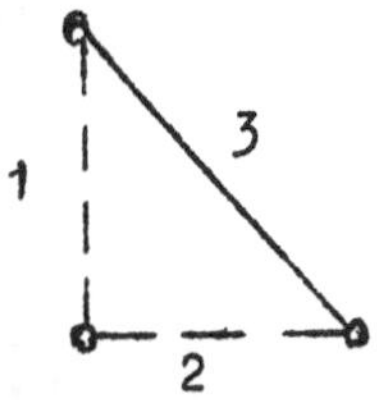

This ideas was presented by Barnhill and Gregory for triangles in a talk by the latter [9]. Marshall and Mitchell [32] presented the same idea for rectangles.

In Computer Aided Geometric Design, there are the two concepts of "hard" data and "soft" data, the former being information that is interpolated exactly and the latter being interpolated only approximately [40]. The information on side 3 and the point at the intersection of 1 and 2 would be "hard" data and on the rest of sides 1 and 2 "soft" data, in this example.

Polynomial Blending Functions for Triangles.

Because the blending functions in (3.5) are rational, Barnhill and Gregory [11] created triangular interpolants with polynomial blending functions. In the simplest case of interpolation only to function values, the formulas are the following;

$$P_1F = xF(1-y,y) + yF(x,1-x) \tag{3.8}$$

$$P_2F = F(0,y) + F(x,0) - F(0,0) \tag{3.9}$$

$$\begin{aligned}(P_1 \oplus P_2)F = {} & xF(1-y,y) + yF(x,1-x) \\ & + F(0,y) + F(x,0) - F(0,0) \\ & - x[F(0,y) + F(1-y,0) - F(0,0)] \\ & - y[F(0,1-x) + F(x,0) - F(0,0)]\end{aligned} \tag{3.10}$$

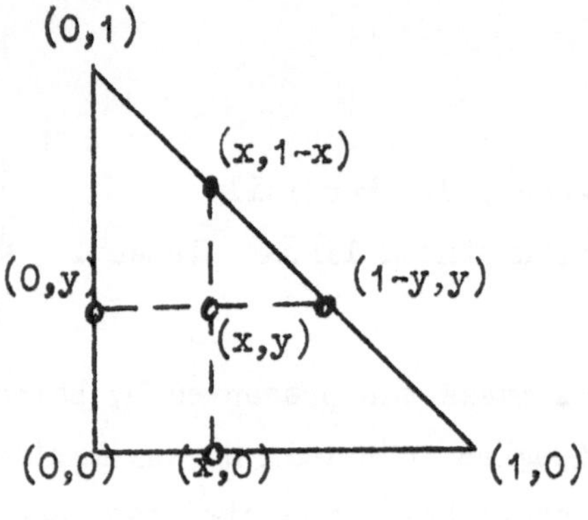

Figure 3.9: The defining points for $(P_1 \oplus P_2)F$ in (3.10).

If discretisation as in Figure 3.8 is carried out, the resulting function being called $\tilde{F}$, then

$$(P_1 \oplus P_2)\tilde{F} = yF(x,1-x) + xF(1-y,y) + z(F0,0) \quad (3.11)$$

where $z \equiv 1-x-y$. Barnhill and Gregory [11] have created a general theory which permits interpolation to normal derivatives along sides as well. In the C^1 case this uses Birkhoff's tricubic functions as the blending functions in the definition of P_1F .

Curved Triangles

Next, the "standard triangle with one curved side in Figure 3.10 was considered.[11].

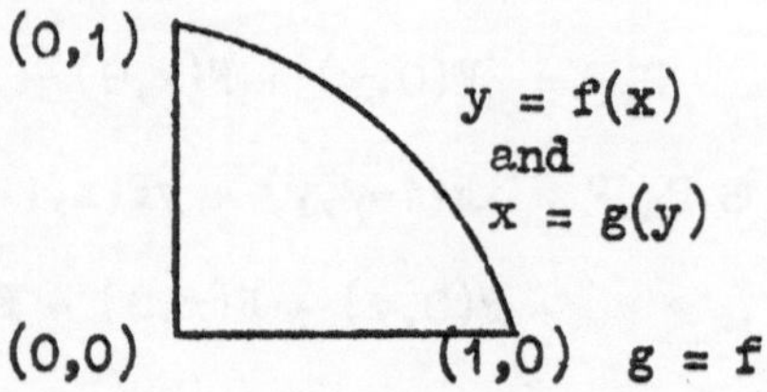

Figure 3.10: The standard curved triangle.

The interpolant to function values only is the following:

$$(P_1 \oplus P_2)F = [1-f(x)]F(g(y),y) + yF(x,f(x)) \qquad (3.12)$$
$$+ F(0,y) + F(x,0) - F(0,0)$$
$$- [1-f(x)]\{F(0,y) + F(g(y),0) - F(0,0)\}$$
$$- \quad y \quad \{F(0,f(x)) + F(x,0) - F(0,0)\}.$$

Curves are frequently given parametrically in the form

$$\begin{pmatrix} X(t) \\ Y(t) \end{pmatrix} ,$$

in which case (3.12) is applicable with the substitutes

$$\begin{array}{l} g(y) \leftarrow X(t_y) \\ f(x) \leftarrow Y(y_x) \end{array} .$$

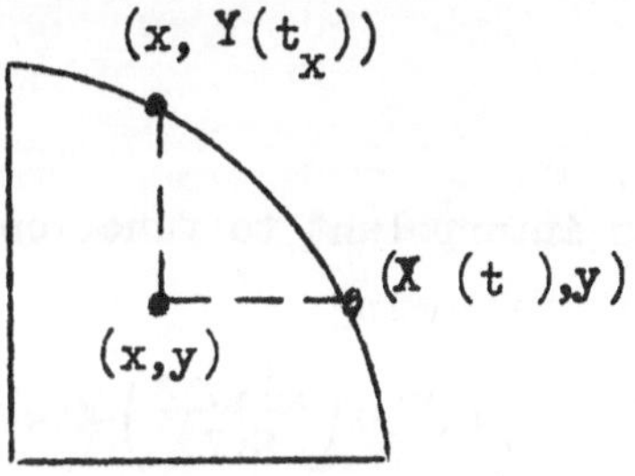

Figure 3.11: Standard curved triangle, parametric case.

Normal derivatives along the curved boundary can also be interpolated by this theory [11, 6, 7]. This is an important step in that there are at least two other theories [44, 35] that permit exact interpolation to function values only, but do not permit interpolation to derivatives.

Curved Rectangles.

For the standard rectangle with one curved side shown in Figure 3.12,

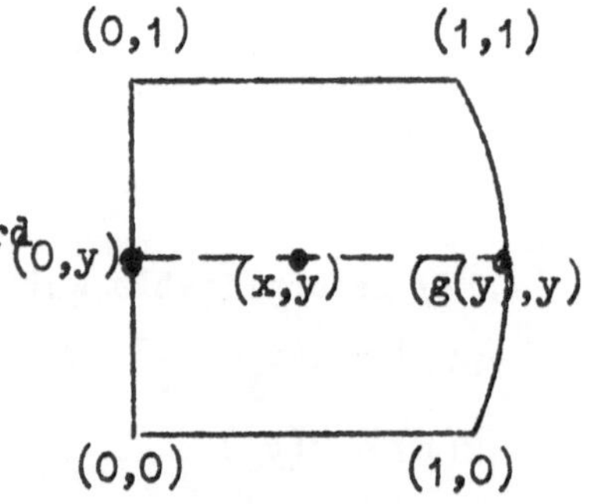

Figure 3.12: A standard rectangle with one curved side.

an interpolant to function values only is given by the following:

$$P_1F = \left(\frac{g(y)-x}{g(y)}\right) F(0,y) + \left(\frac{x}{g(y)}\right) F(g(y),y)$$

$$P_2F = (1-y) F(x,0) + yF(x,1)$$

$$\begin{aligned}(P_1 \oplus P_2)F = &\left(\frac{g(y)-x}{g(y)}\right) \{F(0,y) - [(1-y)F(0,0) + yF(0,1)]\} \\ &+ \left(\frac{x}{g(y)}\right) \{F(g(y),y) - [(1-y)F(g(y),0) \\ &\qquad + yF(g(y),1)]\} \\ &+ (1-y)F(x,0) + yF(x,1). \end{aligned} \tag{3.13}$$

The generalisation to derivatives is the following:
Let P_1 and P_2 be the two-point Taylor projectors

$$P_1F = \sum_{i=0}^{N} \phi_i\left(\frac{g(y)-x}{g(y)}\right) [g(y)]^i F_{i,0}(0,y) + \sum_{i=0}^{N} \psi_i\left(\frac{x}{g(y)}\right) [g(y)]^i F_{i,0}(g(y),y)$$

$$P_2F = \sum_{j=0}^{N} \phi_j(y)F_{0,j}(x,0) + \sum_{j=0}^{N} \psi_j(y)F_{0,j}(x,1), \quad (3.14)$$

the ϕ_i and ψ_j being the usual cardinal functions, with $\psi_i(t) = (-1)^i\phi_i(1-t)$. Then

$$P_1P_2F = \sum_{i=0}^{N} \phi_i\left(\frac{g(y)-x}{g(y)}\right) [g(y)]^i \left\{ \sum_{j=0}^{N} \phi_j(y)F_{i,j}(0,0) + \sum_{j=0}^{N} \psi_j(y)F_{i,j}(0,1)\right\} \quad (3.15)$$

$$+ \sum_{i=0}^{N} \psi_i\left(\frac{x}{g(y)}\right) [g(y)]^i \left\{ \sum_{j=0}^{N} \phi_j(y)F_{i,j}(g(y),0) + \sum_{j=0}^{N} \psi_j(y)F_{i,j}(g(y),1)\right\}$$

Notice that the tangential derivative and the x-partial derivative determine the normal derivative.

If the curved side $x = g(y)$ is replaced by the parameter curve $\binom{X(t)}{Y(t)}$, then $g(y)$ above is replaced by $X(t_y)$, where $t_y = Y^{-1}(y)$.

Blending Function Interpolants as Mappings.+

Blending function interpolants can be used as transfinite mappings. Let a triangle with three curved sides be given as in Figure 3.13.

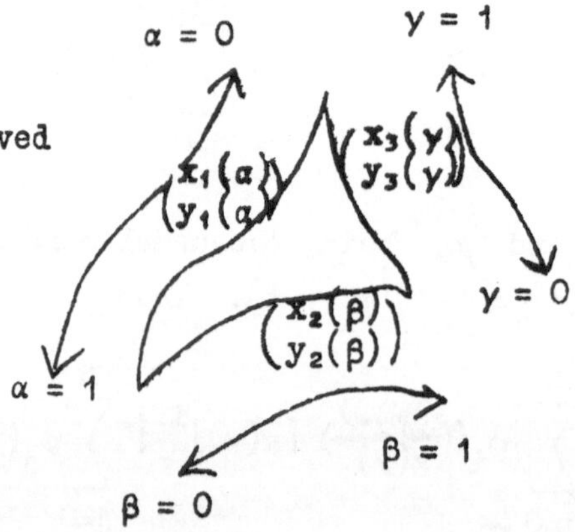

Figure 3.13: Curved triangle.

The parameters α, β, and γ are normalised so that $0 \leq \alpha, \beta, \gamma \leq 1$. The use of an interpolant PF as a mapping means that the coordinates are treated as F.is. For example, let P be the polynomial blended interpolant (3.10), which involves $F(1-y,y)$, $F(x,1-x)$, $F(0,y)$, $F(x,0)$, and specialisations of these four. For clarity, change the names of the defining parameters to $F(1-t,t)$, $F(s,1-s)$, $F(0,t)$, and $F(s,0)$,

+ This presentation of transfinite mappings is due to Dr J A Gregory. See also Marshall [33].

respectively. The mapping is of the form $\begin{matrix}(P\hat{x})(s,t) \\ (P\hat{y})(s,t)\end{matrix}$,

where $P\hat{x}$ is defined by the following values of $\hat{x}(s,t)$:

$$\begin{aligned} \hat{x}(s,0) &\equiv x_2(s) \\ \hat{x}(0,t) &\equiv x_1(t) \\ \hat{x}(s,1-s) &\equiv x_3(s) \\ \hat{x}(1-t,t) &\equiv x_3(1-t) \end{aligned} \tag{3.16}$$

$P\hat{y}$ is dual.

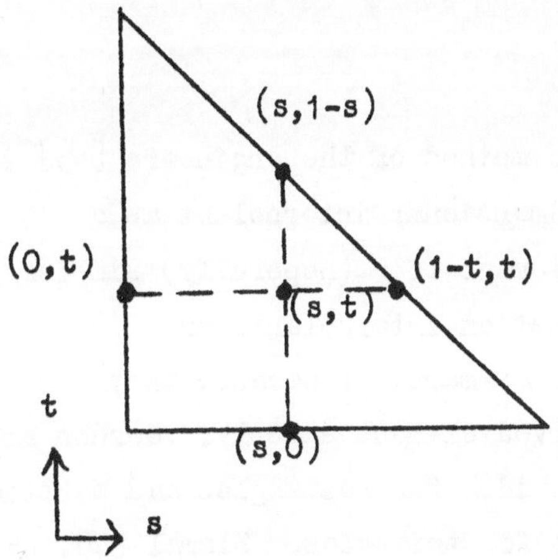

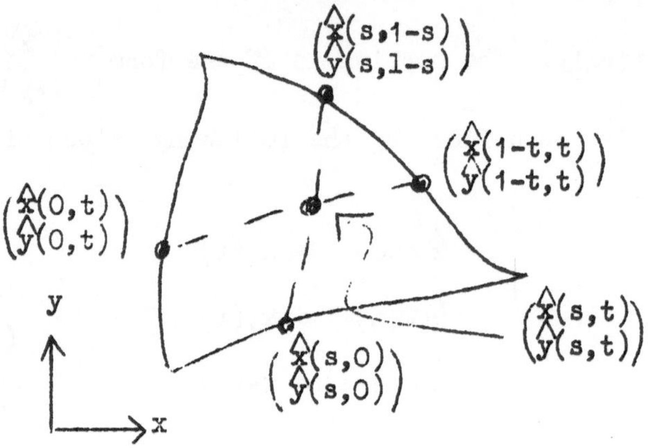

Figure 3.14: A polynomial blended transfinite mapping.

The isoparametric method of the engineers [43] is the use of a finite dimensional interpolant as a mapping of a curved element to a (hopefully) simpler element. Blending function interpolants are especially appropriate as mappings because they can match the original curved element exactly. Gordon and Hall [22] started this idea for rectangles and Mansfield [31] has considered it for triangles. Zlamal [48, 49, 50] used a particular instance of a transfinite triangular mapping for curved finite elements, as follows: Using Zlamal's notation, we have the standard triangle in the $\varepsilon\eta$-plane and the standard curved triangle in the xy-plane, as in Figure 3.15. The vertices are (1,0), (0,1), and (0,0) for both triangles and, also

$P_i = \begin{pmatrix}\phi(s_i)\\ \psi(s_i)\end{pmatrix}$, i = 1,2,3.

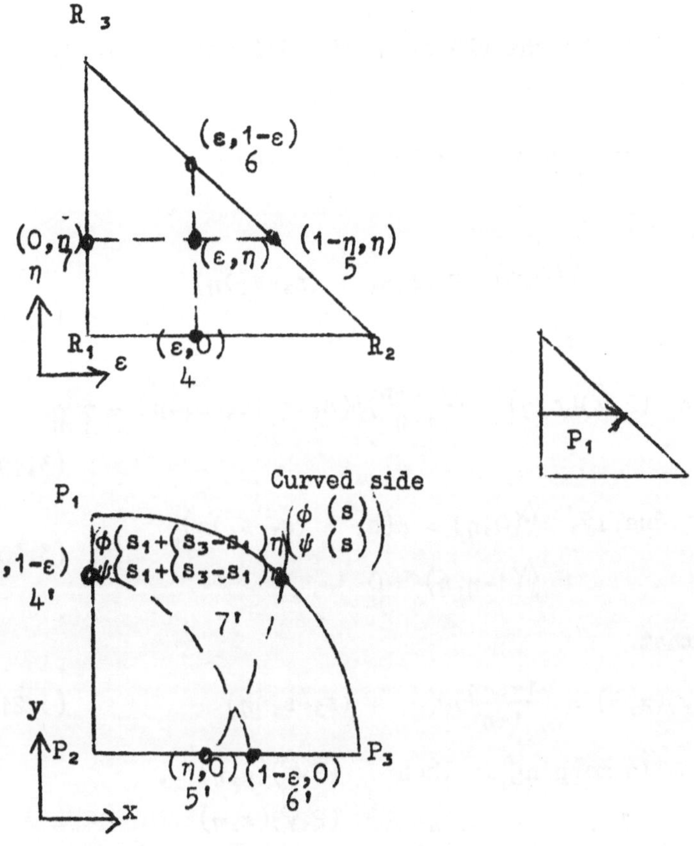

Figure 3.15: Zlamal's standard parametric and physical triangles.

Let P_1F be the BBG projector defined by (3.1), in the variables ε and η, that is,

$$P_1F = \left(\frac{1-\varepsilon-\eta}{1-\eta}\right)F(0,\eta) + \left(\frac{\varepsilon}{1-\eta}\right)F(1-\eta,\eta) \tag{3.17}$$

Let

$$\begin{aligned} \hat{x}(0,\eta) &\equiv \phi(s_1 + (s_3-s_1)\eta) \\ \hat{x}(1-\eta,\eta) &\equiv \eta \end{aligned} \tag{3.18}$$

Then $(P_1\hat{x})(\varepsilon,\eta) = \left(\frac{1-\varepsilon-\eta}{1-\eta}\right)\phi(s_1 + (s_3-s_1)\eta) + \frac{\varepsilon\eta}{1-\eta}$ (3.19)

and, dually,

$$\begin{aligned} \hat{y}(0,\eta) &= \psi(s_1 + (s_3-s_1)\eta) \\ \hat{y}(1-\eta,\eta) &= 0 \end{aligned} \tag{3.20}$$

so that

$$(P_1\hat{y})(\varepsilon,\eta) = \left(\frac{1-\varepsilon-\eta}{1-\eta}\right)\psi(s_1 + (s_3-s_1)\eta) \tag{3.21}$$

Zlamal's mapping is then $\begin{matrix} (P_1\hat{x})(\varepsilon,\eta) \\ (P_1\hat{y})(\varepsilon,\eta) \end{matrix}$.

4. Blending Function Cubatures.

An interpolatory cubature is obtained by integrating an interpolant. New interpolatory cubatures can be created by integrating the above interpolants. For example, the symmetric Q^*F yields the following:

$$\iint_T Q^*F\,dx\,dy = \frac{1}{2}\begin{cases} \frac{1}{2}\int_0^1 [F(0,y) + (1-y)F(1-y,y)]dy \\ + \frac{1}{2}\int_0^1 [F(x,0) + (1-x)F(x,1-x)]dx \\ - \frac{1}{6}[F(1,0) + F(0,1) + F(0,0)] \end{cases} \tag{4.1}$$

Such interpolatory cubatures have at least the monomial precision of the corresponding interpolant. Hence (4.1) is exact for all quadratic polynomials. However, (4.1) is not exact for the cubic $F(x,y) = xy(1-x-y) = xyz$.

If a cubature using only spot data is desired, then, e.g., (4.1) may be discretised as discussed earlier and the discretisations integrated. New cubatures can be discovered and old cubatures rediscovered by this procedure.

5. Nonconforming Finite Elements for Curved Regions.

This is a new idea due to Barnhill and Brown [6,7]. The ideas are the following: Finite elements must be of a certain smoothness to "conform" for the relevant variational principle, for example, C^1 for plate problems. (The precise requirement is that the elements be in certain Sobolev spaces, H_2 for plate problems, but for polynomial elements, being in C^1 is necessary and sufficient for being in H_2, so we avoid Sobolev spase entirely in this paper!) The engineers and, in particular, Irons (see Brown [16]) developed the "patch test" to check if elements converged to the solution of the variational problem. The patch test is defined etc. in Barnhill and Brown [6, 7], so let us specialise to a certain element, for plate problems, the "Morley triangle" whose parameters ("degrees of freedom") are given in Figure 5.1.

Figure 5.1: The Morley triangle.

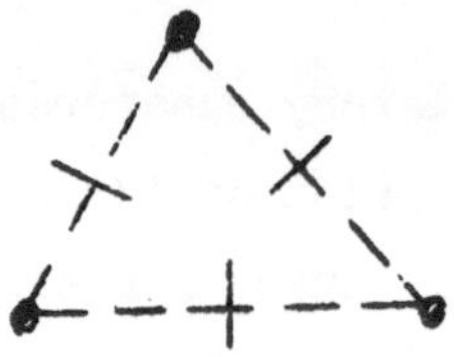

This element is a piecewise quadratic over a triangulation. It passes the patch test; has a low order of convergence - only O(h) ; is computationally attractive; and therefore often used for computations.

In order to obtain a curved Morley triangle, we discretise a C^1 triangular Coons patch, e.g., the C^1 analog of (3.12) (see Barnhill and Gregory [11], equations (5.8) - (5.11).). This discretisation is made as in Figure 5.2, so that the curved element's parameters match up with those of the usual Morley triangle. This ensures that the patch test continues to be passed.

Figure 5.2: Curved Morley triangle with usual Morley triangle.

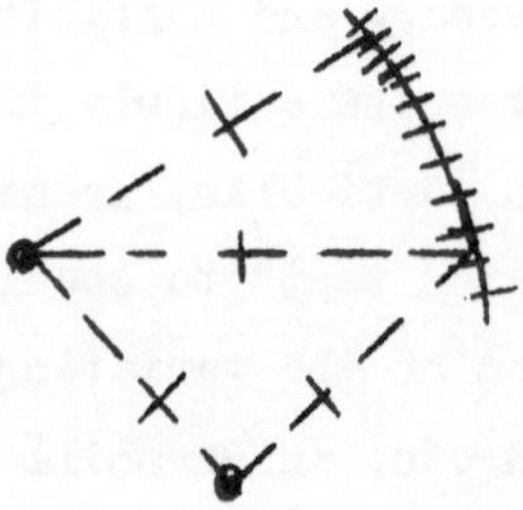

The formulas are given in [7].

6. Additional Applications of Blending Function Methods.

Interior Interfaces

The curved triangle interpolants above can be used to match "score" lines in surfaces, as in Figure 6.1.

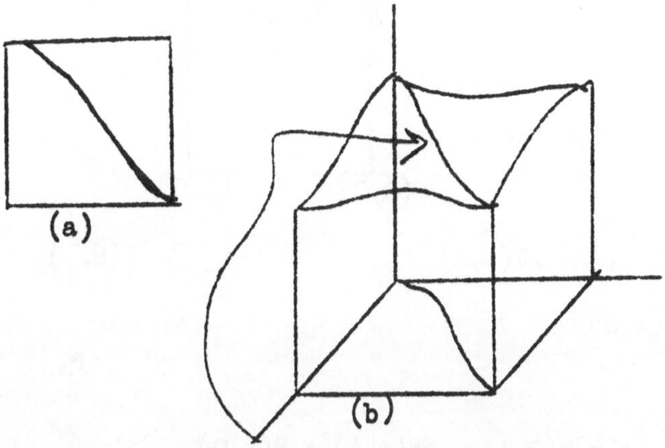

Figure 6.1: Interpolation of an interior score line.

Univariate spline functions have the properties that they interpolate at certain points and satisfy continuity constraints at certain points (the "knots"). A bivariate analog of the interpolation part is Figure 6.1. A bivariate analog of the continuity constraints arises in nuclear reactors, where the normal derivatives across an interior interface, as in Figure 6.2 (a), are to be continuous or to differ by a prescribed amount. Previously the curved interface was approximated by straight line segments etc., but blending function methods permit such continuity constraints to be satisfied exactly. (See Barnhill [2].)

Parabolic Blending

For a parabolic equation such as $u_{xx} = u_t$ and the boundary conditions depicted in Figure 6.2, the following projectors interpolate all the boundary data:

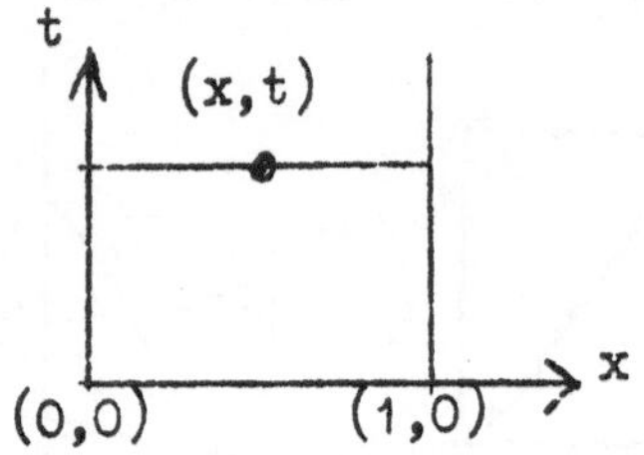

Figure 6.2: Boundary data for parabolic equation.

$$P_1F = (1-x)F(0,t) + xF(1,t) \qquad (6.1)$$

$$P_2F = F(x,0)$$

so that

$$(P_1 \oplus P_2)F = (1-x)F(0,t) + xF(1,t) + F(x,0) - [(1-x)F(0,0) + xF(1,0)] \qquad (6.2)$$

The precision set is given in Figure 6.3.

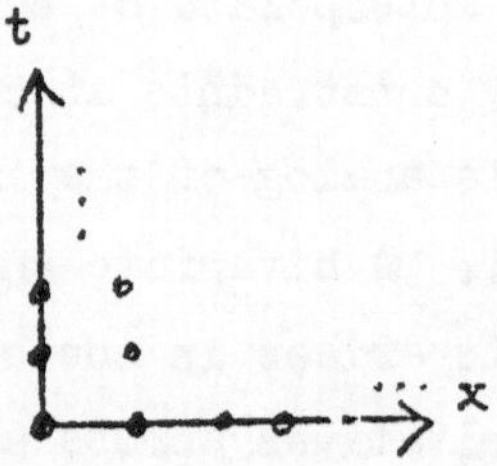

Figure 6.3: Precision set of $(P_1 \oplus P_2)F$ defined by (6.2).

One could march up in t, with values $F(x_i,k)$, $k > 0$ computed by the above, used to form a function $F(x,k)$. Then $P_2F \equiv F(x,k)$ permits the procedure to continue.

7. Global Bivariate Interpolation.

Shepard [41] has proposed a global interpolation scheme for arbitrary bivariate spot data. One form of his formula is the following:

$$(SF)(x,y) = \begin{cases} \displaystyle\sum_{i=1}^{n} \frac{F(x_i,y_i)}{d_i^2} & \text{if } d_i \neq 0 \text{ for all } i , \\ F(x_i,y_i) & \text{if } d_i = 0 \text{ for some } i , \end{cases} \qquad (7.1)$$

where $d_i \equiv$ distance $((x,y), (x_i,y_i))$, $i = 1,\ldots,n$. Poeppelmeier [39] is implementing this scheme and some variants, one of which is the following:

S is precise only for the function $F \equiv 1$. Computer graphics work invariably requires at least linear precision. (Flat surface must be reproduced!) Hence we recall the earlier remarks that the Boolean sum $P \oplus Q$ always has (at least) the interpolation properties of P and the function precision of Q. Let S in (7.1) correspond to P and let piecewise linear interpolation correspond to Q. This preserves the global interpolation properties of P and introduces the piecewise linear precision of Q, in their Poolean sum.

8. Remainder Term for Triangular Lagrangian Interpolatz ion of Analytic Functions.+

We present a new form of the remainder term for Lagrangian interpolation at the nodes

+This Section is dedicated to Professor D D Stancu.

$$
\begin{array}{llll}
(x_0,y_m) & & & \\
(x_0,y_{m-1}), & (x_1,y_{m-1}) & & \\
\vdots & & & \\
(x_0,y_0), & (x_1,y_0), & \ldots, & (x_m,y_0).
\end{array} \quad (8.1)
$$

This generalises the 1903 paper by Biermann [14].

Stancu [42] gives considerable information about remainder theory and his notation is used in this Section. Thus, for $f = f(x,y)$ let

$$T_1(f) = \sum_{i=0}^{m} A_i(f) + R_1(f), \qquad (8.2)$$

where T_1 is interpolation in the variable x,

$A_i(f) = U_{i-1}(x)[x_0,x_1,\ldots,x_i;\ f]_x$, $U_{i-1}(x) = (x-x_0)\ldots(x-x_{i-1})$, $[x_0,\ldots,x_i;\ f]_x$ is the ith divided difference of f with respect to the variable x.

Let

$$T(f) = T_2T_1(f) = \sum_{i=0}^{m}\sum_{j=0}^{m-i} B_j(A_i(f)) + R(f) \qquad (8.3)$$

where T_2 is interpolation in the variable y, the B_j are dual to the A_i, that is,

$B_j(g) = V_{j-1}(y)\ [y_0,y_1,\ldots,y_j;\ g]_y$; and the remainder R is defined by (8.3). Substitution of (8.2) into (8.3) yields the following:

$$R(f) = T_2T_1(f) - \sum_i \sum_j B_j(A_i(f))$$

$$= T_2[\sum_i A_i(f) + R_1(f)] - \sum_i \sum_j B_j(A_i(f))$$

$$= T_2R_1f + \sum_i [T_2(A_i(f)) - \sum_j B_j(A_i(f))]$$

$$= T_2R_1f + \sum_i R_2(A_i(f)) \qquad (8.4)$$

The purpose of this calculation is that, for f analytic in a region containing all the points of interpolation, there are contour integral representations for each term in (8.4). Their application yields the following:

THEOREM 8.1 If $f = f(z,w)$ is analytic in a region containing the points of interpolation (8.1), then the interpolation remainder has the representation

$$R(f) = \sum_{i=0}^{m+1} \frac{V_{m-i}(y)U_{i-1}(x)}{(2\pi i)^2} \int_{C_2}\int_{C_1} \frac{f(z,w)dz\,dw}{V_{m-i}(w)(w-y)U_{i-1}(z)(z-x_i)} \qquad (8.5)$$

where $V_{-1} \equiv 1$, $x_{m+1} \equiv x$, and f is analytic on $C_1 \times C_2$ which are simple closed contours enclosing the x_i and y_i, respectively.

Proof: By univariate remainder theory,

$$(R_1F)(x,y) = \frac{U_m(x)}{2\pi i} \int_{C_1} \frac{f(z,y)dz}{U_m(z)(z-x)} \tag{8.6}$$

and, by Cauchy's formula,

$$T_2R_1(f) = \frac{U_m(x)}{(2\pi i)^2} \int_{C_2} \int_{C_1} \frac{f(z,w)\,dz\,dw}{U_m(z)(z-x)(w-y)} \tag{8.7}$$

From (8.2),
$$\begin{aligned} A_i(f) &= U_{i-1}(x)\,[x_0,x_1,\ldots,x_i;\, f]_x \\ &= (x-x_0)\ldots(x-x_{i-1})[x_0,\ldots,x_i;\, f] \\ &= (R_1f)(x_i)\,\frac{U_{i-1}(x)}{U_{i-1}(x_i)} \end{aligned}$$

because $(R_1f)(t) = U_{i-1}(t)[t,x_0,x_1,\ldots,x_{i-1};\, f]_t$, t arbitrary By (8.6) with $m = i-1$ and $x = x_i$, respectively, we have that

$$A_i(f) = \left(\frac{U_{i-1}(x_i)}{2\pi i}\int_{C_1} \frac{f(z,y)\,dz}{U_{i-1}(z)(z-x_i)}\right) \frac{U_{i-1}(x)}{U_{i-1}(x_i)}$$

$$= \frac{U_{i-1}(x)}{2\pi i}\int_{C_1} \frac{f(z,y)\,dz}{U_{i-1}(z)(z-x_i)} \; .$$

Therefore,

$$R_2(A_i(f)) = \frac{V_{m-i}(y)}{2\pi i}\int_{C_2} \frac{U_{i-1}(x)}{2\pi i\, V_{m-i}(w)(w-y)} \left[\int_{C_1} \frac{f(z,w)\,dz}{U_{i-1}(z)(z-x_i)}\right] dw$$

and (8.5) follows.

Q.E.D.

This theorem can be used to obtain computable error bounds. (See Barnhill [4] and the references therein.)

Equation (8.5) is the complex variable analog of Biermann's real variable remainder term, equation (4.11) in Stancu [42].

Acknowledgements. This research was supported by the Science Research Council with Grant B/RG/61876 to The University of Dundee, by a University of Dundee Travel Grant, and by the National Science Foundation with Grant DCR·74-13017 to The University of Utah. The author wishes to give particular thanks to Professor A R Mitchell for setting up his year at The University of Dundee. The author also thanks Mr J H Brown for helpful discussions and suggestions on this paper.

References

1 R E Barnhill. Smooth Interpolation over Triangles, Computer Aided Geometric Design, edited by R E Barnhill and R F Riesenfeld, 45-70, Academic Press, New York, 1974.

2 R E Barnhill. Blending Function Finite Elements for Curved Boundaries, Proceedings of the Finite Element Conference at Brunel University, 1975, ed., J R Whiteman, Academic Press (to appear).

3 R E Barnhill. A Survey of Blending Function Methods Proceedings of the Seminars in Finite Elements, ed., J R Whiteman, Brunel University. (to appear).

4 R E Barnhill. The Convergence of Complex Cubatures, SIAM J. Numer. Anal. 6, 82-89, 1969.

5 R E Barnhill, G Birkhoff, and W J Gordon. Smooth Interpolation in Triangles, J. Approx. Theory 8, 114-128, 1973.

6 R E Barnhill and J H Brown. Nonconforming Finite Element for Curved Regions, Proceedings of the Numerical Analysis Conference at Dundee University, 1975, ed., J Ll Morris, Springer-Verlag (to appear).

7 R E Barnhill and J H Brown. Curved Nonconforming Elements for Plate Problems, University of Dundee Numerical Analysis Report No.8, 1975.

8 R E Barnhill, W J Gordon, and D H Thomas. The Method of Successive Decomposition for Multivariate Integration, General Motors Publication GMR-1281, October, 1972.

9 R E Barnhill and J A Gregory. On Blending Function Interpolation and Finite Element Basis Functions, talk given at the Conference on the Numerical Solution of Differential Equations, Univ. of Dundee 1973.

10 R E Barnhill and J A Gregory. Compatible Smooth Interpolation in Triangles, J. Approx. Theory (to appear).

11 R E Barnhill and J A Gregory. Polynomial Interpolation to Boundary Data on Triangles, Math. Comp. (to appear).

12 R E Barnhill and J A Gregory. Sard Kernel Theorems on Triangular and Rectangular Domains with Extensions and Applications to Finite Element Error Bounds, Numer. Math. (to appear).

13 R E Barnhill and L Mansfield. Error Bounds for Smooth Interpolation on Triangles, J. Approx. Theory 11, 306-318, 1974.

14 O Biermann. Über Näherungs weise Cubaturen, Monatsh. Math. Phys. 14, 211-225, 1903.

15 G Birkhoff and L Mansfield. Compatible Triangular Finite Elements, J. Math. Anal. Appl. 47, 531-553, 1974.

16 J H Brown. Conforming and Nonconforming Finite Element Methods for Curved Regions, Ph.D. thesis, University of Dundee (to appear).

17 S A Coons. Surfaces for Computer Aided Design, Design Division, Mech. Engin. Dept., MIT, 1964, revised, 1967.

18 S A Coons. Surface Patches and B-Spline Curves, see reference 1.

19 A R Forrest. On Coons and Other Methods for the Representation of Curved Surfaces, Computer Graphics and Image Processing 1, 341-359, 1972.

20 W J Gordon. "Blending-function" Methods of Bivariate and Multivariate Interpolation and Approximation, SIAM J. Numer. Anal. 8, 158-177, 1971.

21 W J Gordon. Distributive Lattices and the Approximation of Multivariate Functions, Proceedings of the Symposium on Approximation with Special Emphasis on Splines, ed., I J Schoenberg, Univ. of Wisconsin Press, Madison, Wisconsin, 1969.

22 W J Gordon and C A Hall. Transfinite Element Methods: Blending-Function Interpolation over Arbitrary Curved Element Domains, Numer. Math. 21, 109-129, 1973.

23 W J Gordon and C A Hall. Geometric Aspects of the Finite Element Method, ed., A K Aziz, The Mathematical Foundations of the Finite Element Method and Application to Partial Differential Equations, Academic Press, New York, 1972.

24 J A Gregory. Symmetric Smooth Interpolation on Triangles, TR/34, Brunel University, 1973.

25 J A Gregory. Piecewise Interpolation Theory for Functions of Two Variables, Ph.D. thesis, Brunel University, 1975.

26 J A Gregory. Smooth Interpolation without Twist Constraints, see reference 1.

27 J A Gregory. Blending Functions on Triangles, see reference 3.

28 B M Irons. A Conforming Quartic Triangular Element for Plate Bending, Int. J. Numer. Methods in Engin. 1, 29-46, 1969.

29 L Mansfield. Higher Order Compatible Triangular Finite Elements, Numer. Math. 22, 89-97, 1974.

30 L Mansfield. Interpolation to Boundary Data in Tetrahedra with Applications to Compatible Finite Elements, J. Math. Anal. Appl. (to appear).

31 L Mansfield. Approximation of the Boundary in the Finite Element Solution of Fourth Order Problems, manuscript, 1975.

32 J A Marshall and A R Mitchell. An Exact Boundary Technique for Improved Accuracy in the Finite Element Method, JIMA 12, 355-362, 1973.

33 J A Marshall. Application of Blending Function Methods in the Finite Element Method, Ph.D. thesis, University of Dundee, 1975.

34 R J McDermott. Graphical Representation of Surfaces over Triangles and Rectangles, see reference 1.

35 R McLeod and A R Mitchell. The Construction of Basis Functions for Curved Elements in the Finite Element Method, JIMA 10, 382-393, 1972.

36 A R Mitchell. Basis Functions for Curved Elements in the Mathematical Theory of Finite Element, see reference 2.

37 A R Mitchell. Curved Elements and the Finite Element Method, see reference 3.

38 A R Mitchell and J A Marshall. Matching of Essential Boundary Conditions in the Finite Element Method", Proceedings of Numerical Analysis Conference at Dublin, 1974.

39 C Poeppelmeier. A Boolean Sum Interpolation Scheme to Random Data for Computer Aidod Geometric Design, M.S. thesis, University of Utah, 1975.

40 R F Riesenfeld. Aspects of Modelling in Computer Aided Geometric Design, Proc. of NCC, AFIPS Press, 1975 (to appear).

41 D Shepard. A Two Dimensional Interpolation Function for Irregularly Spaced Data, Proc. 23rd Nat. Conf. ACM, 517-523, 1965.

42 D D Stancu. The Remainder of Certain Linear Approximation Formulas in Two Variables, SIAM J. Numer. Anal. 1, 137-163, 1964.

43 G Strang and G J Fix. An Analysis of the Finite Element Method, Prentice-Hall, 1973.

44 E L Wachspress. Algebraic Geometry Foundations for Finite Element Computation, Proceedings Conf. Numerical Solution of Differential Equations, Univ. of Dundee, Springer-Verlag, 1974.

45 D S Watkins. Blending Functions and Finite Elements, Ph.D. thesis, University of Calgary, 1974.

46 D S Watkins. Conforming Rectangular Plate Elements via Blending Functions, see reference 3.

47 O C Zienkiewicz. The Finite Element Method in Engineering Science, 2nd ed., McGraw-Hill, New York, 1971.

48 M Zlamal. Curved Elements in the Finite Element Method I and II, SIAM J. Numer. Anal. 10, 229-240, 1973 and 11, 347-362, 1974.

49 M Zlamal. The Finite Element Method in Domains with Curved Boundaries, Int. J. Numer. Methods in Engin. 5, 367-373, 1973.

50 M Zlamal. Curved Elements and Questions of Numerical Integration, see reference 3.

Department of Mathematics
University of Utah
Salt Lake City, Utah 84112 USA

INTERPOLATION UND $E_n[f]$-ABSCHÄTZUNG

Helmut Braß

Let be

$$E_n[f] = \inf_{p \in P_n} \sup_{-1 \le x \le 1} | f(x) - p(x) |$$

(P_n the set of all polynomials of degree n). Let $R_n[f]$ be the error of the interpolation polynomial for f based on Chebyshev nodes. If

$$f^{(n)} \ge 0 \text{ and } f^{(n+1)} \ge 0, \text{ then}$$

$$|R_n[f](-1)| \le E_{n-1}[f] \le R_n[f](1) = \sup_x |R_n[f](x)|.$$

This is a good estimation of E_n, if f has uniformly decreasing Taylor coefficients. There are no similar results, if Chebyshev nodes are replaced by zeros of other ultraspherical polynomials. The remainder in interpolation may be expressed by higher derivatives, e.g.

$$R_n[f](x) = \frac{T_n(x)}{2^{n-1}} \left\{ \frac{f^{(n)}(0)}{n!} + \frac{f^{(n+1)}(0)}{(n+1)!} x + \frac{f^{(n+2)}(\xi)}{(n+2)!} (x^2 + \frac{n}{4}) \right\}.$$

Formulas of this type enable us to draw at once conclusions on upper and lower bounds and the asymptotic behaviour of E_n. A typical example is

$$f(x) = e^x \qquad E_n[f] = \frac{1}{2^n (n+1)!} [1 + \frac{1}{4n} + O(n^{-2})].$$

1 Die Resultate

Es sei gesetzt

$$||f|| := \sup_{-1\leq x\leq 1} |f(x)|$$

und

$$E_n[f] := \inf_{p \in P_n} ||f-p||,$$

hierbei bedeute P_n die Menge der Polynome vom Grad n.

Ausgangspunkt der im folgenden dargestellten Resultate war die Bemerkung, daß die Interpolation über Tschebyscheff-Knoten in vielen Fällen zu numerisch sehr bequemen Schranken für die $E_n[f]$ führt. Es gilt nämlich, wenn man das Interpolationspolynom der Funktion f bezüglich der Knoten $x_1,\ldots,x_n$ mit intpol $(x_1,\ldots,x_n)[f]$ bezeichnet,

$$R_n[f] = f - \text{intpol}\,(x_1,\ldots,x_n)[f]$$

setzt, und mit $R_n^o[f]$ denjenigen Spezialfall bezeichnet, bei

bei dem $x_\nu = -\cos\frac{\nu-1/2}{n}\pi$ ist:

SATZ 1. Ist $f^{(n)} \geq 0$ und $f^{(n+1)} \geq 0$, so gilt

$$|R_n^o[f](-1)| \leq E_{n-1}[f] \leq R_n^o[f](1)$$

und

$$||R_n^o[f]|| = R_n^o[f](1).$$

Der in Abschnitt 3 gegebene (einfache) Beweis dieses Satzes wird zeigen, daß bezüglich der Voraussetzungen noch manche Varianten möglich sind, man sehe dazu auch das Beispiel in Abschnitt 4.

Für die Brauchbarkeit von Satz 1 ist natürlich entscheidend, wie nahe die beiden Schranken beieinander liegen. Man erhält einfache und scharfe Ergebnisse, wenn man die zugrundeliegende Funktionenklasse verengt zu der Klasse K:

DEFINITION. Mit K werde die Menge derjenigen Funktionen f bezeichnet, die eine Taylorreihe

$$f(x) = \sum_{\nu=0}^{\infty} c_\nu x^\nu$$

haben, deren Koeffizienten

$$c_n > 0 \quad \text{und} \quad q_n := \sup_{\nu \geq n} \frac{c_{\nu+1}}{c_\nu} < 1$$

für alle n genügen.

Hiermit gilt

SATZ 2. Es liege ein symmetrisches Knotensystem zugrunde, d.h. $x_\nu = - x_{n+1-\nu}$ $(\nu = 1,\ldots,n)$. Dann ist für jedes $f \in K$

$$|R_n[f](1)| \leq \frac{1+q_n}{1-q_n} |R_n[f](-1)|$$

Kombination von Satz 1 und Satz 2 liefert sofort

SATZ 3. Für jedes $f \in K$ gilt

$$||R_n^o[f]|| \leq \frac{1+q_n}{1-q_n} E_{n-1}[f].$$

Ist L irgendein Operator, in dessen Kern P_{n-1} liegt, so hat man offenbar

(1) $$||L[f] \leq ||L|| E_{n-1}[f].$$

Im Falle $L = R_n^o$ hat $||R_n^o||$ die Größenordnung ln n (Szegö [7] S.331), (1) gibt hier also eine Fehlerschranke, die in Satz 3 wesentlich verbessert wird zu der Aussage, daß $||R_n^o[f]||$ und $E_{n-1}[f]$ die gleiche Größenordnung haben. Man könnte meinen, daß diese Verbesserung allein dadurch bedingt ist, daß K nur "gutartige" Funktionen enthält. Das ist jedoch falsch, denn es zeigt sich, daß bei anderer Knotenwahl der Interpolationsrest für alle $f \in K$ durch die rechte Seite von (1) richtig wiedergegeben wird. Wir wollen hier den Fall genauer betrachten, daß als Knoten die Nullstellen der ultraspärischen Polynome $P_n^{(\lambda)}$ gewählt werden. Ultrasphärische Polynome sind die Orthogonalpolynome zur Belegung $(1-x^2)^{\lambda-0,5}$ (mit $\lambda \geq 0$) auf dem Grundintervall $[-1,1]$, der Spezialfall $\lambda = 0$ gibt die Tschebyscheffpolynome erster Art $T_n(x) := \cos n \arccos x$, $\lambda = 1/2$ die Legendre-Polynome, $\lambda = 1$ die Tschebyscheffpolynome zweiter Art

$$U_n(x) = \frac{\sin (n+1) \arccos x}{\sqrt{1-x^2}} .$$

Für $\lambda > 0$ existiert kein Analogon zu Satz 1, denn dann gälte ja auch Satz 3 hierfür, was - wie schon betont - nicht der Fall ist, siehe (2) unten. Jedoch lassen sich auch hier aus den Interpolationspolynomen sofort Schranken für $E_n[f]$ ablesen, man hat nämlich, wenn $R_n^\lambda[f]$ den hier in Rede stehenden Interpolationsrest bezeichnet:

SATZ 4. Ist n gerade und $f^{(n)} \geq 0$, $f^{(n+1)} \geq 0$ sowie $f^{(n+2)} \geq 0$, so ist

$$|R_n^\lambda[f](0)| \leq E_{n-1}[f] \leq R_n^\lambda[f](1)$$

und

$$||R_n^\lambda[f]|| = R_n^\lambda[f](1)$$

Im Falle $\lambda = 0$ ist die untere Abschätzung für $E_{n-1}[f]$ schärfer als die aus Satz 1.

Ist $f \in K$, so ist die eben erhaltene untere Schranke gut, die obere schlecht. Das besagt

SATZ 5. Es sei $\lambda \in]0,1]$. Für alle $f \in K$ gilt

$$\text{(2)} \qquad \underline{\lim}_{n\to\infty} \frac{||R_n^\lambda[f]||}{||R_n^\lambda||\ E_{n-1}[f]} > 0$$

$$\text{(3)} \qquad \lim_{n\to\infty} \frac{|R_{2n}^\lambda[f](0)|}{E_{2n-1}[f]} > 0 \quad .$$

Man beachte hierbei noch, daß $||R_n^\lambda||$ die Größenordnung n^λ hat ($\lambda > 0$, Szegö [7] S.331).
Satz 5 zeigt insbesondere, daß der Approximationsfehler bei Interpolation über die Nullstellen von U_n die Größenordnung $n\ E_{n-1}[f]$ hat. Nimmt man noch die Interpolationsstellen $\pm$ 1 hinzu, so erhält man für $f \in K$ (bei Zurückführung auf den Polynomgrad $n - 1$) einen Approximationsfehler der Größenordnung $E_{n-1}[f]$. Es ist aber möglich, durch eine Modifikation des zuletzt genannten Interpolationspolynoms noch zu schärferen E_n-Schranken zu kommen. Dazu betrachte man

$$\text{(4)} \quad p(x) = \text{intpol}\ (x_0,\ldots,x_n)[f](x) - \frac{\text{dvd}(x_0,\ldots,x_n)[f]}{2^{n-1}} T_n(x)$$

$$x_\nu = -\cos \frac{\nu}{n} \pi$$

Hierbei bedeute dvd $(y_1,\ldots,y_n)[f]$ die dividierte Differenz von f bezüglich des Knoten $y_1,\ldots,y_n$. Auf Grund von Newtons Interpolationsformel erkennt man, daß die beiden Summanden auf der rechten Seite von (4) den gleichen

Hauptkoeffizienten haben, somit ist $p \in P_{n-1}$.

Man hat

$$f(x_\nu) - p(x_\nu) = \frac{\text{dvd } (x_0,\ldots,x_n)[f]}{2^{n-1}} (-1)^{n-\nu-1}$$

Nun gilt der folgende Satz von de la Vallée-Poussin: (Meinardus [2] S. 80) Ist $q \in P_{n-1}$ und gibt es eine wachsende Folge y_ν ($\nu = 0,\ldots,n$), für die die Folge $f(y_\nu) - q(y_\nu)$ alterniert, so ist

$$E_{n-1}[f] \geq \min_\nu | f(y_\nu) - q(y_\nu)|.$$

Dieser Satz läßt sich offensichtlich hier anwenden und gibt die (bekannte) Aussage

$$(5)\quad E_{n-1}[f] \geq \left| \frac{\text{dvd}(x_0,\ldots,x_n)[f]}{2^{n-1}} \right|.$$

Schätzt man $||f - p||$ nach oben ab, so erhält man die folgende obere Schranke für $E_{n-1}[f]$:

SATZ 6. Es gilt

$$E_{n-1}[f] \leq \frac{a_n}{2^{n-1}} \left(1 + \frac{1}{2} \left(\frac{b_n}{a_n} \right)^2\right).$$

Hierbei bedeutet

$$a_n = \text{dvd } (x_0,\ldots,x_n)[f]$$

$$b_n = \sup_{-1\leq x\leq 1} | \text{dvd } (x,x_0,\ldots,x_n) f |$$

mit

$$x_\nu = - \cos \frac{\nu}{n} \pi.$$

Mit Hilfe der Theorie der definiten Funktionale lassen sich die angegebenen Schranken, insbesondere ihr asymptotisches Verhalten, vielfach in einfachster Weise übersehen.

Dazu sei daran erinnert, daß ein lineares Funktional H auf $C^j[-1,1]$ definit von j-ter Ordnung heißt, wenn aus $f^{(j)} > 0$ stets folgt $H[f] \neq 0$. Für ein solches H gilt, wenn k eine natürliche Zahl ist, (siehe Braß [1])

$$(6) \quad H[f] = \sum_{\nu=j}^{j+2k-1} \frac{f^{(\nu)}(0)}{\nu!} H[p_\nu] + \frac{f^{(j+2k)}(\xi)}{(j+2k)!} H[p_{j+2k}]$$

mit $p_\nu(x) = x^\nu$ und einem $\xi \in [-1,1]$. Der einfachste Fall ist $k = 0$:

$$H[f] = \frac{f^{(j)}(\xi)}{j!} H[p_j] \ ,$$

offenbar ist auch umgekehrt ein $H \neq 0$, für das diese Darstellung möglich ist, definit von j-ter Ordnung. Dividierte Differenzen und Interpolationsrest sind bekanntlich definit. Um (6) auf sie anzuwenden, muß man $H[p_\nu]$ kennen, für die hier wichtigsten Fälle findet man sie unten in den Lemmata 2, 4, 5. Spezialfälle und Beispiele sind in Abschnitt 4 gegeben.

2 Hilfssätze über dividierte Differenzen

Nach Steffensen [6] S.18 gilt

$$\text{dvd}\,(y_0,\dots,y_n)[f] = \int_0^1 \int_0^{t_1} \dots \int_0^{t_{n-1}} f^{(n)}[y_0 + \sum_{\nu=1}^{n} t_\nu\,(y_\nu - y_{\nu-1})]\,dt_n \dots dt_1$$

Hieraus folgt sofort die unten benötigte Tatsache, daß dividierte Differenzen als Funktionen jedes ihrer Argumente wachsend sind, wenn $f^{(n+1)} \geq 0$ ist, und daß sie konvex sind, wenn $f^{(n+2)} \geq 0$ ist. Etwas komplizierter ist der Beweis von

Lemma 1. Die Funktion $g(x) := \operatorname{dvd}(-x,x,y_2,y_3 \ldots,y_n)[f]$ ist für $x > 0$ wachsend, wenn $g^{(n+2)} \geq 0$ ist.

Beweis: Auf Grund der oben gegebenen Integraldarstellung hat man

$$g(x) = \int_0^1 \int_0^{t_1} \ldots \int_0^{t_{n-1}} f^{(n)}[(-1+2t_1-t_2)\, x + t_2 y_2 +$$

$$\sum_{\nu=3}^{n} t_\nu \,(y_\nu - y_{\nu-1})]\, dt_n \ldots dt_1$$

Leitet man zweimal nach x ab, so erkennt man, daß g konvex ist. Beachtet man, daß g gerade ist, so folgt schon die Behauptung.

Zum Beweis der beiden nächsten Lemmata benötigt man die folgende Formel (Steffensen [6] S. 19)

$$(7) \qquad \frac{1}{\prod_{\nu=1}^{n} (t-z_\nu)} = \sum_{\nu=1}^{\infty} \operatorname{dvd}(z_1,\ldots,z_n)[p_{\nu-1}]t^{-\nu}$$

$$p_\nu(x) = x^\nu \qquad |t| > \max_\nu |z_\nu|.$$

Lemma 2. $\operatorname{dvd}(y,y_1,\ldots,y_n)[p_m] = \sum_{\mu=0}^{m-1} \operatorname{dvd}(y_1,\ldots,y_n)[p_{m-1-\mu}]y^\mu$

Beweis: Man setzt in (7) $z = y$ und multipliziert diese Identität mit

$$\frac{1}{t-y} = \sum_{\nu=1}^{\infty} y^{\nu-1}\, t^{-\nu} \; .$$

Die Cauchysche Produktdarstellung gibt durch Vergleich mit (7) sofort die Behauptung.

Lemma 3. Ist $y_\nu = - y_{n+1-\nu}$ für $\nu = 1,\ldots,n$, so gilt

$$\mathrm{dvd}\,(y_1,\ldots,y_n)[p_m] \begin{cases} = 0 & \text{wenn } m \equiv n \pmod 2 \\ > 0 & \text{wenn } m \not\equiv n \pmod 2 \end{cases}$$

Beweis: Sei $n \equiv 0 \pmod 2$, im andern Fall sind geringe Modifikationen erforderlich. Es ist

$$[\prod_{\nu=1}^{n} (t-y_\nu)]^{-1} = [\prod_{\nu=1}^{n/2} (t^2-y_\nu{}^2)]^{-1}$$
$$= t^{-n} \prod_{\nu=1}^{n/2} (1-\frac{y_\nu{}^2}{t^2})^{-1} = t^{-n} \prod_{\nu=1}^{n/2} (1+\frac{y_\nu{}^2}{t^2}+\frac{y_\nu{}^4}{t^4}+\ldots),$$

woraus man wegen (7) Lemma 3 ablesen kann.
Weiter benötigen wir noch explizite Ausdrücke für die dividierten Differenzen von p_m bezüglich der Tschebyscheff-Knoten erster und zweiter Art. Diese sind enthalten in den beiden folgenden Lemmata, von denen hier nur das erste bewiesen wird, weil der Beweis des zweiten ähnlich verläuft.

Lemma 4. Sei $y_\nu = - \cos \frac{\nu-1}{n-1}\pi$. Dann ist

$$\mathrm{dvd}\,(y_1,\ldots,y_n)[p_{n+2k-1}] = 4^{-k}\binom{n+2k-1}{k}$$

für jedes k mit $2k+1 \le n$

Lemma 5. Sei $y_\nu = - \cos \frac{\nu-\frac{1}{2}}{n}\pi$. Dann ist

$$\mathrm{dvd}(y_1,\ldots,y_n)[p_{n+2k-1}] = 4^{-k}\binom{n+2k-1}{k}\frac{n}{k+n} \tag{8}$$

für jedes k mit $2\,k-1 \le n$

Beweis von Lemma 4. Man geht aus von der Entwicklung

$$p_{n+2k-1} = 2^{-n-2k+2} \sum_{\nu\geq 0}{}' \binom{n+2k-1}{\nu} T_{n+2k-1-2\nu}$$

(der Koeffizient von T_o ist zu halbieren). Man beachtet

$$T_{n+m}(x) - T_{n-m-2}(x) = 2(x^2-1)\, U_{n-2}(x)\, U_m(x)$$

und hat also, weil die rechte Seite Null ist für $x = y_\nu$,

$$\text{dvd}\,(\ldots)[T_{n+m}] = \text{dvd}\,(\ldots)[T_{n-m-2}] = 0$$

falls $n-m-2 < m-1$, d.h. $m \geq 0$ ist. Somit gibt die Anwendung des dvd-Operators auf (6)

$$\text{dvd}\,(\ldots)[p_{n+2k-1}] = 2^{-n-2k+2} \binom{n+2k-1}{k} \text{dvd}\,(\ldots)[T_{n-1}]$$

$$= 2^{-2k} \binom{n+2k-1}{k}.$$

Zum Schluß beweisen wir noch den auf dividierte Differenzen bezüglichen Kern des Satzes 2, nämlich

Lemma 6. Ist $y_\nu = - y_{n+1-\nu}$ $(\nu = 1,\ldots,n)$ und $f \in K$, so gilt

$$\text{dvd}\,(1,y_1,\ldots,y_n)[f] \leq \frac{1+q_n}{1-q_n}\,\text{dvd}\,(-1,y_1,\ldots,y_n).$$

Beweis: Wir setzen n gerade voraus, für n ungerade sind kleine Modifikationen erforderlich. Mit Hilfe von Lemma 2 und Lemma 3 beweist man leicht die folgenden Beziehungen

(9) $\text{dvd}\,(1,\ldots)[p_{2\nu}] = \text{dvd}\,(1,\ldots)[p_{2\nu+1}]$

(10) $\text{dvd}\,(1,\ldots)[p_{2\nu}] = \text{dvd}\,(-1,\ldots)[p_{2\nu}]$

(11) $\text{dvd}\,(-1,\ldots)[p_{2\nu}] = -\,\text{dvd}\,(-1,\ldots)[p_{2\nu+1}].$

Geht man aus von

$$f(x) = \sum_{\nu=0}^{\infty} c_\nu x^\nu,$$

so folgt zunächst wegen (9)

$$\mathrm{dvd}\ (1,y_1,\ldots,y_n)[f] = \sum_{\nu=n}^{\infty} c_\nu\ \mathrm{dvd}\ (1,\ldots)[p_\nu]$$

$$= \sum_{\nu\geq n/2}^{\infty} (c_{2\nu} + c_{2\nu+1})\ \mathrm{dvd}\ (1,\ldots)[p_{2\nu}].$$

Beachtet man nun

$$\sup_{2\nu\geq n} \frac{c_{2\nu} + c_{2\nu+1}}{c_{2\nu} - c_{2\nu+1}} = \sup_{2\nu\geq n} \frac{1+ \frac{c_{2\nu+1}}{c_{2\nu}}}{1- \frac{c_{2\nu+1}}{c_{2\nu}}} = \frac{1 + q_n}{1 - q_n}$$

sowie die Tatsache, daß alle vorkommenden dividierten Differenzen nichtnegativ sind, so folgt unter Anwendung von (10) und (11)

$$\mathrm{dvd}\ (1,y_1,\ldots,y_n)[f] \leq \frac{1+q_n}{1-q_n} \sum_{2\nu\geq n} (c_{2\nu}-c_{2\nu+1})\mathrm{dvd}\ (1,\ldots)[p_{2\nu}]$$

$$= \frac{1+q_n}{1-q_n} \sum_{2\nu\geq n} (c_{2\nu}-c_{2\nu+1})\mathrm{dvd}\ (-1,\ldots)[p_{2\nu}]$$

$$= \frac{1+q_n}{1-q_n} \sum_{\nu=n}^{\infty} c_\nu\ \mathrm{dvd}\ (-1,\ldots)[p_\nu] = \frac{1+q_n}{1-q_n}\ \mathrm{dvd}\ (-1,\ldots)[f].$$

3 Die Beweise

Haupthilfsmittel der folgenden Beweise ist die bekannte Restdarstellung

$$R_n[f]\,(x) = w(x)\ \mathrm{dvd}\ (x,x_1,\dots,x_n)[f] \tag{12}$$

$$\text{mit} \quad w(x) = \prod_{\nu=1}^{n} (x-x_\nu).$$

Beweis von Satz 1. Wegen $f^{(n)} \geq 0$ ist die dividierte Differenz in (12) positiv, wegen $f^{(n+1)} \geq 0$ ist sie wachsend. Da hier

$$w\ (x) = \frac{T_n(x)}{2^{n-1}}$$

sein Betragsmaximum am rechten Rand annimmt, ist die eine Hälfte des Satzes klar. Die andere Hälfte ergibt sich leicht als Konsequenz des schon genannten de la Vallée - Poussinschen Satzes, der sich hier mit den Alternanten - Punkten $y_\nu = \cos \frac{\nu}{n}\pi$ anwenden läßt.

Beweis von Satz 2. Klar nach (12) und Lemma 6.

Beweis von Satz 4. Die Gültigkeit der oberen Schranke erhält man wie beim Beweis von Satz 1, man muß nur beachten, daß die ultrasphärischen Polynome ihr Betragsmaximum am rechten Rande annehmen.

Die Gültigkeit der unteren Schranke braucht nur für $\lambda = 0$ erwiesen zu werden. Es ist nämlich $|R_n^\lambda[f](0)|$ eine fallende Funktion von λ. Das kann man aus (12) ablesen, wenn man Lemma 1 heranzieht und beachtet (Szegö [7] S. 117), daß die ν-te Nullstelle von $P^{(\lambda)}$ um so näher am Nullpunkt liegt, je größer λ ist.

Um nun

$$|R_n^O[f](0)| \le E_{n-1}[f]$$

zu erweisen, geht man von der folgenden de la Vallée - Poussinschen Beziehung aus (Meinardus [2] S. 74)

$$E_{n-1}[f] \ge \frac{1}{n} \left| \sum_{\mu=0}^{n}{}'' (-1)^{\mu} f(y_{\mu}) \right|$$

$$y_{\mu} = - \cos \frac{\mu-1}{n} \pi$$

(der erste und der letzte Summand sind zu halbieren). Da das Funktional rechts für $f \in P_{n-1}$ Null sein muß, kann man f durch $R_n[f]$ ersetzen. Tut man das und zieht (12) heran, so ergibt sich

$$(13) \qquad E_{n-1}[f] \ge \frac{1}{n} |w(0)| \sum_{\mu=0}^{n}{}'' \mathrm{dvd}\ (y_{\mu}, x_1, \ldots, x_n)[f].$$

Hieraus folgt die Behauptung, wenn man bedenkt, daß $\mathrm{dvd}\ (x, x_1, \ldots, x_n)[f]$ eine konvexe Funktion von x ist. Aus (13) kann man auch die untere Schranke von Satz 1 ablesen, man erkennt sofort, daß sie schlechter sein muß.

Beweis von Satz 5. Wir bezeichnen die wachsende Folge der Nullstellen von $P_n^{(\lambda)}$ mit $x_1^{\lambda}, \ldots, x_n^{\lambda}$.

Zum Beweis von (2) gehen wir aus von der Beziehung

$$|R_n^O[f](-1)| \ge \frac{1-q_n}{1+q_n} E_{n-1}[f],$$

die unmittelbar aus Satz 2 folgt. Nach (12) ist hiermit äquivalent

$$\frac{\mathrm{dvd}\ (-1, x_1^O, \ldots, x_n^O)}{2^{n-1}} \ge \frac{1-q_n}{1+q_n} E_{n-1}[f]$$

Wir vergrößern hier die rechte Seite, indem wir alle Argumente der dividierten Differenz nach rechts verschieben und zwar so, daß -1 übergeht in x_1^λ, x_ν^0 übergeht in $x_{\nu+1}^\lambda$ ($\nu = 1, \ldots, n-1$) und x_n^0 übergeht in a. Daß dies wirkliche Verschiebungen nach rechts sind, kann man mit bekannten Ungleichungen (Szegö [7] S. 118) für die x_ν^λ verifizieren. Man hat also

$$\frac{\text{dvd}\ (x_1^\lambda, \ldots, x_n^\lambda, 1)}{2^{n-1}} \geq \frac{1-q_n}{1+q_n} E_{n-1}\ [f]$$

oder wegen (12)

$$R_n^\lambda[f](1) \geq 2^{n-1}\ w^\lambda(1)\ \frac{1-q_n}{1+q_n} E_{n-1}[f] \tag{14}$$

woraus die Behauptung folgt, wenn man noch

$$w^\lambda(1) = 2^{-n-2\lambda+1}\ \frac{\sqrt{\pi}}{\Gamma(\lambda+\frac{1}{2})}\ n^\lambda\ (1+O(n^{-1}))$$

berücksichtigt und beachtet, daß $||R_n^\lambda||$ die Größenordnung n^λ hat.

Zum Beweis von (3) verwenden wir wieder (12), die Monotonie-Eigenschaft der dividierten Differenzen und Satz 2 und haben damit

$$|R^\lambda[f](0)| = |w^\lambda(0)|\ \text{dvd}\ (0, x_1^\lambda, \ldots, x_n^\lambda)[f]$$

$$\geq |w^\lambda(0)\ |\text{dvd}\ (-1, x_1^\lambda, \ldots, x_n^\lambda)[f] = \left|\frac{w^\lambda(0)}{w^\lambda(-1)}\right| |R^\lambda[f](-1)|$$

$$\geq \left|\frac{w^\lambda(0)}{w^\lambda(-1)}\right|\ \frac{1-q_n}{1+q_n}\ |R\ [f](1)|.$$

Beachtet man nun $|w^\lambda(-1)| = |w^\lambda(1)|$ und (14) sowie

$$w^\lambda(0) = 2^{-n-\lambda+1}(1+O(n^{-1}))$$

so folgt (3).

Beweis von Satz 6. Es ist

$$|f(x) - p(x)| = \left|\frac{(x^2-1)U_{n-1}(x)}{2^{n-1}}\ \text{dvd}\ (x, x_0, \ldots, x_n)[f]\right.$$

$$\left.+ \frac{T_n(x)}{2^{n-1}}\ \text{dvd}\ (x_0, \ldots, x_n)[f]\right| \leq 2^{-n+1}\ \{|b_n(x^2-1)U_{n-1}(x)|$$

$+ |a_n T_n(x)|\}$

abzuschätzen. Setzt man $x = \cos t$ und beachtet

$$|c_1 \sin y + c_2 \cos y| \le \sqrt{c_1^2+c_2^2}$$

so erhält man

$$|f(x) - p(x)| \le 2^{-n+1} \{|b_n \sin t \sin n t| + |a_n \cos n t|\}$$

$$\le 2^{-n+1} \{|b_n \sin n t| + |a_n \cos n t|\}$$

$$\le 2^{-n+1} \sqrt{b_n^2+a_n^2} \le 2^{-n+1} |a_n| [1+ \frac{1}{2}(\frac{b_n}{a_n})^2].$$

4 Beispiele

Für die Funktion

$$f(x) = \frac{1}{a-x} \qquad a > 1$$

läßt sich $R_n^o[f](x)$ geschlossen angeben:

$$R_n^o[f](x) = \frac{T_n(x)}{(a-x)T_n(a)},$$

also hat man nach Satz 1

$$\frac{1}{(a+1)T_n(a)} \le E_{n-1}[f] \le \frac{1}{(a-1)T_n(a)},$$

was noch zeigt, daß Satz 2 unverbesserbar ist. Satz 4 gibt die schärfere untere Schranke

$$\frac{1}{aT_n(a)} \le E_{n-1}[f].$$

Als ein in der Literatur öfter diskutiertes numerisches Beispiel betrachten wir $E_3[f]$ für $f(x) = e^x$. Satz 1 gibt

$$0{,}00447 \le E_3[f] \le 0{,}00666,$$

Satz 3 gibt

$$0{,}00538 \le E_3[f].$$

Auf die Bestimmung von $E_3[f]$ für $f(x) = \cos \frac{\pi}{4} x$ kann Satz 1 nicht unmittelbar angewandt werden, weil $f^{(5)}$ das Vorzeichen wechselt. Bedenkt man jedoch, daß f eine gerade Funktion mit $f^{(6)} \le 0$ ist, dann erkennt man, daß die in (12) eingehende dividierte Differenz eine positive gerade konkave Funktion ist, die Beweismethode von Satz 1 gibt. damit

$$R_4^0[f](1) \le E_3[f] \le R_4^0[f](0),$$

numerisch

$$0{,}00190 \le E_3[f] \le 0{,}00195.$$

Diese Schranken sind praktisch ohne Rechnung zu erhalten, wenn das Interpolationspolynom bestimmt ist. Will man nur $E_n[f]$ abschätzen, ohne ein approximierendes Polynom explizit zu berechnen, so ist die Anwendung von (6) einfacher. Mittels Lemma 2 und Lemma 5 erhält man etwa (k=1)

$$R_n^0[f](x) = \frac{T_n(x)}{2^{n-1}} \left\{ \frac{f^{(n)}(0)}{n!} + \frac{f^{(n+1)}(0)}{(n+1)!} x + \frac{f^{(n+2)}(\xi)}{(n+2)!} \left(x^2 + \frac{n}{4}\right) \right\}$$

oder (k=2)

$$R_n^0[f](x) = \frac{T_n(x)}{2^{n-1}} \{ \frac{f^{(n)}(0)}{n!} + \frac{f^{(n+1)}(0)}{(n+1)!} x$$

$$+ \frac{f^{(n+2)}(0)}{(n+2)!} (x^2 + \frac{n}{4})$$

$$+ \frac{f^{(n+3)}(0)}{(n+3)!} (x^3 + \frac{n}{4}x) + \frac{f^{(n+4)}(\xi)}{(n+4)!} (x^4 + \frac{n}{4}x^2 + \frac{n^2+3n}{16}) \}$$

Diese einfach zu erhaltenden Formeln sind recht anwendungsfähig. So kann man hiermit sofort die Resultate aus der Arbeit von Riess/Johnson [5] erhalten. Für den von Nitsche [4] diskutierten Fall $f(x) = \cos \frac{\pi}{4} a x$ ($a \varepsilon [0,2]$ erhält man

$$\frac{a^4 \pi^4}{2^{14} \cdot 3} [1 - \frac{a^2 \pi^2}{240}] \le E_3[f] \le \frac{a^4 \pi^4}{2^{14} \cdot 3} [1 - \frac{a^2 \pi^2}{480} \cos a \frac{\pi}{4}]$$

(die untere Schranke ergibt sich mit de la Vallée - Poussins Satz), was schärfer ist als die von Nitsche mit einer komplizierteren Methode bestimmten Schranken. Eine asymptotische Formel von Meinardus [3] über das Verhalten von $E_n[f]$ bei Funktionen, deren Ableitungen nur langsam wachsen, läßt sich ebenfalls aus der ersten Formel oben unmittelbar ablesen, sogar unter abgeschwächten Voraussetzungen.

Man kann noch schärfere E_n-Abschätzungen erhalten, wenn man das vor Satz 6 erläuterte Approximationsverfahren benützt. (5) gibt mit Hilfe von (6) und Lemma 4

$$E_{n-1}[f] \ge \frac{1}{2^{n-1}} \sum_{\nu=0}^{k-1} \frac{f^{(n+2\nu)}(0)}{(n+\nu)!\nu!4^\nu} + \frac{f^{(n+2k)}(\xi)}{(n+k)!k!4^k}$$

$2 k \le n$

Schreibt man die entsprechenden Formeln auch für die b_n aus Satz 6 hin, so hat man einen sehr bequemen Zugang zu E_n-Schranken. Als ein Beispiel der so zu erhaltenden Resultate sei genannt: $f(x) = e^x$, dann gilt

$$E_{n-1}[f] = \frac{1}{2^{n-1} n!} \{ 1 + \frac{1}{4n} + O(n^{-2}) \}$$

Man prüft leicht nach, daß man diese Genauigkeit mit der Tschebyscheff-Interpolation nicht erhält.

Literatur

[1] Braß, H.: Zur Theorie der definiten Funktionale. ZAMM 55 (1975), T 230 - T 231
[2] Meinardus, G.: Approximation von Funktionen und ihre numerische Behandlung. Berlin - Göttingen - Heidelberg - New York, Springer 1964
[3] Meinardus, G.: Über ein Monotonieprinzip bei linearen Approximationen. ZAMM 46 (1966),227 - 238
[4] Nitsche, J.C.C.: Über die Abhängigkeit der Tschebyscheffschen Approximierenden einer differenzierbaren Funktion vom Intervall. Num. Math. 4 (1962),262 - 276
[5] Riess, R.D./ Johnson,L.W.: Errors in interpolating functions at the zeros of $T_{n+1}(x)$. SIAM J. Num.Anal. 11 (1974), 244 - 253
[6] Steffensen, J.F.: Interpolation. Second Edition. New York, Chelsea 1965.
[7] Szegö, G.: Orthogonal polynomials . New York, Amer. Math. Soc. 1939

Prof. Dr. Helmut Braß, Fachbereich 5 der Universität Osnabrück, 45 Osnabrück, Albrechtstraße 28, BRD

ÜBER DAS ANZAHLPROBLEM BEI DER RATIONALEN L_2 - APPROXIMATION

Dietrich Braess

Nonlinear mean - square approximation requires the development of methods which are different from the tools commonly used in nonlinear Chebyshev approximation. This is illustrated by considering approximation by rationals in the L_2 -norm. Typical for the whole situation are two facts. On one hand we have almost always uniqueness of the global solution, on the other hand there is no bound on the number of local solutions.

1. Einleitung

Im Vergleich zur nichtlinearen Tschebyscheff-Approximation gibt es in der Literatur nur sehr wenige Untersuchungen über die nichtlineare L_2-Approximation. Aus diesem Grunde stellt man die Frage, ob man nicht durch die exemplarische Untersuchung einer Familie einen schnellen Einstieg gewinnen kann. Als Modellfamilie bieten sich die rationalen Funktionen an, weil diese - allerdings in bezug auf die Tschebyscheff-Approximation - gerade die Eigenschaften besitzen, die man bei den verschiedenen Theorien benötigt; sie sind varisolvent [14, S. 143], asymptotisch konvex [14, S. 130], sind Sonnen [7] und erfüllen die globale und lokale Haarsche Bedingung [7] sowie die "betweenness property" [9]. Die Familie verhält sich eigentlich wie eine lineare Familie, abgesehen davon, daß die Länge der Alternante nicht à priori bekannt ist.

Bei der L_2 -Approximation ist die Situation jedoch grundsätzlich anders. So liegt keineswegs immer Eindeutigkeit vor (man vgl. die allgemeine Theorie für uniform konvexe Räume [11]), die Frage nach der Mächtigkeit der Lösungsmenge ist nicht geklärt. So ergeben sich völlig andere Fragestellungen,und zur Bewältigung sind gänzlich andere Methoden nötig.

Zur Diskussion dieser Situation ist die rationale Approximation in der Tat ein geeignetes Modell. Im Gegensatz zu [2] ist in dieser Arbeit der Diskussion der Methoden mehr Gewicht gegeben als den Ergebnissen.

2. Nicht-Eindeutigkeit der besten Approximationen

Für das symmetrische Intervall $I=[-1,+1]$ sei $H=L_2(I)$ der Hilbertraum (der Aquivalenzklassen) der auf I quadratintegrierbaren Funktionen, versehen mit dem Skalarprodukt

$$[f,g] = \int_I f(t)g(t)dt,$$

und sei $||f|| = \sqrt{[f,f]}$. Wie üblich heißt ein Element g^* in einer nichtleeren Teilmenge $G\subset H$ eine beste Approximation (kurz b.A.) zu f, wenn $||f-g^*||\leq||f-g||$ für alle $g\in G$ gilt. Außerdem heißt g^* eine lokal beste Approximation (kurz: l.b.A.) zu f in G, wenn g^* eine b.A. zu f in einer (offenen) Umgebung von g^* in G ist.

Es bezeichne $R_{l,r}$ die Menge der rationalen Funktionen, bei denen der Grad von Zähler- und Nennerpolynom den Wert l bzw. r nicht überschreiten:

$$R_{l,r} = \{\frac{p}{q};\ \partial p\leq l,\ \partial q\leq r,\ q(t) > 0 \text{ in } [-1,+1]\}.$$

Eine Funktion g hat in $R_{l,r}$ den Defekt $d=d(g)$, falls $g\in R_{l-d,r-d}$. Ist $d(g)=0$ bezgl. $R_{l,r}$, heißt g nicht defekt, [18, S. 72]. Der Terminus der Degeneration wird hier vermieden, da er im Zusammenhang mit kritischen Punkten benutzt wird.

Im Gegensatz zur Tschebyscheff-Approximation sind nach Cheney und Goldstein [8] bei der L_2-Approximation die Lösungen niemals defekt.

SATZ 2.1 (Cheney und Goldstein). Sei $f\in R_{l,r}$. Dann ist keine lokal beste Approximation zu f in $R_{l,r}, r\geq 1$, defekt.

Der Beweis beruht darauf, daß die lineare Hülle der Menge

$$\frac{1}{1-tx}, \ -1<x<+1$$

dicht in $L_2(I)$ ist [1]. Deshalb ist $g=o$ nicht b.A. zu $f \neq o$ in $q^{-1}. R_{0,1}=\{g=\hat{g}/q;\ \hat{g}\in R_{0,1}\}$, wobei q ein beliebiges positives Polynom ist.

Wäre nun $g=p/q$ eine defekte Lösung zu f in $R_{l,r}$, dann wäre 0 eine Lösung zu $f-g$ in $q^{-1}R_{0,1}$ und ein Widerspruch erreicht. //

Dieser Satz bringt zunächst eine Vereinfachung mit sich, bedingt aber andererseits auch, daß die rationalen Funktionen keine Tschebyscheff-Menge sind, d.h., daß die Lösung nicht immer eindeutig ist [6,10,12,17].

SATZ 2.2 (Nichteindeutigkeitssatz). Sei r ungerade. Ferner habe $f\in R_{l,r}$ die Symmetrieeigenschaft $f(-t)=(-1)^{l+1}f(t)$. Dann gibt es mindestens zwei beste Approximationen.

Zum Beweis benutzt man ein Symmetrieargument von Meinardus [13]. Ist $g^{*}=p^{*}/q^{*}$ eine b.A., dann wegen der Symmetrie auch $g^{**}(t) = =(-1)^{l+1}g^{*}(-t)$. Aus der Eindeutigkeit würde nun $g^{*}(t)=(-1)^{l+1}g^{*}(-t)$ also $q^{*}(-t)=q^{*}(t), p^{*}(-t)=(-1)^{l+1}p^{*}(t)$ und damit $g\in R_{l-1,r-1}$ folgen. Das ist ein Widerspruch. //

Ehe wir die Mächtigkeit der Lösungsmenge diskutieren, stellen wir die Frage, ob die Nicht-Eindeutigkeit nur eine Ausnahme ist. Vor allem der Numeriker wird erwarten, daß die Existenz mehrerer Lösungen fast immer durch Rundungsfehler verhindert wird. Kleine Störungen können bewirken daß beste Approximationen in lokal beste Approximationen umgewandelt werden. Diese Aussage ist zwar richtig, führt aber leicht zu einer Fehleinschätzung der Konsequenzen. Eine genauere Analyse der Situation erscheint angebracht.
Zunächst ist zu definieren, wann eine Eigenschaft in einem topologischen Raum "fast immer" gilt. Dies per Definition als gegeben zu betrachten, wenn die Eigenschaft in einer dichten Teilmenge gilt, ist nicht sinnvoll. Dann wären nämlich von den reellen Zahlen fast alle rational und zugleich

fast alle irrational. Zur Vermeidung solcher Widersprüche hat sich in der Topologie der folgende Begriff eingebürgert [16].

DEFINITION 2.1. Eine Teilmenge eines topologischen Raumes heißt residual, wenn sie Durchschnitt abzählbar vieler offener, dichter Mengen ist. Eine Eigenschaft heißt generisch, wenn sie für eine residuale Menge gilt.

BEMERKUNGEN.

1. In $\mathbb{R}$ sind die Mengen

$$K_n=\{x\in\mathbb{R},\ n\cdot x \text{ ist nicht ganz}\}$$

offen und dicht. Der Durchschnitt aller K_n, $n\in\mathbb{N}$, enthält die irrationalen Zahlen. Irrational zu sein, ist für die reellen Zahlen eine generische Eigenschaft.

2. Bei der Tschebyscheff-Approximation mit rationalen Funktionen bezeichnet man eine Funktion als normal, wenn ihre beste Approximation nicht defekt ist. Normalität ist eine generische Eigenschaft. Aus Satz 12.1 in [18] folgt nämlich, daß die Menge normaler Punkte offen ist. Daß sie dicht ist, folgt z.B. aus der Konstruktion im Beweis von Satz 13.2' in [18].

Mit der obigen Definition läßt sich nun ein Ergebnis von Wolfe [19] präzise formulieren.

SATZ 2.3. Eindeutigkeit der besten Approximation in $R_{l,r}$ ist eine generische Eigenschaft in $L_2[-1,+1]$.

Für den Beweis benötigt man Formeln und Begriffe, die auch andere Untersuchungen der L_2-Approximation durchsichtiger machen. Dies soll im nächsten Abschnitt geschehen. Wesentlich ist, daß wir uns nach Satz 2.1 auf die nicht defekten Elemente in $R_{l,r}$ beschränken können und diese eine $(l+r+1)$-dimensionale C^2-Untermannigfaltigkeit von $L_2(I)$ bilden. Aus dem gleichen Grund kann man sich stets auf kompakte Niveaumengen zurückziehen. Dies sind schon alle Eigenschaften die gebraucht werden.

3. Nicht degenerierte kritische Punkte

Sei

$$F: \mathbb{R}^n \supset D(f) \to L_2(I)$$

eine zweimal differenzierbare Abbildung, die als Parametrisierung der Funktionenfamilie dient. Betrachtet wird das Quadrat der Abstandsfunktion

$$\rho(a) = ||f-F(a)||^2 = [f-F(a),\ f-F(a)].$$

Die Ableitungen berechnen sich gemäß

$$d_a\rho = -2[f-F(a),\ d_aF],$$

$$\frac{1}{2}\, d_a^2\rho \cdot b = [d_aFb, d_aFb] - [f-F(a), d_a^2F \cdot b].$$

Der erste und der zweite Term der letzten Formel werden als erste bzw. zweite Fundamentalform bezeichnet [15, S. 33].

Daß die erste Ableitung verschwindet, ist offenbar notwendig für eine lokal beste Approximation. Deshalb heißt ein Punkt mit verschwindender 1. Ableitung ein kritischer Punkt.

DEFINITION 3.1. Sei $F(a)$ ein kritischer Punkt. Die Anzahl der negativen Eigenwerte von $d_a^2\rho$ heißt Index, und die Dimension des Kerns von $d_a^2\rho$ (also die Vielfachheit des Eigenwerts 0) heißt nullity. Ein kritischer Punkt ist nicht degeneriert, wenn die nullity verschwindet.

Offensichtlich ist die erste Fundamentalform stets positiv definit (sofern F eine Immersion ist). Sie beschreibt eine Metrik auf dem Tangentialraum. Erst in der 2. Form können sich Nichtlinearitäten wiederspiegeln, und dieses kann einen positiven Index bewirken. Der Index ist in gewisser Weise ein Maß für die Nichtlinearität. Eindeutigkeitsaussagen lassen sich nach Spieß [17] gewinnen, wenn man die 2. Fundamentalform gegen die Erste abschätzen kann.

Die Bedeutung des Index ist schon aus der Tatsache zu erkennen, daß für eine 1.b.A. die 2. Ableitung positiv semidefinit sein muß. Die Bedeutung der nullity ergibt sich aus folgendem Lemma.

LEMMA 3.1. Sei $F(a)$ nicht degenerierter kritischer Punkt zu f_0 mit Index λ. Dann gibt es in einer Umgebung von $F(a)$ zu jedem f mit hinreichend kleinem Abstand $||f_0-f||$ genau einen kritischen Punkt, und dieser hat ebenfalls den Index λ.

Mit $f=f_0$ folgt speziell, daß nicht degenerierte Punkte isoliert sind.

Zum Beweis von Lemma 3.1 beachte man, daß für das nichtlineare Gleichungssystem

$$\frac{\partial}{\partial a_i} \rho(a)=0, \qquad i = 1,2,\dots,n,$$

die Matrix $(\partial^2\rho/\partial a_i\partial a_k)^n_{i,k=1}$ gerade die Jakobimatrix ist. Mit Hilfe des Satzes über implizite Funktionen folgt dann leicht die eindeutige Lösbarkeit von

$$[f_0-F(a),d_aF] = [f_0-f, d_aF],$$

sofern $||f-g||$ hinreichend klein ist. //

In Lemma 3.1 kann auf die Voraussetzung, daß es sich um einen nicht degenerierten Punkt handelt, nicht verzichtet werden.

Der Beweis von Satz 2.2 läßt sich jetzt durch den Nachweis führen [19], daß die Menge der Funktionen mit eindeutiger nicht degenerierter bester Approximation offen und dicht ist. Sei $F(a)$ eine solche Lösung zu f_1 in $R_{l,r}$.

Man wähle c mit

$$||f_1-F(a)|| < c < \inf\{||f_1-g||;\ g\in R_{l-1,r-1}\}.$$

Wie bei den üblichen Existenzbeweisen schließt man zusammen mit Satz 2.1, daß die Niveaumenge

$$M^c = \{g\in R_{l,r};\ \|f_{1}-g\|\leq c\}$$

kompakt ist. Für f nahe bei f_1 liegen alle besten Approximationen in M^c. Nach Lemma 3.1 existiert in der Umgebung von $F(a)$ genau eine. Außerhalb dieser Umgebung sind die Approximationen schlechter, wie man aus der Kompaktheit von M^c schließt.
Zum Nachweis der Dichtheit wähle man zu gegebenem f_1 eine Lösung $F(a)$. Dann ist $F(a)$ auch kritischer Punkt zu f_λ, wobei

$$f_\lambda=F(a)+\lambda(f-F(a)),\qquad \lambda>0.$$

Zu f_λ berechnet man die 2. Ableitung $d_a^2\rho$, indem man von f die 1. Fundamentalform direkt und die 2. Form mit einem Faktor λ multipliziert übernimmt [15, S. 33]. Aus der Semidefinitheit bei $f=f_1$ folgt Definitheit bei f_λ, $\lambda<1$. Wegen strikter Konvexität des Raumes ist $F(a)$ einzige b.A. zu $f_\lambda, 0<\lambda<1$. //

4. Lokal beste Approximationen

Da nach Satz 2.3 fast nie Mehrdeutigkeit vorliegt, findet man zuweilen die Auffassung, daß für die numerische Berechnung der Lösungen Mehrdeutigkeiten keine Rolle spielen. Das trifft jedoch nicht den Kern; denn für die numerische Behandlung ist man auf Iterationsverfahren mit sukzessiver Verbesserung einer Ausgangsnährung angewiesen. Falls neben einer globalen Lösung noch lokale Lösungen (d.h. lokal beste Approximationen) existieren, kann man nicht ausschließen, daß die Iteration bei einer lokalen Lösung hängen bleibt.

Die Existenz lokaler, nicht globaler Lösung schließt man leicht aus Satz 2.2. Sei f_0 eine Funktion, die den Voraussetzungen des Satzes entspricht und

$$\inf\{\|f_0-g\|;\ g\in R_{l,r}\} < c < \inf\{\|f_0-g\|;\ g\in R_{l-1,r-1}\}.$$

Dann liegt

$$M^c = \{g \in R_{l,r};\ \|f_0 - g\| \le c\}$$

in mindestens zwei verschiedenen Komponenten von $R_{l,r} \setminus R_{l-1,r-1}$, besitzt also mindestens zwei verschiedene Zusammenhangskomponenten. Außerdem ist M^c kompakt. Falls $f-f_0$ hinreichend klein ist, hat also f mindestens in zwei Komponenten je eine lokal beste Approximation. Nach Satz 2.3 sind nicht immer beide globale Lösungen. Damit ist der folgende Satz bewiesen.

SATZ 4.1. Sei r ungerade. Nur eine lokal beste Approximation in $R_{l,r}$ zu besitzen, ist keine generische Eigenschaft in $L_2[-1,+1]$.

Das Resultat läßt sich auch etwas überspritzt formulieren: Daß mehrere beste Approximationen vorliegen, tritt zwar nur in sehr seltenen Ausnahmefällen ein, bereitet aber häufig und nicht nur in den genannten Ausnahmefällen Schwierigkeiten bei der numerischen Behandlung.

Es erhebt sich die Frage, ob für die Zahl der lokalen Lösungen wenigstens eine universelle (d.h. eine von f unabhängige) Schranke existiert. Bei der nichtlinearen Tschebyscheff-Approximation waren solche Schranken für einige Familien in [3,4] hergeleitet worden. Jedoch hat Wolfe [19] gezeigt, daß es für die rationelle L_2-Approximation keine universelle Schranke gibt. Auch die in [19] auftretende Einschränkung $l < r$ konnte in [2] eliminiert werden.

SATZ 4.2. Sei $l \le r-1$ und seien $g_i = p_i/q_i \in R_{l,r}, \partial q_i = r$ für $i=1,2,..,N$ nicht defekte rationale Funktionen, so daß q_i und q_j für $i \neq j$ keinen gemeinsamen Teiler besitzen. Dann gibt es eine Funktion $f \in L_2[-1,+1]$, für die $g_1, g_2, \ldots$ und g_N isolierte lokal beste Approximationen in $R_{l,r}$ sind.

Zum Beweis zeigt Wolfe mit rein algebraischen Methoden, daß wenigstens für ein $f_0 \in L_2[-1,+1]$

$$[f_0 - g_i,\ p \cdot q_i^{-3}] = 0, \quad i=1,2,\ldots,N$$

für jedes Polynom p mit Grad $\partial p \le 3r-1$ gilt. Indem man die Ableitungen ausrechnet, erhält man

$$\left.\begin{aligned}[f_0-g_i,\, d_{a_i}F] &= 0\\ [f_0-g_i,\, d^2_{a_i}F] &= 0\end{aligned}\right\}\qquad i = 1,2,..,N.$$

Da die zweite Fundamentalform verschwindet, liegen nicht degenerierte kritische Punkte mit Index 0 vor. Diese sind also lokale Lösungen..

Sofern $f-f_0$ hinreichend klein ist, hat f mindestens N lokale Lösungen in $R_{1,r}$. Daß N oder mehr lokale Lösungen auftreten, ist also nicht nur ein Ausnahmefall. //

Die Ausdehnung des Satzes für $l \ge r$ erfolgt im wesentlichen mit Hilfe der Technik der Abspaltung linearer Terme, die auch im nächsten Abschnitt herangezogen wird.

Ob die Zahl der lokalen Lösungen stets endlich ist, konnte noch nicht geklärt werden. Ebenso ist offen, ob Funktionen mit wenigstens 3 besten Approximationen (und nicht nur drei l.b.A.) existieren.

5. Der Fall r=1

Im Fall, daß nur Nennerpolynome ersten Grades zugelassen sind, sind alle kritischen Punkte isoliert. Dies ergibt sich mit funktionen theoretischen Methoden zusammen mit der Technik der Abspaltung linear auftretender Parameter.
Die L_2-Approximation in $R_{0,1}$, d.h. für $l=0$, wurde schon weitgehend von Spieß [17] behandelt. Dann lassen sich die Ansatzfunktionen in der Form

$$F(a) = \alpha(1-tx)^{-1}, \quad \alpha\in\mathbb{R},\ -1<x<+1$$

darstellen. Die kritischen Punkte sind durch

$$\frac{1}{2}\,\frac{\partial}{\partial\alpha}\,\rho = [\,f,(1-tx)^{-1}] - \alpha\,[\,(1-tx)^{-1},\ (1-tx)^{-1}\,] = 0$$

$$\frac{1}{2}\,\frac{\partial}{\partial x}\,\rho = [\,f,t(1-tx)^{-2}] - \alpha\,[(1-tx)^{-1},t(1-tx)^{-2}\,] = 0$$

charakterisiert. Eine nichttriviale Lösung des homogenen Gleichungssystems findet man nur bei den Nullstellen von

$$\Psi(x) = \det \begin{vmatrix} [f, v(x)] & [v(x), v(x)] \\ [f, \frac{d}{dx} v(x)] & [v(x), \frac{d}{dx} v(x)] \end{vmatrix},$$

wobei der Einfachheit halber $v(x) = (1-tx)^{-1}$ gesetzt wurde. Wie man leicht sieht, ist Ψ eine analytische Funktion für $|x| < 1$. Die Nullstellen sind isoliert. Der Ausnahmefall $\Psi \equiv 0$ ist für $f \neq 0$ unmöglich; denn aus $\Psi \equiv 0$ folgt

$$[f, v(x)] = \text{const}\cdot\|v\|, \qquad -1<x<1.$$

Wie Spieß gezeigt hat, wäre dies nur für $f = \text{const}\cdot(1-t^2)^{-1/2}$ und damit nicht für $f \in L_2[-1,+1]$ lösbar.
Ähnlich kann man für $l > 0$ die rationalen Funktionen in $R_{l,1}$ in der Form

$$F(a,t) = \alpha \frac{t^l}{1-xt} + \sum_{\mu=0}^{l-1} \beta_\mu t^\mu$$

darstellen. Hier ist die Funktion $t^l\cdot(1-xt)^{-1}$ der einzige nichtlineare Term. Man subtrahiere von dieser Ansatzfunktion das Polynom vom Grade $l-1$, welches am bestem approximiert. Dadurch sei $v(x)$ definiert. Ebenso ändert sich das Approximationsproblem nicht, wenn man von der gegebenen Funktion f ihre beste Approximation in $P_{l-1}=R_{l-1,0}$ substrahiert.
Ist nun $F(a)$ ein kritischer Punkt, dann ist $f-F(a)$ orthogonal zu P_{l-1}. Wie eine leichte Rechnung zeigt, haben dann alle kritischen Punkte die Gestalt $\alpha\cdot v(x)$. Damit sind die oben gemachten Überlegungen direkt übertragbar. Zur Elimination des Ausnahmefalls zieht man hier keine expliziten Formeln, sondern Grenzbetrachtungen für $x \to +1$ bzw. $x \to -1$ heran.
Im Gegensatz zur Approximation von Funktionen über einen Intervall gibt

es bei der diskreten Approximation für die Zahl der Lösung eine Schranke, die von f (wenn auch nicht von der Zahl der Diskretierungspunkte) unabhängig ist.

Sei $T = \{t_1, t_2,\dots, t_N\}$ eine Menge von N Punkten in $\mathbb{R}$, und sei auf $C(T)$ das Skalarprodukt

$$[f,g] = \sum_{i=1}^{N} f(t_i)\, g(t_i)$$

erklärt. Offensichtlich ist $[g,(1-tx)^{-\nu}]$ für jedes $g\in C(T)$ und $\nu\in\mathbb{N}$ eine rationale Funktion in x. Die Funktion Ψ, setzt sich aus solchen Termen zusammen. Das Zählerpolynom des rationalen Ausdrucks besitzt höchstens den Grad $4(N-1)$. Der Grad ist eine Schranke für die kritischen Punkte.Die Zahl der lokal besten Approximationen ist höchstens halb so groß, wie aus Lemma 5.1 in [3] ersichtlich.

Für $r=1$ ist die nullity für kritische Punkte höchstens eins. Deshalb könnten die kritischen Punkte höchstens 1-dimensionale Mannigfaltigkeiten bilden. Wir sahen, daß die Menge aber nur aus 0-dimensionalen Gebilden zusammengesetzt ist. Für $r=2$ führt die Funktionentheorie einer Variablen nicht mehr zum Ziel. Aber zumindest bei den Monosplines ist die Menge der kritischen Punkte höchstens 1-dimensional und nicht 2-dimensional [2].

6. Schlußbemerkung

Die L_2-Approximation mit Exponentialsummen

$$\sum_{\nu=1}^{n} \alpha_\nu e^{x_\nu t},$$

läßt sich im Prinzip mit den gleichen Methoden behandeln, die für die rationale Approximation erläutert wurden. Die Zahl der verschwindenden Koeffizierten α_ν definiert den Defekt einer Exponentialsumme; auch hier sind kritische Punkte nicht defekt. Man erhält deshalb analoge Ergebnisse. Die Komplikation, daß mehrere Frequenzen x_ν zusammenfallen, ist von untergeordneter Bedeutung, da dies im Gegensatz zur Tschebyscheff-Approximation nicht die einzige Komplikation ist.

Literatur

[1] Boor, C. de, On the approximation by γ-polynomials, in "Approximation with Special Emphasis on Spline Functions" (hrsg. von I.J.Schoenberg) New York-London, Academic Press 1969

[2] Braess, D., On rational L_2-approximation. J. Approximation Theory (erscheint demnächst)

[3] -, On the number of best approximation in certain non-linear families of functions. aequations math. (erscheint demnächst)

[4] -, Global analysis and Chebyshev approximation by exponentials, in "Approximation Theory" (hrsg. von G.G. Lorentz) New York-London, Academic Press 1973

[5] -, Rationale Interpolition, Normalität und Monosplines. Numer. Math. 22 (1974), 219-232

[6] -, On the non-uniqueness of monosplines with least L_2-norm. J. Approximation Theory 12 (1974), 91-93

[7] Brosowski, B. und Wegmann, R., Charakterisierung bester Approximationen in normierten Räumen. J. Approximation Theory 3 (1970), 369-397

[8] Cheney, E.W. und Goldstein, A.A., Mean-square approximation by generalized rational functions. Math. Z. 95 (1967), 232-241

[9] Dunham, B., Chebyshev approximation by families with the betweenness property. Trans. Amer. Math. Soc. 136 (1969), 152-157

[10] -, Best mean rational approximation. Computing 9 (1972), 87-93

[11] Efimov, N.V. und Stechkin, S.B., Approximative compactness and Chebyshev sets. Soviet Math. Dokl. 2 (1961), 1226-1228

[12] Lamprecht, G., Zur Mehrdeutigkeit bei der Approximation in der L_p-Norm mit Hilfe rationaler Funktionen. Computing 5 (1970), 349-355

[13] Meinardus, G., Invarianz bei linearen Approximationen. Arch. Rational Mech. Anal 14 (1963), 301-303

[14] -, Approximation von Funktionen und ihre numerische Behandlung. Berlin-Göttingen-Heidelberg-New York, Springer 1964

[15] Milnor, J., Morse Theory. Princeton, Princeton University Press 1963

[16] Nitecki, Z., Differentiable Dynamics, Cambridge-London, M.I.R. Press 1971

[17] Spieß. J., Uniqueness theorems for nonlinear L_2-approximation problems. Computing 11 (1973), 327-335

[18] Werner, H., Vorlesung über Approximationstheorie. Berlin-Heidelberg-New York, Springer 1966

[19] Wolfe, J.M., On the unicity of nonlinear approximation in smooth spaces. J. Approximation Theory 12 (1974), 165-181

Prof. Dr. Dietrich Braess
Math. Institut der
Ruhr-Universität Bochum

4630 Bochum
Universitätsstr. 150

ON CALCULATING WITH B-SPLINES

II. INTEGRATION

Carl de Boor, Tom Lyche, and Larry L. Schumaker

This paper is a continuation of the paper [1] of the same name by the first author in which it is shown how values of B-splines and their derivatives can be computed by stable algorithms based on recursions involving only convex combinations of nonnegative quantities (cf. also Cox [3]). In this paper we consider integrals of B-splines and of B-spline series. In addition, we derive recursions for the computation of integrals of products of B-splines (of possibly different orders and on possibly different knot sequences). As an application, we consider the numerical computation of the Gram matrix which arises in least squares fitting using B-splines.

§ 1. Introduction

We begin by introducing some basic notation. Let k be a positive integer, and suppose $\underline{x}$ denotes a biinfinite sequence of real numbers

$$(1.1) \qquad \ldots\ldots \le x_{-2} \le x_{-1} \le x_0 \le x_1 \le \ldots\ldots$$

with at most k values equal to each other (i.e., $x_i < x_{i+k}$ for all i).

We define

(1.2) $Q^k_{i,j,\underline{x}}(t) := [x_i,\ldots,x_{i+j}](s-t)^{k-1}_+$.

When there is no chance of confusion, we shall usually suppress the $\underline{x}$ subscript on the symbol $Q^k_{i,j,\underline{x}}$. Except for normalization factors, $Q^k_{i,k}$ is the B-spline of order k which is positive on (x_i,x_{i+k}) and is zero outside $[x_i,x_{i+k}]$. Specifically,

(1.3) $M_{i,k} = k\, Q^k_{i,k}$

is the B-spline normalized to have unit integral while

(1.4) $N_{i,k} = (x_{i+k} - x_i)Q^k_{i,k}$

is the B-spline normalized so that $\sum_i N_{i,k} = 1$.

For $j < k$, $Q^k_{i,j}$ is a polynomial spline which is useful in constructing a basis for natural splines (see e.g. [5,9]). It is easily seen that $Q^k_{i,j}$ is positive on $(-\infty,x_{i+j})$ and is zero on (x_{i+j},∞). We note that

(1.5) $Q^1_{i,1}(t) = \begin{cases} 1/(x_{i+1}-x_i) & \text{for } x_i \le t < x_{i+1} \\ 0 & \text{otherwise.} \end{cases}$

Moreover, it is known (cf. [1,9]) that

(1.6) $Q^k_{i,j}(t) = Q^{k-1}_{i,j-1}(t) + (x_{i+j}-t)Q^{k-1}_{i,j}(t)$,

and if $x_i < x_{i+j}$,

(1.7) $$Q^k_{i,j}(t) = \frac{(t-x_i)Q^{k-1}_{i,j-1}(t)+(x_{i+j}-t)Q^{k-1}_{i+1,j-1}(t)}{(x_{i+j} - x_i)} .$$

These recursions are proved by applying Leibniz's rule for the kth divided difference of a product of two functions to the function $(s-t)_+^{k-2}(s-t) = (s-t)_+^{k-1}$. Because of the support properties of the $Q_{i,j}^k$, the value of $Q_{i,j}^k(t)$ can be computed recursively by forming only nonnegative combinations of nonnegative quantities.

§ 2. Integrals of B-splines.

In this section we are interested in computing values of $\int_c^d Q_{i,j}^m(t)dt$ for given $0 \le j \le m \le k$ and $c < d$. Since the most interesting case is where $j = m$, we begin with a lemma concerning it. As it is somewhat more convenient to work with a normalized B-spline, we define

$$(2.1)\quad I_i^m(c,d) = m\int_c^d Q_{i,m}^m(t)dt = \int_c^d M_{i,m}(t)dt$$

LEMMA 2.1. For any $1 \le m \le k$,

$$(2.2)\quad I_i^m(c,d) = \sum_{j\ge i} N_{j,m+1}(d) - \sum_{j\ge i} N_{j,m+1}(c).$$

Proof: First, we observe that

$$\begin{aligned}(d/dt)N_{i,m+1}(t) &= (d/dt)([x_{i+1},\ldots,x_{i+m+1}](\cdot -t)_+^m \\ &\qquad -[x_i,\ldots,x_{i+m}](\cdot -t)_+^m) \\ &= -m([x_{i+1},\ldots,x_{i+m+1}](\cdot - t)_+^{m-1} \\ &\qquad - [x_i,\ldots,x_{i+m}](\cdot - t)_+^{m-1}) \\ &= M_{i,m}(t) - M_{i+1,m}(t);\end{aligned}$$

and hence,

$$N_{i,m+1}(d) - N_{i,m+1}(c) = \int_c^d [M_{i,m}(t) - M_{i+1,m}(t)]dt.$$

Thus,

$$I_i^m(c,d) = \int_c^d M_{i+1,m}(t)dt + N_{i,m+1}(d) - N_{i,m+1}(c).$$

Repeating this process until the M's no longer have support on (c,d) leads to (2.2). ∎

Concerning the other type of B-splines, we have the following result.

LEMMA 2.2. If $0 \le j \le m-1 < k$, then

$$(2.3)\quad m\int_c^d Q_{i,j}^m(t)dt = Q_{i,j}^{m+1}(c) - Q_{i,j}^{m+1}(d) .$$

Proof: Clearly, we have

$$m\int_u^{x_{i+j}} Q_{i,j}^m(t)dt = m[x_i,\ldots,x_{i+j}] \int_u^{x_{i+j}} (s-t)_+^{m-1}dt$$

$$= [x_i,\ldots,x_{i+j}](s-u)_+^m = Q_{i,j}^{m+1} (u) .$$

Subtracting the values for $u = c$ and $u = d$, we obtain (2.3). ∎

The identity (2.3) is also true for $j = m$, provided that $x_i < x_{i+m}$, and thus provides an alternative way of computing integrals of the ordinary B-splines. The relation is generally not true for $j = m$ and $x_i = x_{i+m}$, since in this case we want to consider the integral to be 0, while the right-hand-side may not be zero in view of the fact that

$$(2.4)\quad Q_{i,m}^{m+1}(t) = (x_i - t)_+^0$$

in this case.

To use Lemma 2.2, we may use the recursions of section 1 to compute the two B-splines, and then do the subtraction. It is also possible to derive a direct recursion in which only nonnegative combinations of nonnegative quantities appear, and for which no subtraction is needed at the end. For convenience, we set

$$(2.5)\quad T_i^m(c,d) = Q_{i,m}^{m+1}(c) - Q_{i,m}^{m+1}(d) .$$

LEMMA 2.3. For any $c < d$,

$$(2.6)\quad T_i^1(c,d) = \begin{cases} I_i^1(c,d) & , \text{ if } x_i < x_{i+1} \\ (x_i-c)_+^0 - (x_i-d)_+^0 & , \text{ if } x_i = x_{i+1} , \end{cases}$$

where

$$(2.7)\quad I_i^1(c,d) = \begin{cases} (d-c)/(x_{i+1}-x_i) & \text{if } x_i \le c \le d \le x_{i+1} \\ (x_{i+1}-c)/(x_{i+1}-x_i) & \text{if } x_i \le c \le x_{i+1} \le d \\ (d-x_i)/(x_{i+1}-x_i) & \text{if } c \le x_i \le d \le x_{i+1} \\ 1 & \text{if } c \le x_i < x_{i+1} \le d \\ 0 & \text{otherwise} . \end{cases}$$

Moreover,

$$(2.8)\quad T_i^m(c,d) = \frac{(c-x_i)T_i^{m-1}(c,d)+(x_{i+m}-c)T_{i+1}^{m-1}(c,d)}{(x_{i+m} - x_i)} + \\ + (d-c)Q_{i,m}^m(d),$$

and hence, interchanging c and d in (2.8), also

$$(2.9)\quad T_i^m(c,d) = \frac{(d-x_i)T_i^{m-1}(c,d)+(x_{i+m}-d)T_{i+1}^{m-1}(c,d)}{(x_{i+m} - x_i)} + $$

$$+ (d-c)Q_{i,m}^m(c).$$

Proof: The computation of $I_i^1(c,d)$ is easily carried out using (1.5). Now if we use the recursion (1.7) in (2.5), we obtain

$$\begin{aligned} T_i^m(c,d)(x_{i+m}-x_i) &= (c-x_i)Q_{i,m-1}^m(c)+(x_{i+m}-c)Q_{i+1,m-1}^m(c) \\ &\quad -(d-x_i)Q_{i,m-1}^m(d)-(x_{i+m}-d)Q_{i+1,m-1}^m(d) \\ &= (c-x_i)[Q_{i,m-1}^m(c)-Q_{i,m-1}^m(d)] + \\ &\quad +(x_{i+m}-c)[Q_{i+1,m-1}^m(c)-Q_{i+1,m-1}^m(d)] \\ &\quad +(d-c)[Q_{i+1,m-1}^m(d)-Q_{i,m-1}^m(d)] . \end{aligned}$$

By the definition of divided difference and using (2.5) again, we obtain (2.8). ∎

We emphasize that the coefficients in front of all nonzero quantities in formulas (2.8) and (2.9) are nonnegative. Coupled with (2.7), these recursions permit the stable evaluation of definite integrals of B-splines without performing a subtraction of two other integrals.

We close this section by mentioning another formula for computing the definite integral of a usual B-spline. If we put $c = x_i$ in (2.8), we obtain

$$T_i^m(x_i,d) = T_{i+1}^{m-1}(x_i,d) + (d-x_i)Q_{i,m}^m(d).$$

Now, if we continue this process of reduction, we obtain

$$(2.10)\quad T_i^m(x_i,d) = \sum_{r=0}^{m-1} (d-x_{i+r})Q_{i+r,m-r}^{m-r}(d) .$$

When $x_i < x_{i+m}$ this gives the value of $I_i^m(x_i,d)$, and formula (2.10) is exactly that of Gaffney [4], which, incidentally, provided the impetus for this paper.

§ 3. Integrals of B-spline expansions.

In this section, we consider the question of finding the indefinite or definite integral of a B-spline expansion of the form

$$(3.1)\quad s(t) = \sum_{i=1}^{N} c_i\, Q_{i,k}^k(t) .$$

Define

$$(3.2)\quad S(t) = \int_{x_1}^{t} s(u)du .$$

It follows that S is a polynomial spline of order k+1 with the same knot sequence $\underline{x}$ as s. Thus, it can also be written as a linear combination of B-splines over the knot sequence $\underline{x}$, but of order k+1, of course.

LEMMA 3.1. If s is given by (3.1), then its indefinite integral S as in (3.2) is

$$(3.3)\quad S(t) = \sum_{i=1}^{N} c_i^{(-1)} Q_{i,k+1}^{k+1}(t) \text{ , } x_1 \le t \le x_{N+k}$$

where

$$(3.4)\quad c_i^{(-1)} = \frac{(x_{i+k+1}-x_i)}{k} \sum_{j=1}^{i} c_j .$$

Proof: If S is given by (3.3), then

$$S'(t)=k \sum_{i=1}^{N} c_i^{(-1)} \frac{[Q_{i,k}^k(t)-Q_{i+1,k}^k(t)]}{(x_{i+k+1} - x_i)} = s(t)=\sum_{i=1}^{N} c_i Q_{i,k}^k(t).$$

By the linear independence of the Q's, the coefficients must agree, and (3.4) follows. ■

This lemma permits the evaluation of the definite integral $\int_a^b s(t)dt$ for any $a < b$ in terms of two evaluations of the indefinite integral $S(t)$. An alternate approach to computing definite integrals is to use the formulae of section 2. We have

LEMMA 3.2. Let p and r be such that $x_p \le a < x_{p+1}$ and $x_r < b \le x_{r+1}$.

Then

$$(3.5)\quad \int_a^b s(t)dt=\frac{1}{k}\Big[\sum_{\max\{1,p+1-k\}}^{p} c_i I_i^k(a,b)+\sum_{p+1}^{r-k} c_i + \sum_{\max\{p+1,r+1-k\}}^{\min\{r,N\}} c_i I_i^k(a,b)\Big] .$$

Proof: By the support properties of the Q's and the fact that

$$\int_{x_i}^{x_{i+k}} Q_{i,k}^{k}(t)dt = 1/k$$

we immediately obtain (3.5). ∎

The required $I_i^k(a,b)$ can be computed recursively by the formula (2.8) for those in the first sum and formula (2.9) for those in the third sum. The total amount of calculation is essentially equivalent to two evaluations of the indefinite integral.

§ 4. Inner products of B-splines.

We begin with the observation that

$$I_i^m(y_j,y_{j+1}) = m \int_{y_j}^{y_{j+1}} Q_{i,m,\underline{x}}^m(t)dt$$

$$= (y_{j+1}-y_j)m \int_{-\infty}^{\infty} Q_{i,m,\underline{x}}^m(t)Q_{j,1,\underline{y}}^1(t)dt \ ,$$

where the $\underline{x}$ and $\underline{y}$ subscripts on the Q's indicate the knot sequences over which they are defined (cf. section 1). This shows that the definite integral of a B-spline is the integral of the product of two B-splines, and suggests that we consider, more generally, the evaluation of inner products of B-splines of arbitrary orders on two (possibly) different knot sequences.

Suppose $\underline{x}$ is a biinfinite sequence as in (1.1) with $x_i < x_{i+k}$, and that $\underline{y}$ is a similar sequence with $y_j < y_{j+h}$. Then for arbitrary i,j and $1 \leq m \leq k$, $1 \leq n \leq h$, we are interested in the inner-products

$$(4.1)\quad I_{i,j}^{m,n} = \frac{(m+n-1)!}{(m-1)!(n-1)!}\int_{-\infty}^{\infty} Q_{i,m,\underline{x}}^{m}(t)Q_{j,n,\underline{y}}^{n}(t)dt\ .$$

If $x_i = x_{i+m}$ or $y_j = y_{j+n}$, we take $I_{i,j}^{m,n} = 0$. We have introduced the factorials in the definition (4.1) in order to simplify certain recursions to be obtained for their stable computation. The special case where the knot sequences $\underline{x}$ and $\underline{y}$ are one and the same is discussed in greater detail in the following section.

We now show that the integrals $I_{i,j}^{m,n}$ are closely connected with certain divided differences. Let

$$(4.2)\quad T_{i,j}^{m,n} = (-1)^m[x_i,\dots,x_{i+m}]_t[y_j,\dots,y_{j+n}]_s(s-t)_+^{m+n-1}\ .$$

$T_{i,j}^{m,n}$ is well-defined as long as not both $x_i = x_{i+m}$ and $y_j = y_{j+n}$. In fact, we observe that

$$(4.3)\quad T_{i,j}^{m,n} = \begin{cases} \binom{m+n-1}{n} Q_{i,m}^{m}(y_j)\ , & y_j = y_{j+n}\ ,\ n \geq 0\ , \\ \binom{m+n-1}{n} Q_{j,n}^{n}(x_i)\ , & x_i = x_{i+m}\ ,\ n \geq 0\ . \end{cases}$$

To see the connection with the integrals $I_{i,j}^{m,n}$, suppose we insert the function $f(t) = (m-1)!(n-1)!Q_{j,n,\underline{y}}^{m+n}(t)/(m+n-1)!$ in the well known formula (cf. e.g. [5])

$$[x_i,\dots,x_{i+m}]f = \int_{-\infty}^{\infty} Q_{i,m,\underline{x}}^{m}(t)f^{(m)}(t)dt/(m-1)!\ .$$

When then obtain

$$(4.4) \quad I_{i,j}^{m,n} = (-1)^m [x_i,\ldots,x_{i+m}] Q_{j,n,\underline{y}}^{m+n}$$

$$= T_{i,j}^{m,n}$$

when $x_i < x_{i+m}$ and $y_j < y_{j+n}$.

We now give some recursions for the quantities $T_{i,j}^{m,n}$.

LEMMA 4.1. Suppose $1 \le m \le k$ and $1 \le n \le h$. Then

$$(4.5) \quad T_{i,j}^{m,n} = \frac{(x_{i+m}-y_j)T_{i,j}^{m,n-1}+(y_{j+n}-x_{i+m})T_{i,j+1}^{m,n-1}}{(y_{j+n} - y_j)} + T_{i,j}^{m-1,n} ,$$

(suitable when $x_{i+m} \le y_{j+n}$ and $y_j < y_{j+n}$) ,

$$(4.6) \quad T_{i,j}^{m,n} = \frac{(x_i-y_j)T_{i,j}^{m,n-1}+(y_{j+n}-x_i)T_{i,j+1}^{m,n-1}}{(y_{j+n} - y_j)} + T_{i+1,j}^{m-1,n} ,$$

(suitable when $y_j \le x_i$ and $y_j < y_{j+n}$) ,

$$(4.7) \quad T_{i,j}^{m,n} = \frac{(y_j-x_i)T_{i,j}^{m-1,n}+(x_{i+m}-y_j)T_{i+1,j}^{m-1,n}}{(x_{i+m} - x_i)} + T_{i,j+1}^{m,n-1} ,$$

(suitable when $x_i \le y_j$ and $x_i < x_{i+m}$) ,

$$(4.8) \quad T_{i,j}^{m,n} = \frac{(y_{j+n}-x_i)T_{i,j}^{m-1,n}+(x_{i+m}-y_{j+n})T_{i+1,j}^{m-1,n}}{(x_{i+m} - x_i)} + T_{i,j}^{m,n-1} ,$$

(suitable when $y_{j+n} \le x_{i+m}$ and $x_i < x_{i+m}$) .

(We emphasize that the factors in front of the T's are always nonnegative whenever the T is nonzero, so that only nonnegative combinations of nonnegative quantities need ever be computed).

Proof: It will be enough to prove the first formula, as the others are proved similarly. Using (1.7), we have.

$$(-1)^m T_{i,j}^{m,n} = [x_i,\ldots,x_{i+m}]Q_{j,n,\underline{y}}^{m+n}$$

$$= [x_i,\ldots,x_{i+m}]_t \left\{ \frac{(t-y_j)Q_{j,n-1}^{m+n-1}(t)+(y_{j+n}-t)Q_{j+1,n-1}^{m+n-1}(t)}{(y_{j+n}-y_j)} \right\}.$$

Now, applying Leibniz's rule for the divided difference of a product, (cf. [1]), we obtain

$$(-1)^m(y_{j+n}-y_j)T_{i,j}^{m,n} =$$

$$= (x_{i+m}-y_j)[x_i,\ldots,x_{i+m}]Q_{j,n-1}^{m+n-1}+[x_i,\ldots,x_{i+m-1}]Q_{j,n-1}^{m+n-1}$$

$$+ (y_{j+n}-x_{i+m})[x_i,\ldots,x_{i+m}]Q_{j+1,n-1}^{m+n-1}-[x_i,\ldots,x_{i+m-1}]Q_{j+1,n-1}^{m+n-1}.$$

Dividing through by $(-1)^m(y_{j+n}-y_j)$ and identifying terms leads to equation (4.5). ∎

The recursions in Lemma 4.1 can be used to reduce the upper indices on $T_{i,j}^{m,n}$ until we reach one of the cases in (4.3), where values of ordinary B-splines are needed. These in turn can be computed conveniently using the recursions given in section 1. We discuss the details of carrying out this recursion for computing $T_{i,j}^{m,n}$ in the next section for the case $\underline{x} = \underline{y}$. We close this section by mentioning that recursions similar to those in Lemma 4.1 can also be obtained for the expressions

$$T^{m,n}_{i,j,r} = (-1)^m [x_i,\dots,x_{i+m}]_t [y_j,\dots,y_{j+n}]_s (s-t)_+^{r-1},$$

for general r.

§ 5. Computing the Gram matrix.

Let $x_{n_1} \le \dots \le x_{n_2}$ be a sequence of real numbers with at most k repetitions, and let $\{Q^k_{i,k}\}_{i=n_1}^{n_2-k}$ be the corresponding B-splines. Then in least squares approximation by splines using the basis $\{Q_i\}_{n_1}^{n_2-k}$ is necessary to compute the matrix

$$(5.1)\ G = (G_{ij})_{i,j=n_1}^{n_2-k} \ , \ G_{ij} = \int_{-\infty}^{\infty} Q^k_{i,k}(t) Q^k_{j,k}(t)dt \ .$$

(This matrix also arises in an algorithm for computing natural interpolating splines; cf. [6,7,8]). Clearly G is symmetric, and in view of the support properties of the Q's, it is also banded, with $G_{ij} = 0$ whenever $|i-j| \ge k$.

In this section we want to discuss several methods for computing the matrix G, or what is equivalent, the matrix $I = (I_{ij})$

$$I_{ij} := I^{k,k}_{i,j} = \frac{(2k-1)!}{(k-1)!^2} G_{i,j} \qquad .$$

In view of (4.2), it is clear that the matrix I can be computed directly using divided differences. If the computation is properly arranged, this can be accomplished in order Nk^2 operations (cf.,e.g., [7]). This will be perfectly suitable if the order is not too high, and if the spacing of the knots is relatively uniform. If not, the definition of divided difference implies that numerical difficulties may be encountered, (cf. the example in section 6).

As a second approach to computing the matrix I, we may utilize the recursions of section 4 with $\underline{x} = \underline{y}$. In view of (1.5), we observe that if $x_i < x_{i+1}$, then

$$I_{i,i}^{1,0} = I_{i,i}^{1,1} = 1/(x_{i+1} - x_i) .$$

The recursion may be carried out using only (4.7) and (4.8), where the first of these is used if $j > i$ and the second if $j < i$. For $j = i$ the choice depends on the multiplicity of the knots; we use (4.8) in case $x_{i+1} < x_{i+m}$, and (4.7) otherwise.

With some care, it is possible to write a program to carry out this algorithm. In section 6 we include an ALGOL procedure for computing I. Since only positive combinations of nonnegative quantities are computed, this method is extremely stable. The number of operations involved is of order Nk^3 however. On the other hand, the computation provides the Gram matrices $(I_{i,j}^{m,m})$ of all orders $1 \le m \le k$ in the process of computing the Gram matrix of order k. (A similar phenomenon occurs in the stable computation of the collocation matrix $(Q_i^k(x_j))$ using the recurrence (1.7). Computation by divided differences can be carried out with order Nk operations while the recursions require Nk^2. On the other hand, all of the collocation matrices of lower orders are produced as intermediate results if the recursions are used).

Finally, we want to mention a third method for computing the matrix I which is also stable, and also involves order Nk^3 operations. It is well-known that there exist points $-1 \le \tau_1 < \dots < \tau_k \le 1$ and positive coefficients $\{A_i\}_1^k$ so that the Gaussian quadrature formula

$$\sum_{i=1}^{k} A_i g(\tau_i) \approx \int_{-1}^{1} g(t)dt$$

is exact for all polynomials $g \in \mathcal{P}_{2k}$. Now if $j \ge i$, then

$$A_{ij} = \int_{x_j}^{x_{i+k}} Q_{i,k}^k(t) Q_{j,k}^k(t)dt = \sum_{v=j}^{i+k-1} \int_{x_v}^{x_{v+1}} Q_{i,k}^k(t) Q_{j,k}^k(t)dt .$$

But in each of these subintervals both $Q_{i,k}^k$ and $Q_{j,k}^k$ are polynomials of order k, so the product is a polynomial of order 2k-1. Thus each of these pieces can be computed exactly using the Gaussian quadrature formula obtained by converting the interval $[x_v, x_{v+1}]$ into $[0,1]$. The values of the Q's at the k points in this interval needed for the quadrature formula can be computed using the B-spline recursion (1.7); cf. the packages in [2]. For convenience, we include an ALGOL procedure for computing the least squares matrix I using Gaussian quadrature in the following section.

When performing least squares fitting of a given function f by polynomial splines of order k, it is also necessary to compute the integrals

$$\int_{x_i}^{x_{i+k}} Q_{i,k}^k(t) f(t)dt, \quad i = 1,\dots,N.$$

As these usually would have to be computed by a quadrature formula anyway, it seems likely that the use of Gauss quadrature to compute the least squares matrix is preferable to the two methods metioned earlier for general knot sequences.

We conclude this section by mentioning that with equally spaced knots it is relatively easy to compute the least squares entries by hand in view of the relative simplicity of the B-splines in this case. For comparison and checking purposes, we list the results for orders $k = 2,3$, with $x_i = i$, $i = 1,\dots, N+k$.

$$(5.3)\quad I^{2,1}_{i,i} = I^{2,1}_{i,i+1} = 1/2,\ I^{2,2}_{i,i} = 1,\ I^{2,2}_{i,i+1} = 1/4$$

$$(5.4)\quad I^{3,1}_{i,i} = I^{3,1}_{i,i+2} = 1/6,\ I^{3,1}_{i,i+1} = 2/3$$

$$I^{3,2}_{i,i+1} = I^{3,2}_{i,i} = 11/12 = 9.16666666666,-1$$

$$I^{3,2}_{i,i+2} = 1/12 = 8.33333333333,-2$$

$$I^{3,3}_{i,i} = 11/6 = 1.83333333333$$

$$I^{3,3}_{i,i+1} = 13/18 = 7.22222222222,-1$$

$$I^{3,3}_{i,i+2} = 1/36 = 2.77777777777,-2\ .$$

§ 6. ALGOL procedures for the Gram matrix.

In this section we give ALGOL procedures for computing the Gram matrix defined in section 5 using the recurrence method and the Gaussian quadrature method outlined there.

We begin with the recurrence method. The input to the following procedure is :

n1 integer , the index of the first knot

n2 integer , the index of the last knot (with $n2-n1 \geq k$)

k integer , the order (degree +1) of the spline ($k \geq 2$)

x array[n1:n2], the knot sequence in increasing order with $x_i < x_{i+k}$, $i = n1, \ldots, n2-k$.

The output of the procedure is the <u>array</u> c[n1:n2-k,0:k-1], where

$$c_{ij} = \frac{(2k-1)!}{[(k-1)!]^2} \begin{cases} \int Q_{ik}^k(t) Q_{i+j,k}^k(t)\,dt, & i=n1,\ldots,n2-k \\ & j=0,1,\ldots,\min(k-1,n2-k-i) \\ 0 & \text{otherwise} \end{cases}$$

```
procedure RR(n1,n2,k,x,c);
value  n1,n2,k; integer n1,n2,k; array x,c;
begin
  integer k1;k1:=k-1;
  begin
    integer i,j,l,m,i1,i2,j1,l1,l2,m1,m2,n2m;
    real xi,e;
    array A[n1:n2,-k:k,1:k], Q[n1:n2,1:k],D[0:k1];
    D[0] := 0;
    for i := n1 step 1 until n2 do
    for l := 1 step 1 until k do
```

```
begin
  Q[i,l] := 0;
  for j := -k step 1 until k do A[i,j,l] := 0
  end zero;
  for m := 2 step 1 until k do
  begin
    m1 := m-1 ; m2 := m-2; n2m := n2-m;
    for i := n1 step 1 until n2m do
    if x[i+m]  > x[i] then
    begin
      xi := x[i+m]-x[i]; i1 := i+1;
      for j := 1 step 1 until m1 do
        D[j] := (x[i+j]-x[i])/xi;
      i2 := if x[i+m] > x[i+1] then -1 else 0;
      A[i,0,1] := Q[i,1] := if m = 2 then 1/xi
                                  else D[1] * Q[i,1];
      for j := 1 step 1 until m2 do
      begin j1 := j+1; e := A[i1,j-1,1];
        Q[i,j1] := Q[i1,j]+D[j1]*(Q[i,j1]-Q[i1,j]);
        A[i,j,1] := e+Q[i,j1]+D[j]*(A[i,j,1]-e)
      end j;
      A[i,m1,1] := Q[i,m1];
      for l := 2 step 1 until m1 do
      begin l1 := l-1; A[i,-l1,l] := D[1]*A[i,-l1,l];
        for j := 1-l1 step 1 until i2 do
        begin e := A[i1,j-1,l];
          A[i,j,l] := e+A[i,j,l1]+D[j+l]*(A[i,j,l]-e)
        end j;
        for j := i2+1 step 1 until m1 do
        begin e := A[i1,j-1,l];
          A[i,j,l] := e+A[i,j+1,l1]+D[j]*(A[i,j,l]-e)
        end j
      end l;
```

```
        l2:= n1-i; if l2 < -m1 then l2 := -m1;
        for j := l2 step 1 until -1 do
        begin e := A[i+j,1-j,m1];
          A[i,j,m] := e+A[i,j,m1]+D[j+m]*(A[i+j,-j,m1]-e)
        end j;
        A[i,0,m] := if i2 = -1 then 2*A[i,1,m1]
                    else 2*A[i,0,m1]
      end i;
      if m < k then
      begin
        for i := n1 step 1 until n2m do
        for j := 1 step 1 until m1 do
          A[i,j,m] := A[i+j,-j,m]
      end
    end m;
    for i := n1 step 1 until n2m do
    for j := 0 step 1 until k1 do c[i,j] := A[i+j,-j,k]
  end
end RR;
```

The following procedure computes the original Gram matrix G defined in (5.1), (without the factorials in I). The input consists of the same quantities as before, (except that now we limit k ≤ 6). The output in this case is the array a[n1:n2-k,0:k-1] given by

$$a_{ij} = \begin{cases} \int_{-\infty}^{\infty} Q_{i,k}^{k}(t) Q_{i+j,k}^{k}(t)\,dt, & i = n1,\dots,n2-k \\ & j = 0,\dots,\min(k-1,N2-k-1) \\ 0 & \text{, otherwise.} \end{cases}$$

```
procedure GQ(n1,n2,k,x,a);
value n1,n2,k; integer n1,n2,k; array x,a;
begin
  integer i,j,u,v,i1,i2,n,n3,k1;
```

```
  real t,t1,t2,h,xv;
  array Q[n1:n2],w,z[1:k];
  switch s := L2,L3,L4,L5,L6;
  goto s[k-1];
L2: w[2] := 1; z[2] := 0.5773502692; goto next;
L3: w[3] := 0.5555555556; w[2] := 0.8888888889;
    z[3] := 0.7745966692; z[2] := 0; goto next;
L4: w[4] := 0.3478548451; w[3] := 0.6521451549;
    z[4] := 0.8611363116; z[3] := 0.3399810436;
    goto next;
L5: w[5] := 0.2369268851; w[4] := 0.4786286705;
    w[3] := 0.5688888889; z[5] := 0.9061798459;
    z[4] := 0.5384693101; z[3] := 0; goto next;
L6: w[6] := 0.1713244924; w[5] := 0.3607615730;
    w[4] := 0.4679139346; z[6] := 0.9324695142;
    z[5] := 0.6612093865; z[4] := 0.2386191861;
next: n := n2-k; n3 := n2-1; i1 := k÷2; k1 := k-1;
  for i := 1 step 1 until i1 do
  begin
    w[i] := w[k+1-i]; z[i] := -z[k+1-i]
  end weights and nodes;
  for i := n1 step 1 until n do
  for j := 0 step 1 until k1 do a[i,j] := 0;
  for v := n1 step 1 until n3 do
  if x[v+1] > x[v] then
  begin
    h:=(x[v+1]-x[v])/2; xv:=(x[v]+x[v+1])/2; Q[v+1]:=0;
    for u := 1 step 1 until k do
    begin
      Q[v] := 0.5/h; t := h*z[u]+xv; i1 := i2 := v;
      for n := 2 step 1 until k do
      begin
        if i1 > n1 then begin i1 := i1-1; Q[i1] := 0 end;
        if i2 > n2-n then i2 := i2-1;
```

```
        for i := i1 step 1 until i2 do
        Q[i]:=Q[i+1]+(t-x[i])*(Q[i]-Q[i+1])/(x[i+n]-x[i])
      end n;
      t1 := h*w[u];
      for i := i1 step 1 until i2 do
      begin n := i2-i; t2:= t1*Q[i];
        for j := 0 step 1 until n do
          a[i,j] := a[i,j]+t2*Q[i+j]
      end i
    end u
  end v
end GQ;
```

If the procedure GQ is to be used for $k > 6$, more quadrature weights and nodes must be included. Moreover, if the machine has more than 10 decimal digits of accuracy, then the appropriate number of figures for these constants should be given.

Both of the procedures RR and GQ were written by the second named author, and have been tested at the University of Oslo (on a CDC 3300) and at the University of Munich (on a Telefunken TR 440). It was found that RR and GQ both use essentially the same amount of time, and also produced numbers which never differed by more than one unit in the 10th figure (after scaling the output of GQ with the appropriate factorials). On the other hand, with nonuniform knots, we found that the divided difference scheme for computing the matrix I was quite inaccurate when the knot spacing ratio became large.

To give a specific example, we computed the values of I_{55}^{44} using the knots $5,6,6+10^{-r},8,9$; i.e.

$$I_{55}^{44} = 140 \int_{-\infty}^{\infty} [Q_{5,4}(t)]^2 dt$$

$$= [5,6,6+10^{-r},8,9]_s [5,6,6+10^{-r},8,9]_t (s-t)_+^7$$

for values of $r = 0,1,\ldots,9$. As the following table shows, the values produced by RR and GQ agreed to 10 figures, while the values found by divided differences, (using essentially the program in [7]), became increasingly inaccurate with r. We have underlined the first figure in error in the table of values produced by divided differences. For further details and other numerical tests, see Lyche[11].

r	RR and GQ	DD
0	4.194444445	4.194444445
1	4.066497736	4.066497716
2	4.040109644	4.040109621
3	4.037345542	4.037344000
4	4.037067900	4.037048708
5	4.037040124	4.036818046
6	4.037037346	4.037239721
7	4.037037068	4.020766567
8	4.037037040	4.041030623
9	4.037037037	2.016235838

We should also remark that it is easy to modify the procedure GQ to compute approximations to the integrals

$$r_i = \int_{-\infty}^{\infty} f(t) Q_{i,k}(t) dt, \quad i = n1,\ldots,n2-k$$

needed in performing least squares using the B-splines $\{Q_{i,k}\}_{n1}^{n2-k}$. Indeed, if f is a real procedure, then the quantities $r_{n1},\ldots,r_{n2-k}$ will be stored in the kth column of the matrix a provided we modify the procedure GQ as follows:

i) change k1 to k in the statement which is 6 lines below the label " next"; ie., to

```
for j := 0 step 1 until k do a[i,j] := 0;
```

ii) include an extra statement 6 lines above "end GQ;", namely,

```
begin n:=i2-i;t2:=t1*Q[i]; A[i,k] := A[i,k]+t2*f(t);
```

References.

1. de Boor, C., On calculating with B-splines, J. Approx. Th. 6 (1972), 50-62.

2. de Boor, C., Subroutine package for calculating with B-splines, MRC TSR 1333, to appear, SIAM J. Numer. Anal.

3. Cox, M.G., The numerical evaluation of B-splines, J. Inst. Math. and Appl. 10(1972), 134-149.

4. Gaffney, P.W., The calculation of indefinite integrals of B-splines, CSS 10, AERE Harwell, Oxfordshire, England, July, 1974.

5. Greville, T.N.E., Introduction to spline functions, in Theory and Application of Spline Functions, T.N.E. Greville, ed., Academic Press, New York, 1969, 1-35.

6. Greville, T.N.E., Numerical procedures for interpolation by spline functions, SIAM J. Numer. Anal. 1(1964), 53-68.

7. Herriot, J.G. and C.H. Reinsch, Procedures for natural spline interpolation, Algorithm 472, Comm. A.C.M. 16(1973), 763-768.

8. Jerome, J.W. and L.L. Schumaker, A note on obtaining natural spline functions by the abstract approach of Atteia and Laurent, SIAM J. Numer. Anal. 5(1968), 657-663.

9. Lyche, Tom and Larry L. Schumaker, Computation of smoothing and interpolating natural splines via local bases, SIAM J. Numer. Anal.10(1973),1027-1038.

10. Lyche, Tom and Larry L. Schumaker, Procedures for computing smoothing and interpolating natural splines, Comm. A.C.M. 17(1974), 463-467.

11. Lyche, Tom, Computation of B-spline Gram matrices, ISBN 82-553-0226-3, No. 7, Mathematics Institute, University of Oslo, 1975.

Acknowledgment.

The last named author was supported in part by the Deutsche Forschungsgemeinschaft and by the United States Air Force under grant AFOSR 74-2598A.

Carl de Boor
Mathematics Research Center
University of Wisconsin
Madison, Wisconsin 53706

Tom Lyche
Department of Mathematics
University of Oslo
Oslo 3, Norway

Larry L. Schumaker
Department of Mathematics
University of Texas
Austin, Texas 78712

SIMULTANAPPROXIMATION BEI RANDWERTAUFGABEN

VON

Elsbeth Bredendiek und Lothar Collatz, Hamburg

Zusammenfassung:

Für verschiedene Typen von Randwertaufgaben kann man mit Hilfe von Simultanapproximation Näherungslösungen aufstellen. Man hat bei der Simultanapproximation die Möglichkeit, durch geeignete Wahl des Typs der Näherung und durch verschiedene Gewichtung in den einzelnen Komponenten dem zugrundeliegenden realen Problem weitgehend Rechnung zu tragen und oft relativ schnell und einfach gute Näherungen zu erhalten. Dies wird an verschiedenen numerischen Beispielen unter Verwendung von H-Mengen illustriert.
Diese Beispiele sind ausführlich durchgerechnet und durchweg sehr einfach gewählt, um die Methode besser hervortreten zu lassen; es sind meist lineare (aber auch eine nichtlineare) Randwertaufgaben bei partiellen Differentialgleichungen und eine Integralgleichung 1. Art.

Darüber hinaus sollen hier weitere Kriterien für die Wahl der Gewichtsfaktoren angegeben werden. Im Falle der Gültigkeit von Monotoniesätzen gelangt man dann sogar zu exakten Einschließungen für die Lösungen der Randwertaufgaben.

1. Problemstellung:

Es sei B ein Gebiet des n-dimensionalen Punktraumes R^n.
Für eine Funktion $u(x_j)$ der Koordinaten $x_1,\dots x_n$ sei eine lineare oder nichtlineare Differentialgleichung

(1.1) $$T\,u = 0 \quad \text{in } B$$

mit Randbedingungen

(1.2) $$R_j\,u = 0 \quad \text{auf } B_j \quad \text{für } j = 1,\ldots s$$

vorgelegt.

Dabei sind die Mengen B_j in der Regel Randflächen von B und die R_j lineare oder nichtlineare Operatoren.

Als Näherungslösung w für u wählt man häufig eine Funktion, die noch von gewissen Parametern $a_1,\ldots a_p$ abhängt, also

(1.3) $$w = w(x_j, a_i) = w(x_1,\ldots x_n,\ a_1,\ldots a_p),$$

wobei man den Typ der Näherung dem Problem entsprechend festzulegen hat.

Im einfachsten Fall einer linearen Approximation verwendet man

(1.4) $$w = \sum_{i=1}^{p} a_i\, w_i(x_j)$$

mit festgewählten Basisfunktionen $w_i(x_j)$.

In einer dem Problem adäquaten Norm (Achieser [67], Cheney [66], Meinardus [67] u.a.) sucht man Differentialgleichung und Randbedingungen möglichst gut zu erfüllen, d.h. die Defekte T w und R_j w simultan möglichst klein zu machen. (Moursund [68], Bredendiek [69], [70]). Wegen der eventuellen Möglichkeit einer guten Fehlerabschätzung verwendet man meist die Maximumnorm und bestimmt die Parameter a_i so, daß ein Funktional

(1.5) $$\Phi\,(\|T\,w\|,\ \|R_j\,w\|)$$

minimal wird. Dabei wählt man z. B.

(1.6) $$\Phi\,(\|T\,w\|,\|R_j\,w\|) = \beta\,\|T\,w\| + \sum_{j=1}^{s} \beta_j\,\|R_j\,w\|$$

oder

$$(1.7) \quad \phi\,(\|T\,w\|, \|R_j\,w\|) = \max\,(\beta\|T\,w\|, \beta_1\|R_1 w\|, \ldots\ldots \beta_s\|R_s\|w\|).$$

Die Gewichte β, β_j sind Konstante, deren Wahl natürlich das Ergebnis der numerischen Rechnung beeinflußt, so daß sich die Frage nach einer günstigen Wahl der Gewichte erhebt.

2. Theorie der Simultanapproximation

Die Theorie der Simultanapproximation ist ausführlich dargestellt in Bredendiek [69] und [70]. Hier sollen noch einmal die für den vorliegenden Fall wichtigen und zum Teil modifizierten Ergebnisse zusammengestellt werden.

Dabei gehen wir anstelle der Operatoren T und R_j der Einfachheit halber nur von zwei Operatoren A_1 und A_2 aus.

Gegeben seien lineare normierte Räume X, Y_1 und Y_2 und Abbildungen

$$A_i : Z_i \to Y_i\,, \qquad i = 1,2$$

wobei Z_i Teilmengen von X sind. Die Norm in Y_1 bzw. Y_2 werde mit $\|\ \|_1$ bzw $\|\ \|_2$ bezeichnet. Ferner sei V ein linearer Unterraum von X, auf dem die Operatoren A_i stetig und beschränkt sind.

Zu vorgegebenen $(f_1,f_2) \in Y_1 \times Y_2$ werde dann das Funktional

$$\hat{\phi}(h) = \phi(\|A_1 h - f_1\|_1, \|A_2 h - f_2\|_2)$$

für die Elemente $h \in V$ gebildet.

Es heißt $\rho(f_1,f_2) = \inf\limits_{h\in V} \hat{\phi}\,(h)$ Minimalabweichung,

und ein Element $g \in V$ mit $\hat{\phi}(g) = \rho(f_1,f_2)$ heißt Minimallösung.

Im folgenden werden nur die Funktionale

$$(2.1) \text{ Fall A: } \quad \phi(\|v\|_1, \|w\|_2) = \max\,(\beta_1\|v\|_1,\ \beta_2\|w\|_2\ )$$

und

$$(2.2) \text{ Fall B: } \quad \phi(\|v\|_1, \|w\|_2\ ) = \beta_1\|v\|_1 + \beta_2\|w\|_2$$

betrachtet.
Im Hinblick auf die hier untersuchten Anwendungen spezialisieren wir die Simultanapproximation auf Räume der reellwertigen stetigen Funktionen auf Kompakta B_i, versehen mit der Maximumnorm. Es sei also fortan

$$X = C(B_0),\ Y_1 = C(B_1),\ Y_2 = C(B_2).$$

In der allgemeinen Theorie spielen der Dualraum, seine Einheitssphäre und deren Extremalfunktionale eine wesentliche Rolle. In unserem Spezialfall sind die Extremalfunktionale der Einheitssphäre des Dualraums von C(B) gerade die Punktfunktionale L mit $L f = \pm f(x), f \in C(B), x \in B$.

Vom Standpunkt der Anwendungen wichtig ist der Einschliessungssatz für die Minimalabweichung (Bredendiek [69], Collatz [69]) :
Sei $g \in V$, $s_i(x) = \operatorname{sgn}(A_i g(x) - f_i(x))$ und es gebe Mengen $M_i = \{x \mid x \in B_i,\ A_i g(x) - f_i(x) \neq 0\}$ für i=1,2, sodaß für alle $h \in V$ gilt

(2.3) Fall A: $\min_{i=1,2} \inf_{x\in M_i} \beta_i\, s_i(x)(A_i g(x) - A_i h(x)) \leq 0$

(2.4) Fall B: $\beta_1 \inf_{x\in M_1} s_1(x)(A_1 g(x) - A_1 h(x)) + \beta_2 \inf_{x\in M_2} s_2(x)(A_2 g(x) - A_2 h(x)) \leq 0$

Dann gilt für die Minimalabweichung $\rho(f_1, f_2)$ die Einschließung

(2.5) Fall A: $\beta_i \min_{i=1,2} \inf_{x\in M_i} |A_i g(x) - f_i(x)| \leq \rho(f_1,f_2) \leq \max(\beta_1 \|A_1 g - f_1\|_1, \beta_2 \|A_2 g - f_2\|_2)$

(2.6) Fall B: $\beta_1 \inf_{x\in M_1} |A_1 g(x) - f_1(x)| + \beta_2 \inf_{x\in M_2} |A_2 g(x) - f_2(x)| \leq \rho(f_1,f_2) \leq \beta_1 \|A_1 g - f_1\|_1 + \beta_2 \|A_2 g - f_2\|_2$

Ist speziell $M_i = D_i = \{x \mid x \varepsilon B_i,\ s_i(x)(A_i g(x) - f_i(x)) = \|A_i g - f_i\| i\}$, so liefert der Einschließungssatz die Aussage, daß g Minimallösung ist. Dieses Ergebnis ist als Kolmogoroff-Kriterium bekannt. Es ist stets eine hinreichende Bedingung für das Vorliegen einer Minimallösung. Für lineare Operatoren A_1 und A_2 ist es auch notwendig.

Indem man den von der gewöhnlichen T-Approximation her bekannten Begriff der H-Menge (Collatz [56], Taylor [70], Collatz-Krabs [73], auf Simultanapproximation verallgemeinert, erhält man als Definition:

(M_1, M_2) ist eine H-Menge, wenn es kein Paar g, h ε V gibt mit

(2.7) Fall A) $s_i(x)(A_i g(x) - A_i h(x)) > 0$ für alle $x \varepsilon M_i$, $i=1,2$.

(2.8) Fall B) $\beta_1 s_1(x)(A_1 g(x) - A_1 h(x)) + \beta_2 s_2(x)(A_2 g(x) - A_2 h(x)) > 0$

für $x \varepsilon M_1$, $x \varepsilon M_2$.

Spezialfall der linearen Simultanapproximation

Ist V ein endlich dimensionaler linearer Unterraum von X mit Basis $u_1, u_2, \ldots u_n$ und sind A_1 und A_2 lineare Operatoren, so sind jeweils die Aucsagen I und II äquivalent:

Fall A:

A I.) Es gilt $\min\limits_{i=1,2} \min\limits_{x \varepsilon D_i} \beta_i\ s_i(x)\ A_i h(x) \leq 0$ für alle $h \varepsilon V$

A II.) Es gibt $r \leq n+1$ Punkte $x_1, x_2, \ldots x_s\ \varepsilon\ D_1$ und $x_{s+1}, \ldots x_r\ \varepsilon\ D_2$ und Koeffizienten

$$\alpha_i > 0,\ \sum_{i=1}^{n} \alpha_i = 1,$$

so daß für alle h ε V gilt

$$\sum_{i=1}^{s} \alpha_i\ \beta_1\ s_1(x_i) A_1\ h(x_i) + \sum_{i=s+1}^{r} \alpha_i\ \beta_2\ s_2(x_i) A_2\ h(x_i) = 0$$

Fall B:

B I.) Es gilt $\min\limits_{x \varepsilon D_1} \beta_1 s_1(x) A_1 h(x) + \min\limits_{x \varepsilon D_2} \beta_2 s_2(x) A_2 :(x) \leq 0$ für alle $h \varepsilon V$.

B II.) Es gibt $r \leqq n + 1$ Punktpaare (x_{j_i}, x_{k_i}) mit $x_{j_i} \in D_1$, $x_{k_i} \in D_2$ und Koeffizienten $\alpha_i > 0, \sum_{i=1}^{r} \alpha_i = 1$, so daß für alle $h \in V$ gilt

$$\sum_{i=1}^{r} \alpha_i (\beta_1 s_1(x_{j_i}) A_1 h(x_{j_i}) + \beta_2 s_2(x_{k_i}) A_2 h(x_{k_i})) = 0$$

Die r Punkte x_i bzw. Punktepaare (x_{j_i}, x_{k_i}), die die Bedingungen A I, A II, bzw. B I, B II erfüllen, bilden also eine H-Menge.

Um möglichst gute Einschließungen für die Minimalabweichung zu erhalten, ist man an minimalen H-Mengen interessiert. Minimale H-Mengen lassen sich dadurch charakterisieren, daß in den A II- bzw. B II-Bedingungen die α_i bis auf einen gemeinsamen Faktor eindeutig bestimmt sind.
Ein im folgenden benutztes Kriterium für das Vorliegen einer minimalen H-Menge liefert der

Satz 2.1

Sei im Fall A.)

$$\beta_1 s_1(x_i)\, A_1\, u(x_i) = L_i\, u \qquad \text{für } i=1,\ldots s$$

$$\beta_2 s_2(x_i)\, A_2\, u(x_i) = L_i\, u \qquad \text{für } i=s+1,\ldots r$$

im Fall B.)

$$\beta_1 s_1(x_{j_i})\, A_1\, u(x_{j_i}) + \beta_2\, s_2(x_{k_i}) A_2 u(x_{k_i}) = L_i\, u \qquad \text{für } i=1,\ldots. r$$

Die genannten Punkte bzw. Punktepaare bilden genau dann eine minimale H-Menge, wenn die Matrix

$$\begin{pmatrix} L_1\, u_1 & L_2\, u_1 & \cdots & L_r\, u_1 \\ L_1\, u_2 & L_2\, u_2 & \cdots & L_r\, u_2 \\ \vdots & \vdots & & \vdots \\ L_1\, u_n & L_2\, u_n & & L_r\, u_n \end{pmatrix}$$

den Rang r - 1 hat und es r - 1 Zeilen gibt, so daß in der aus diesen r-1 Zeilen gebildeten Matrix alle r-1-reihigen Unterdeterminanten $\neq 0$ sind. Dabei hat die durch Streichen der i-ten Spalte entstehende Unterdeterminante das Vorzeichen von $v(-1)^i$ für alle i=1,.. r, wobei $v \in \{+1, -1\}$ ist.
Eine bequeme Art der Nachprüfung, ob in einem vorliegenden Fall gegebene Punkte, bzw. Punktepaare eine H-Menge bilden, besteht in der Untersuchung der Ungleichungen (2.7), (2.8). Mit einem dem Gaußschen Eliminationsverfahren bei linearen Gleichungssystemen ähnlichen Algorithmus hat man diese Bedingungen nachzuprüfen (vgl. Collatz - Krabs[73],III,2, Seite 105 und hier die Beispiele in N.3).

3. Simultanapproximation bei Randwertaufgaben partieller Differentialgleichungen

A. Eine lineare Differentialgleichung:

In einer x-y-Ebene mit Polarkoordinaten r, ϕ sei für eine Funktion u(x,y) die Differentialgleichung

$$(3.1)\quad \Delta u = \frac{\partial^2 u}{\partial x^2} + \frac{\partial^2 u}{\partial y^2} = 0 \text{ in } B=\{(r,\phi)\,|\,r\leq 1, 0\leq \phi < 2\pi\}$$

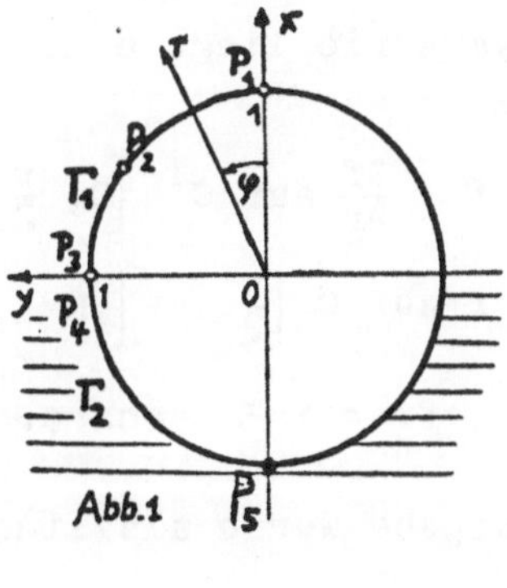

Abb.1

und die Randbedingungen

$$(3.2)\quad R_1 u = u + \frac{\partial u}{\partial r} = 0 \text{ auf } \Gamma_1=\{(r,\phi)\,|\,r=1, |\phi|< \frac{\pi}{2}\}$$

(3.3) $R_2\, u = u-1+x=0$ auf $\Gamma_2=\{(r,\phi)\,|\,r=1,\ \frac{\pi}{2} \leq |\phi| \leq \pi\}$

vorgelegt. Dabei sind Γ_1 und Γ_2 Randteile von B, vgl. Abb.1. u(x,y) kann gedeutet werden als stationäre Temperaturverteilung in einem schwimmenden Körper und zwar einem langen Balken mit kreisförmigem Querschnitt B. Die Wasseroberfläche entspricht x=0, die Temperatur der Luft sei u=0 und im Wasser nehme die Temperatur linear mit der Tiefe gemäß u=1-x zu. (Randbedingung 3.3). Die Bedingung (3.2) besagt, daß an der Grenzfläche der Temperatursprung dem Temperaturgradienten proportional ist.

Als Näherungsfunktion für u wählt man hier zweckmäßig eine Funktion w, die bereits die Potentialgleichung $\Delta\, w = 0$ erfüllt :

$$w = \sum_{j=0}^{p} a_j\, w_j\,(x,y)$$

mit $w_j = \mathrm{Re}(x+iy)^j = r^j \cos j\,\phi$.

Da von der Problemstellung her die beiden Randbedingungen gleichbedeutend sind, versucht man die Defekte $R_1 w$ und $R_2 w$ im Sinne der Norm

$$\max\,(\|R_1 w\|_{\Gamma_1}, \|R_2 w\|_{\Gamma_2})$$

möglichst klein zu machen.

Nach Ausnutzung der Symmetrie liegt eine Simultanapproximationsaufgabe vor mit

$$A_1\, f = f + \frac{\partial f}{\partial r} \text{ auf } C^1 \left[0, \frac{\pi}{2}\right]$$

$$A_2\, f = f \text{ auf } C \left[\frac{\pi}{2}, \pi\right],$$

$$f_1 = 0\ ,\ f_2 = 1 - \cos\phi.$$

Diese Approximationsaufgabe wurde als lineare Optimierungsaufgabe

$$\gamma = \mathrm{Min}\ !$$

unter den Nebenbedingungen

$$|\varepsilon_1(\phi)| = |\sum_{j=0}^{p} a_j (1+j) \cos(j\phi)| \leq \gamma \text{ für } 0 \leq \phi \leq \frac{\pi}{2}$$

$$|\varepsilon_2(\phi)| = \left|\sum_{j=0}^{p} a_j \cos(j\phi) - 1 + \cos\phi\right| \leqq \gamma \text{ für } \frac{\pi}{2} \leqq \phi \leqq \pi$$

mit dem Simplexverfahren gelöst.

Die Koeffizienten der besten Approximation sind

für p = 2

$$a_0 = 1.0758928$$
$$a_1 = -0.8571429$$
$$a_2 = 0.28571429,$$

die zugehörigen Fehlerkurven zeigt Abb. 2.

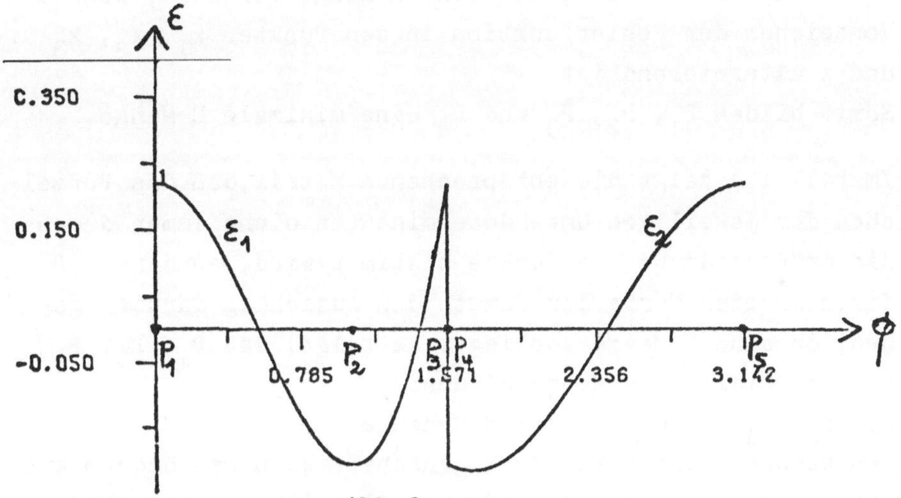

Abb.2

Es sollen die minimalen H-Mengen im Falle p = 2 bestimmt werden. Für minimale H-Mengen der Länge r = p + 2 kommen in Frage :

a.) 3 Punkte bzgl. des Operators A_1,

1 Punkt bzgl. des Operators A_2 .

b.) Jeweils 2 Punkte bzgl. der Operatoren A_1 und A_2

Im Fall a.) hat man nach Transformation auf rechtwinklige Koordinaten gemäß Satz 2.1 die Matrix

$$\begin{pmatrix} 1 & 1 & 1 & 1 \\ 2x_1 & 2x_2 & 2x_3 & z \\ 3(x_1^2-1) & 3(x_2^2-1) & 3(x_3^2-1) & 2z^2-1 \end{pmatrix}$$

mit $x_1 > x_2 > x_3 \geqq 0 \geqq z$ zu untersuchen.

Es stellt sich heraus, daß eine H-Menge vorliegt, wenn das Vorzeichen der Fehlerfunktion in den Punkten x_1, x_2, x_3 und z alternierend ist.
Somit bilden P_1, P_2, P_3 und P_4 eine minimale H-Menge.

Im Fall b.) zeigt die entsprechende Matrix, daß das Vorzeichen der jeweiligen Unterdeterminanten nicht immer durch die Größenordnung der Punkte bestimmt wird, sondern daß die konkreten Werte der Punkte den Ausschlag darüber geben, ob eine H-Menge vorliegt. Es folgt, daß P_1, P_3, P_4, P_5 eine minimale H-Menge bilden.
P_1, P_2, P_3, P_5 bilden keine H-Menge.
Den Nachweis der H-Mengen Eigenschaft kann man bequem auch mit Hilfe des in Nr. 2 erwähnten Algorithmus erbringen.
Es werden etwa (vgl. Abb. 1) die Punkte P_1 $(x_1=1)$, P_2 $(o < x_2 < 1)$, P_3 $(x_3 = o)$ auf dem Rand Γ_1 und $P_4 (x_4=o)$ auf dem Rand Γ_2 gewählt.
Man hat nachzuprüfen, ob die Ungleichungen (2.7) für

$$\begin{array}{lll} \text{Punkt } P_1: & a_0 + 2a_1 + 3a_2 & > 0 \\ \text{"} \quad P_2: & -(a_0 + 2xa_1 + 3(2x^2-1)a_2) & > 0 \\ \text{"} \quad P_3: & a_0 \qquad -3a_2 & > 0 \\ \text{"} \quad P_4: & -(a_0 \qquad - a_2) & > 0 \end{array}$$

verträglich sind oder nicht.
Der Algorithmus ist z. B. bei Collatz [68], S. 329 ff. ausführlich beschrieben, so daß es hier genügen möge. das Schema anzuschreiben.

Gl.Nr.	Punkt	Koeffizienten von a_0	a_1	a_2
(1)	P_1	1	2	3
(2)	P_2	-1	-2x	$-3(2x^2-1)$
(3)	P_3	1	0	-3
(4)	P_4	-1	0	1
(5)	(1)+(2)	0	2(1-x)	$6(1-x^2)$
(6)	(2)+(3)	0	-2x	$-6x^2$
(7)	(3)+(4)	0	0	-2
(8)	(5) x+(6)(1-x)	0	0	$6(x-x^2)$

Ausführlich geschrieben besagen (7) und (8)

$$-2a_2 > 0, \quad 6(x-x^2)a_2 > 0;$$

das ist wegen $x-x^2 > 0$ ein Widerspruch.
Als Einschließung der Minimalabweichung ergibt sich somit

$$0.20968 \leq \rho \leq 0.21875$$

H-Mengen kleinerer Längen treten nicht auf, da alle 3-reihigen Unterdeterminanten stets = 0 sind.

B. Eine nichtlineare Differentialgleichung

Für eine Funktion u(x,y) sei die Differentialgleichung

(3.4) $\quad T\,u = \Delta u+u^2=0 \quad \text{in } B = \{(x,y)\,|\,|x|<1;|y|<1\}$

und die Randbedingung

(3.5) $\quad u = \dfrac{1}{1+x^2+y^2} \quad$ auf ∂B gegeben.

Es werde u angenähert durch Funktionen w der Klasse W :

(3.6) $W=\{w=a_1+a_2(x^2+y^2)+a_3(x^2y^2)+a_4(x^4+y^4)+$ eventuelle weitere Terme $\}$

Dann sollen die Defekte $\varepsilon_1 = T\,w$ in B, $\varepsilon_2 = w - \frac{1}{1+x^2+y^2}$ auf ∂B etwa im Sinne der Simultanapproximation von Nr. 2, Fall A, klein werden, wobei die Gewichte = 1 gewählt sind:

$$\phi = \phi(a_j) = \operatorname{Max}\left(\|\varepsilon_1\|_B, \|\varepsilon_2\|_{\partial B}\right) \overset{!}{=} \operatorname{Inf}.$$

Bei nichtlinearer Simultanapproximation tritt in verstärktem Maße verkettete Approximation auf, vgl. Collatz [75], Hoffmann [69] [75].

Rechnet man nur mit 2 Parametern $a_1=a$, $a_2=b$, so erhält man für $a_1= 0.49$, $a_2= -0.049$, $\phi=0.059$, eine Näherung mit 4 Extremstellen, den Punkten P_1, P_2, P_3, P_4 im Bereich $0 \leq y \leq x \leq 1$, der aus Symmetriegründen an Stelle von B betrachtet werde.

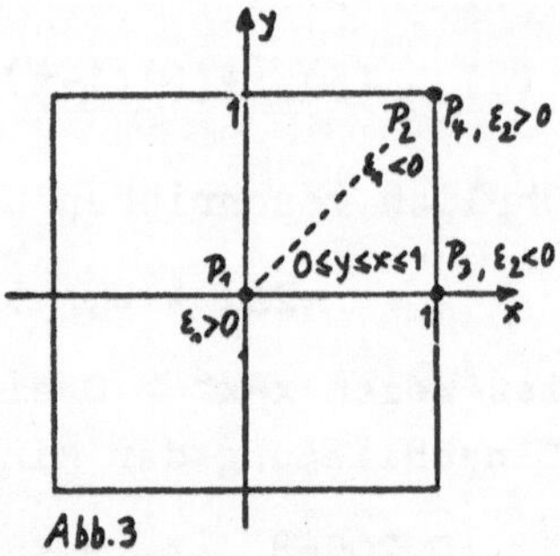

Abb.3

Diese 4 Extremstellen bilden eine H-Menge; das besagt, daß

$$0.045 \leq \operatorname*{Inf}_{a_1,a_2} \phi \leq 0{,}059 \text{ ist}$$

und daß der Wert von ϕ nur unter 0.045 heruntergedrückt werden kann, indem man eine andere Klasse von Näherungsfunktionen verwendet und z. B. weitere Terme mit den Parametern a_3, a_4,... hinzunimmt.

Da das Problem (3.4)(3.5) eine Aufgabe monotoner Art (Collatz 52) ist, kann man überdies hier unter Verwendung einseitiger Tschebyscheff Approximation (vgl. Schumacher [69] Taylor [69], Watson [73], Collatz-Wetterling [75] u.a.) auch obere und untere Schranken für die Lösung u gewinnen.

Der Nachweis, daß die vier Punkte P_j eine H-Menge bilden, wird durch Untersuchung des Systems von Ungleichungen erbracht; es seien $w=a_1+a_2s$ und $\bar{w}=\bar{a}_1+\bar{a}_2s$ mit $s=x^2+y^2$ zwei verschiedene Funktionen der Klasse W^*, die aus W durch Einschränkung auf $a_1>-2a_2>0$ (und entsprechend $\bar{a}_1>-2\bar{a}_2>0$) entsteht. Bei nichtlinearer Approximation ist man oft zu derartigen Einschränkungen des Parameterbereichs genötigt, und im vorliegenden Fall kann man ohne die Einschränkung $a_1>-2a_2>0$ keine gute Annäherung der Randwerte erwarten. Die Rechnung ergab $\varepsilon_1>0$ in $P_1=(0,0)$, $\varepsilon_1<0$ in $P_2=(1,1)$, $\varepsilon_2<0$ in $P_3=(1,0)$, $\varepsilon_2>0$ in $P_4=(1,1)$; die Punkte P_2 und P_4 fallen in der x-y-Ebene zusammen, hier ist aber P_2 (genauer: $P_2=(1-0,1-0)$) als zu B gehörig und P_4 als zu ∂B gehörig gezählt. Es ist nachzuweisen, daß die Ungleichungen

$$Tw(P_1)-T\bar{w}(P_1)>0, Tw(P_2)-T\bar{w}(P_2)<0, w(P_3)-\bar{w}(P_3)<0, w(P_4)-\bar{w}(P_4)>0$$

zum Widerspruch führen. Das zeigt der Algorithmus (das Schema ist wohl ohne weiteres verständlich):

Gl.	Punkt	Operator	Ungl.	
(1)	P_1	Tw	$4a_2+a_1^2-4\bar{a}_2-\bar{a}_1^2$	>0
(2)	P_2	Tw	$-4a_2-a_1^2-4a_1a_2-4a_2^2+4\bar{a}_2+\bar{a}_1^2+4\bar{a}_1\bar{a}_2+4\bar{a}_2^2$	>0
(3)	P_3	Ew=w	$-a_1-a_2+\bar{a}_1+\bar{a}_2$	>0
(4)	P_4	Ew=w	$a_1+2a_2-\bar{a}_1-2\bar{a}_2$	>0
(5)=	$\frac{1}{4}$ [(1)+(2)]		$-a_1a_2-a_2^2+\bar{a}_1\bar{a}_2+\bar{a}_2^2$	>0
(6)=	(3)+(4)		$a_2-\bar{a}_2$	>0
(7)=	(3)+(6)		$-a_1+\bar{a}_1$	>0
(8)=	$(-a_2)$ (7)		$a_1a_2-\bar{a}_1a_2$	$\gtrless 0$
(9)=	(5)+(8)		$-a_2^2+\bar{a}_2^2+\bar{a}_1(\bar{a}_2-a_2)$	>0
			oder $(\bar{a}_2-a_2)[\bar{a}_2+a_2+\bar{a}_1]$	>0

wegen $\bar{a}_2-a_2<0$ (nach (6)) und $a_2+\bar{a}_1+\bar{a}_2>0$ [es ist $\bar{a}_1>-2\bar{a}_2>-\bar{a}_2-a_2$] ist dies ein Widerspruch.

4. Gegenüberstellung der Normen max $(\|f\|, \beta\|Af\|)$ und $\|f\|+\beta\|Af\|$ bei einer Plattenaufgabe.

Gesucht sei die Durchbiegung $u(x,y)$ einer quadratischen, ungleichförmig belasteten und am Rand gestützten Platte. Die Randwertaufgabe laute

$$(4.1)\quad \Delta\Delta u = \frac{\partial^4 u}{\partial x^4} + 2\frac{\partial^4 u}{\partial x^2 \partial y^2} + \frac{\partial^4 u}{\partial y^4} = 1+x^2+y^2$$

$$\text{in } B = \{(x,y) \mid |x|<1, |y|<1\}$$

$$(4.2)\quad u = \Delta u = 0 \qquad \text{auf dem Rand } \Gamma = \partial B.$$

u werde angenähert durch

$$(4.3)\quad w = w_0 + \sum_{j=1}^{n} a_j w_j ,$$

wobei $w_0(x,y) = \frac{1}{48}(x^4+y^4) + \frac{1}{360}(x^6+y^6)$ eine spezielle Lösung von (4.1) und $\Delta\Delta w_j = 0$ für $j \geq 1$ ist.

Es sei etwa $n = 3$ und

$$w_1 = 1$$

$$w_2 = x^2+y^2$$

$$w_3 = x^4-6x^2y^2+y^4$$

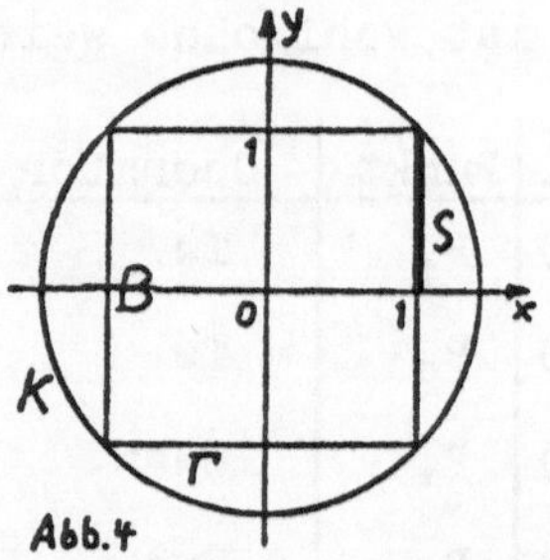

Abb.4

Dann sind die a_j so zu bestimmen, daß auf der Strecke $S = \{(x,y) \mid x=1, y\in[0,1]\}$ (Abb. 4) der Ausdruck

$$(4.4)\quad \max(\|\varepsilon_1\|, \beta\|\varepsilon_2\|)$$

bzw.

$$(4.5)\quad \|\varepsilon_1\|+\beta\|\varepsilon_2\|$$

minimal wird, wobei die Fehler $\varepsilon_1 = w-0 = w$ und $\varepsilon_2 = \Delta w - 0 = \Delta w$ sind. Es wurde $\beta = 0.004$ gewählt. Dann liegt eine echte Simultanapproximation im Sinne von (4.4) vor.

Ergebnisse bzgl. der Normen

(4.6) $\max(\|\varepsilon_1\|, \beta\|\varepsilon_2\|)$ (4.7) $\|\varepsilon_1\| + \beta\|\varepsilon_2\|$

Koeffizienten:

a_1 = -0,1221	a_1 = -0,1472
a_2 = 0,125	a_2 = 0,1463
a_3 = 0,0203	a_3 = 0,0245

Extrema der Fehlerfunktionen :

Funktion	Extremum	Funktions-wert	Extremum	Funktions-wert
ε_1	(1,0)	$-3.428 \cdot 10^{-4}$	P_1=(1,0.41)	$-1.18 \cdot 10^{-4}$
	(1,0.734)	$6.668 \cdot 10^{-4}$	P_2=(1,0.85)	$1.19 \cdot 10^{-4}$
	(1,1)	$-6.666 \cdot 10^{-4}$	P_3=(1,1)	$-1.18 \cdot 10^{-4}$
$\beta\varepsilon_2$	(1,0)	$6.666 \cdot 10^{-4}$	Q_1=(1,0)	$1.007 \cdot 10^{-3}$
	(1,1)	$-6.666 \cdot 10^{-4}$	Q_2=(1,1)	$-3.27 \cdot 10^{-4}$

H-Mengen im Fall $\max(\|\varepsilon_1\|, \beta\|\varepsilon_2\|)$:
Aufgrund des Satzes 2.1 müssen bei einer minimalen H-Menge der Länge r alle r-1 reihigen Unterdeterminanten $\neq 0$ sein. Wegen $\Delta w_1 = 0$, $\Delta w_2 = 4$, $\Delta w_3 = 0$ kann somit nur ein Extremum (1,Z) von ε_2 in der H-Menge auftreten. Bei einer H-Menge verbleiben somit 3 Extrema für ε_1. Diese seien $(1,y_1)$, $(1,y_2)$ und $(1,y_3)$ mit $y_1 < y_2 < y_3$. Durch Berechnen der Vorzeichen der Unterdeterminanten folgt:
Die Punkte $(1,y_1),(1,y_2),(1,y_3)$ und $(1,Z)^*$ (*d.h. bezgl. ε_2) mit $y_1 < y_2 < y_3$ und beliebigem Z bilden eine H-Menge, falls die Vorzeichen der Fehlerfunktionen in den jeweiligen Punkten alternieren. Kleinere H-Mengen gibt es nicht.
Somit bilden die Punkte

$(1,0)^*$,(1,0), (1,0.734), (1,1)

eine H-Menge.
Die Einschließung für die Minimalabweichung lautet

$$3{,}428 \cdot 10^{-4} \leq \rho \leq 6{,}668 \cdot 10^{-4}$$

H-Mengen im Fall $\|\varepsilon_1\|+\beta\|\varepsilon_2\|$

In den Spalten der nach Satz 2.1 zu untersuchenden Matrix stehen Ausdrücke der Form

$$\operatorname{sgn} \varepsilon_1(y_j)\, w_i(y_j) + \beta \operatorname{sgn} \varepsilon_2(z_k)\Delta w_i(z_k),\ i=1,2,3,$$

wobei die y_j und z_k Extrema der jeweiligen Fehlerfunktionen sind. Es lassen sich keine nur von der Größenrelation der Extrema abhängige H-Mengen angeben. Durch Einsetzen der konkreten Extremawerte ergibt sich, daß die Punktepaare

$$(P_1,Q_1),(P_2,Q_1) \text{ und } (P_i,Q_2)\ ,\quad i=1,2,3$$

jeweils eine minimale H-Menge bilden. Dies sind die einzigen minimalen H-Mengen.

5. Weitere Beispiele für Simultanapproximationen mit verschiedenen Gewichtsfaktoren.

A) Unsachgemäße Anfangswertaufgabe bei elliptischen Differentialgleichungen.

Bei einem sehr vereinfachten Modell der Meereskunde werde die Wasserstandshöhe an der Stelle x,y angegeben durch eine Funktion u(x,y), die der Differentialgleichung

$$\Delta u = 0 \quad \text{in } B$$

und den Randbedingungen

$$u = \cos^2 \phi \quad \text{auf } \Gamma$$

$$\frac{\partial u}{\partial r} = 0 \quad \text{auf } \Gamma$$

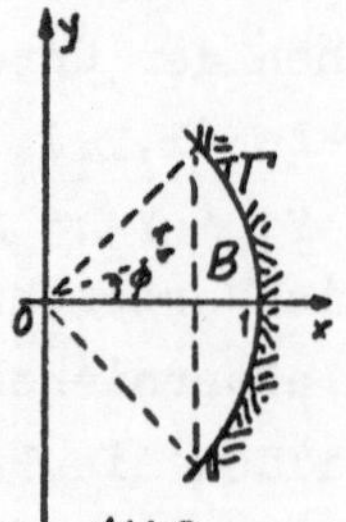

Abb.5

genügt.(Abb. 5).

Hierbei sei in Polarkoordinaten

$$B = \{(r,\phi)\,|\,r< 1, x>\cos(\pi/4)\}.$$

und

$$\Gamma = \{(r,\phi)\,|\,r = 1, |\phi|\leq \tfrac{\pi}{4}\ \}$$

In dem Modell stelle Γ einen Teil der Meeresküste dar. $\frac{\partial u}{\partial r} = 0$ auf Γ bedeutet, daß kein Wasser

über das Ufer tritt. Die Wasserstandshöhe u auf Γ kann beobachtet werden, und man möchte aus ihr Rückschlüsse auf die Wasserstandshöhe $u(\frac{1}{2}\sqrt{2},y)$ ziehen.
Das Problem führt also auf eine klassische Cauchysche Anfangswertaufgabe bei einer elliptischen Differentialgleichung und ist somit unsachgemäß. Indem man sich jedoch nur für beschränkte Lösungen mit beschränkten Ableitungen interessiert, läßt sich das Problem mit Hilfe der Simultanapproximation mit einer Näherungsfunktion der Form

$$w(r,\phi) = \sum_{i=0}^{p} a_i r^i \cos(i\phi)$$

behandeln. Da $\Delta w = 0$ gilt, sind nur noch die Defekte auf Γ möglichst klein zu machen. Mit

$$\varepsilon_1(\phi) = w(1,\phi) - u(1,\phi) \quad \text{auf } \Gamma$$

und

$$\varepsilon_2(\phi) = \frac{\partial w(1,\phi)}{\partial r} - \frac{\partial u(1,\phi)}{\partial r} \text{ auf } \Gamma$$

ergeben sich bei einer Simultanapproximation mit verschiedenen Gewichten β bzgl. der Norm
$\|\varepsilon_1(\phi)\| + \beta \| \varepsilon_2(\phi)\|$ die folgenden Werte:

p	β	$\|\varepsilon_1\|$	$\|\varepsilon_2\|$	$\|\varepsilon_1\|+\beta\|\varepsilon_2\|$
3				
	0.8	0.116	0.146	0.232
	0.2	0.031	0.325	0.096
5				
	0.8	0.026	0.0019	0.028
	0.2	0.022	0.0224	0.026

Die Koeffizienten in der Reihenfolge $a_0,a_1,a_2,...$ sind:

p	β	Koeffizienten
3		
	0.8	1.627, -2.046, 1.916, -0.613
	0.2	1.662, -2.299, 2.221, -0.613
5	0.8	2.961, -6.18 , 7.532, -4.723, 1.635, -0.251
	0.2	3.037, -6.573, 8.335, -5.564, 2.096, -0.354

Für p = 5 und β = 0.8 haben die Fehlerfunktionen den Verlauf wie in der Abb. 6 :

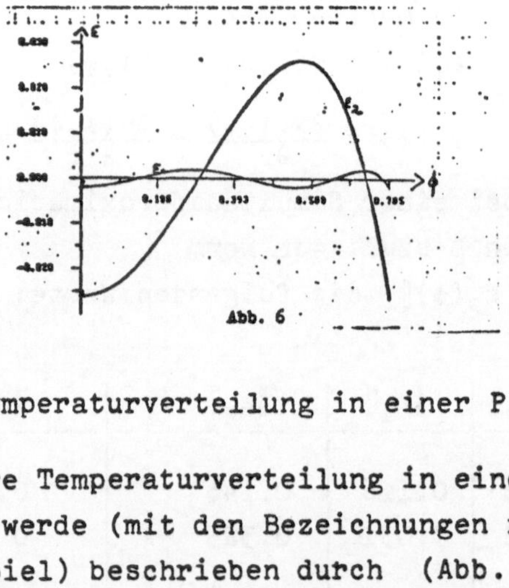

Abb. 6

B) Stationäre Temperaturverteilung in einer Platte

Die stationäre Temperaturverteilung in einer halbkreisförmigen Platte werde (mit den Bezeichnungen x,y,r,ϕ wie im vorigen Beispiel) beschrieben durch (Abb. 7)

$\Delta u = -1$ in $B = \{(r,\phi)|r<1, 0 \leq \phi \leq \pi\}$
(gleichmäßige Wärmezufuhr im Innern)

$u = \frac{1}{1+x^2}$ auf $\Gamma_1 = \{(x,y)|\ -1 \leq x \leq 1,\ y=0\}$
(Einfluß einer Wärmequelle W im Punkt x=0, y=-1)

$u + \frac{\partial u}{\partial r} = 0$ auf $\Gamma_2 = \{(r,\phi)|\ r = 1,\ 0 \leq \phi \leq \pi\}$
(Grenzflächenbedingung wie in (3.2))

Als Näherung für u wird gewählt

$$w = w_o + \sum_{i=1}^{p} a_i w_i$$

mit $w_o = -\frac{y^2}{2}$

$w_1 = \frac{y+1}{x^2+(y+1)^2}$

$w_2 = 1$

$w_3 = y$

$w_4 = x^2 - y^2$

$w_5 = y^3-3x^2y$

$w_6 = x^4-6x^2y^2+y^4$

$w_7 = y^5-10x^2y^3+5x^4y$

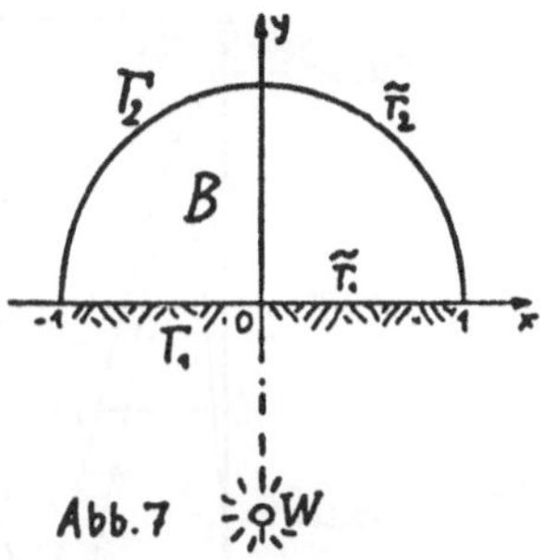

Abb.7

Dann gilt $\Delta w = -1$, und es sollen die Defekte $\varepsilon_1 = w - \frac{1}{1+x^2}$ auf Γ_1 und $\varepsilon_2 = w + \frac{\partial w}{\partial r}$ auf Γ_2 im Sinne der Norm $|\varepsilon_1| + \beta|\varepsilon_2|$ möglichst klein werden.

Durch Diskretisieren der Strecke $\tilde{\Gamma}_1 : y=0,\ 0 \leq x \leq 1$ mit 50 und des Kreisbogens $\tilde{\Gamma}_2 : x^2 + y^2 = 1,\ x \geq 0, y \geq 0$ mit 80 äquidistanten Punkten erhält man mit der Simplexmethode

β	p	$\lVert\varepsilon_1\rVert$	$\lVert\varepsilon_2\rVert$	$\lVert\varepsilon_1\rVert+\beta\lVert\varepsilon_2\rVert$	Anzahl der Extrema auf $\tilde{\Gamma}_1$	$\tilde{\Gamma}_2$
0.75	2	0.25	0.75	0.8125	2	2
"	4	0.08627	0.001462	0.08736	2	3
"	7	0.002884	0.001993	0.004379	3	6
1.0	4	0.08682	0.0007793	0.087604	2	3
1.25	4	0.08707	0.0005537	0.08777	2	4

Die Koeffizienten der besten Approximation sind für $\beta = 0.75$ und $p = 7$:

$a_1 = 1.21965$ $a_2 = -0.216765$ $a_3 = 0.702179$

$a_4 = 0.167052$ $a_5 = 0.184321$ $a_6 = 0.0572766$

$a_7 = 0.00995670$.

Die Fehlerkurven für $\beta = 0.75$ und $p = 7$ zeigt Abb. 8:

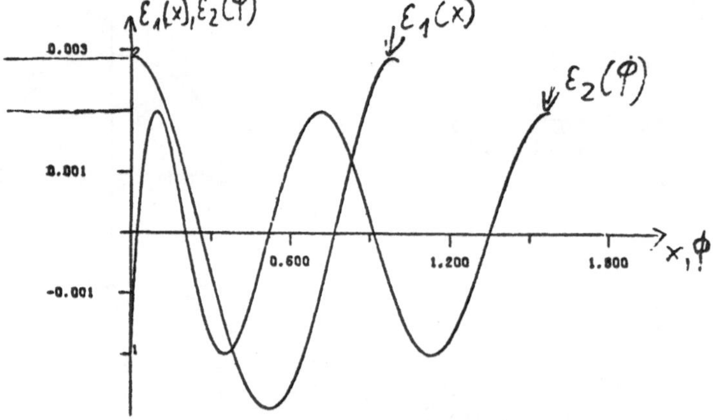

Abb.8

C) Fredholmsche Integralgleichung 1. Art

Gegeben sei die Integralgleichung

$$T\,u\,(x) = -1 + \int_0^1 \frac{u(t)}{1+x+t}\,dt = 0\ .$$

Man fragt nach einer Näherung $w = \sum_{i=o}^{p} a_i x^i$ für eine Lösung u(x) mit möglichst kleiner Norm, d.h. w soll so bestimmt werden, daß der Ausdruck

$$\|\varepsilon_1\| + \beta \|\varepsilon_2\|$$

mit

$$\varepsilon_1 = \sum_{i=o}^{p} a_i \int_0^1 \frac{t^i}{1+x+t}\,dt - 1$$

und

$$\varepsilon_2 = \sum_{i=o}^{p} a_i\, x^i$$

minimal wird.

Es handelt sich hier um eine Simultanapproximation mit den Operatoren $A_2 f = f$ und $A_1 f(x) = \int_0^1 \frac{f(t)}{1+x+t}\,dt$.

Durch Diskretisierung des Intervalls [0,1] und Anwendung der Simplexmethode erhält man

p	β	$\|\varepsilon_1\|$	$\|\varepsilon_2\|$	$\|\varepsilon_1\|+\beta\|\varepsilon_2\|$
4	1	0.0661	0.04196	0.108
	0.5	0.00696	0.110	0.0619
	0.1	0.005835	0.1124	0.0171

Die Koeffizienten der besten Approximation für p=4 und β=0.1 sind

a_o = -0.112386, a_1 = 0.664186, a_2 = -0.267813,

a_3 = -0.313241, a_4 = -0.0831315

Den Verlauf der Fehlerfunktionen zeigt Abb. 9a. Zum Vergleich sind die Fehlerfunktionen für β=0.5 und β=1 in Abb.9b bzw. Abb. 9c dargestellt.

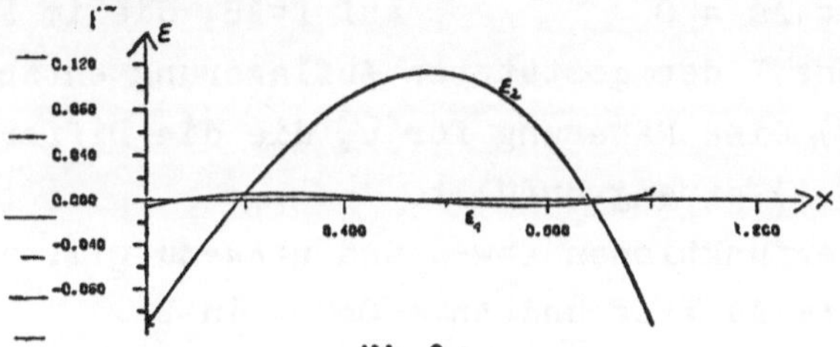

Abb. 9 a

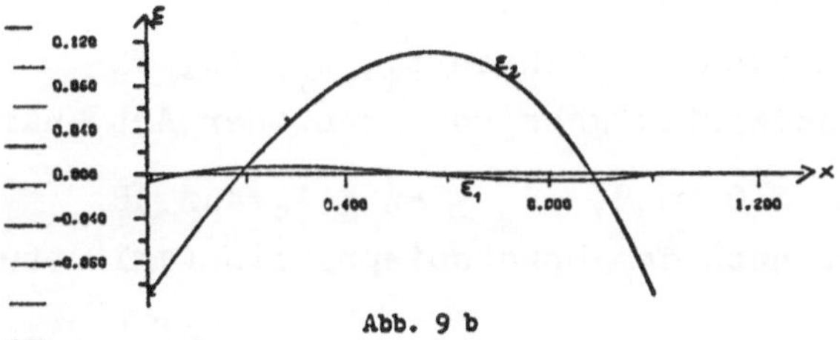

Abb. 9 b

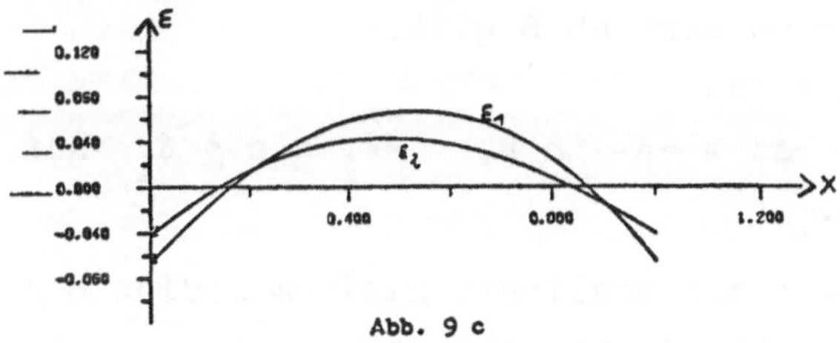

Abb. 9 c

6. Kriterien für die Wahl der Gewichtsfaktoren

Die Gewichtsfaktoren bei der Simultanapproximation werden meist durch das zugrundeliegende reale Problem nahegelegt. In einigen Fällen kann man darüber hinaus bei geeigneter Wahl der Gewichtsfaktoren auch eine Fehlerabschätzung für die Lösung der Differentialgleichung aufstellen und dadurch eine spezielle Wahl der Gewichtsfaktoren kennzeichnen.

Dies sei an einem einfachen Beispiel illustriert:

A. Plattengleichung:

Gegeben sei die Plattenaufgabe

(6.1) $\Delta\Delta u = f(x,y)$ in B

mit den Randbedingungen

(6.2) $u = \Delta u = 0$ auf $\Gamma = \partial B$, die im Falle eines Polygons Γ der gestützten Auflagerung entsprechen.

Es sei $w(x,y)$ eine Näherung für u, die die Differentialgleichung (6.1) streng erfüllt.

Für die Fehlerfunktionen $\varepsilon = w-u$ und $\eta = \Delta w - \Delta u$ gilt dann

(6.3) $\eta = \Delta w - \Delta u = \Delta\varepsilon$ und $\Delta\eta = 0$ in B .

Auf dem Rand ∂B gelte

(6.4) $-\tilde{\delta}_1 \leq \varepsilon = w-u \leq \delta_1, -\tilde{\delta}_2 \leq -\eta = -\Delta w - \Delta u \leq \delta_2$

mit nichtnegativen Konstanten $\tilde{\delta}_1$, δ_1, $\tilde{\delta}_2$, δ_2 .

Da η einer Randwertaufgabe von monotoner Art, nämlich

(6.5) $-\Delta\eta = 0$ in B, $-\tilde{\delta}_2 \leq -\eta \leq \delta_2$ auf ∂B

genügt, folgt nach dem Monotonieprinzip (vgl. etwa Collatz [68]), daß

(6.6) $-\tilde{\delta}_2 \leq -\eta \leq \delta_2$

auch im gesamten Bereich B gilt.

Nun ist noch ε aus

(6.7) $-\Delta\varepsilon = -\eta$ in B, $-\tilde{\delta}_1 \leq \varepsilon \leq \delta_1$ auf B

abzuschätzen.

Sei K ein Kreis mit möglichst kleinem Radius ρ und Mittelpunkt M, der B überdeckt, Abb. 10.

Wählt man M zugleich als Nullpunkt, eines rechtwinkligen s-t-Systems, so gilt für die Funktion

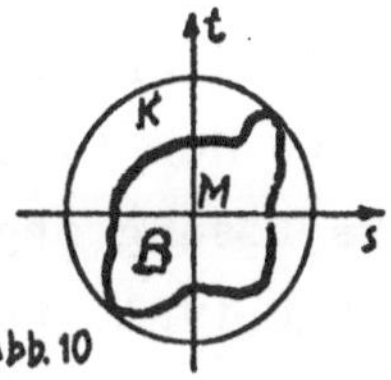

Abb. 10

(6.8) $\psi = \frac{1}{4}(\rho^2-s^2-t^2)$

(6.9) $-\Delta\psi=1$ in B, $\psi\geqq 0$ auf ∂B.

Für die Funktion $\zeta = \delta_1 + \delta_2\psi$ folgt dann

(6.10) $-\Delta\zeta = \delta_2$ in B, $\zeta \geqq \delta_1$ auf ∂B .

Da $\delta_2 \geqq -\eta$ in B und $\delta_1 \geqq \varepsilon$ auf ∂B gilt, ergibt sich wegen (6.7) nach dem Monotonieprinzip

(6.11) $\zeta = \delta_1 + \delta_2\,\psi \geqq \varepsilon$ in $B+\partial B$.

Entsprechend ergibt sich mit der Funktion $\tilde{\zeta} = -\tilde{\delta}_1-\tilde{\delta}_2\psi$ die Ungleichung

(6.12) $\tilde{\zeta} = -\tilde{\delta}_1-\tilde{\delta}_2\,\psi \leqq \varepsilon$ in $B + \partial B$.

Insgesamt hat man daher wegen $0 \leqq \psi \leqq \frac{1}{4}\rho^2$ die Fehlerabschätzung

(6.13) $-\tilde{\delta}_1- \frac{1}{4}\rho^2\,\tilde{\delta}_2 \leqq \varepsilon = w - u \leqq \delta_1+ \frac{1}{4}\rho^2\delta_2$ in $B+\partial B$.

Somit erweist sich in diesem Fall bei der Norm (4.7) der Gewichtsfaktor $\beta = \frac{1}{4}\rho^2$ als natürlich.

Konkretes Beispiel:
Bei der Plattenaufgabe (4.1), (4.2) kann als K der Kreis mit Mittelpunkt (0,0) und Radius $\rho=\sqrt{2}$ gewählt werden. Bei demselben Ansatz (4.3) für w werde diesmal noch $w_4 = x^6 - 5x^4y^2 - 5x^2y^4 + y^6$ hinzugenommen. Die Koeffizienten der besten Approximierenden bzgl. der Norm $\|w\| + \frac{1}{2}\|\,\Delta w\,\|$ sind:

$a_1 = -8.780\cdot10^{-2}$, $a_2 = 9.531\cdot10^{-2}$, $a_3 = 2.034\cdot10^{-2}$,
$a_4 = -3.333\cdot10^{-3}$

Als Fehlerabschätzung erhält man nach dem Einschließungssatz

$$1.028533\cdot10^{-2} \leqq w-u \leqq 1.0293185\cdot10^{-2}$$

Dies ist gleichzeitig eine Fehlerabschätzung für die Lösung u der Randwertaufgabe.

B. Elliptische Differentialgleichungen

Eine weitere Klasse von Randwertaufgaben, für die sich mit Hilfe der Simultanapproximation Fehlerabschätzungen für die Lösung angeben lassen, sind die Aufgaben von monotoner Art (vgl. Collatz [68], S.307ff, dort sind auch genauere Voraussetzungen wie $p>o$ in B, $p\epsilon C^1[B]$ usw. angegeben).

$$(6.14) \quad Lu = -\sum_{s=1}^{n} \frac{\partial}{\partial x_s}\left(p(x_1,\dots x_n)\frac{\partial u}{\partial x_s}\right) = r(x_1,..x_n) \text{ in } B$$
$$u=f \qquad \text{auf } \Gamma = \partial B.$$

Es werde vorausgesetzt, daß es eine Funktion $\psi \geqq 0$ auf $B+\partial B$ gebe mit $L\psi \geqq \frac{1}{\sigma} > 0$. Außerdem gebe es einen Punkt $M \varepsilon B$ mit $\psi(M) = 1$ und $\psi \leqq 1$ sonst in B.
Für eine Näherung w von u und den Fehler $\varepsilon = w - u$ gelte

$$(6.15) \quad |L\varepsilon| = |Lw - Lu| \leqq \delta_B \quad \text{in } B$$
$$|\varepsilon| = |\,w-u\,| \leqq \delta_\Gamma \quad \text{auf } \Gamma=\partial B$$

Mit der Funktion $\xi = \delta_\Gamma + \sigma\,\delta_B\psi$ folgt dann

$$L\xi = \sigma\,\delta_B L\psi \geqq \delta_B \quad \text{in } B$$
$$\xi \geqq \delta_\Gamma \quad \text{auf } \partial B$$

Aufgrund des Monotonieprinzips ergibt sich hieraus

$$\xi \geqq \varepsilon \quad \text{in } B+\partial B.$$

Mit der Funktion $\xi = -\delta_\Gamma - \sigma\,\delta_B\psi$ erhält man entsprechend

$$\xi \leqq \varepsilon \quad \text{in } B+\partial B.$$

Wegen $\psi \leqq 1$ in B folgt somit insgesamt

$$(6.16) \quad |\varepsilon| = |\,w-u\,| \leqq \delta_\Gamma + \sigma\,\delta_B\,.$$

Verwendet man als Näherungsfunktion den linearen Ausdruck

$$w = \sum_{j=1}^{p} a_j\, w_j(x_1,\dots,x_n)$$

mit gegebenen Basisfunktionen w_j, so sind die Koeffizienten a_j so zu bestimmen, daß im Sinne der Simultanapproximation in (6.15) δ_Γ und δ_B möglichst klein ausfallen. Dazu muß man vor der Rechnung den Gewichtsfaktor festlegen. Als natürliche Wahl für ihn ergibt sich nach (6.16) die Zahl σ, wenn man wie in Nr. 2, Fall B eine Summennorm benutzt.

Spezialfall:

Bei

$$(6.17)\quad -\Delta u = r(x,y) \quad \text{in } B$$
$$u = f \quad \text{auf } \partial B$$

läßt sich eine Funktion ψ leicht explizit angeben.
Sei E eine Ellipse, die B überdeckt. Ihr Mittelpunkt sei M und ihre Achsen seien a und b. Wir wählen wieder M als Nullpunkt eines rechtwinkligen s-t-Systems, Abb. 11, in welchem die Ellipse durch $\psi = 0$ gegeben ist, wobei

$$\psi = 1 - \frac{s^2}{a^2} - \frac{t^2}{b^2} \quad \text{sei.}$$

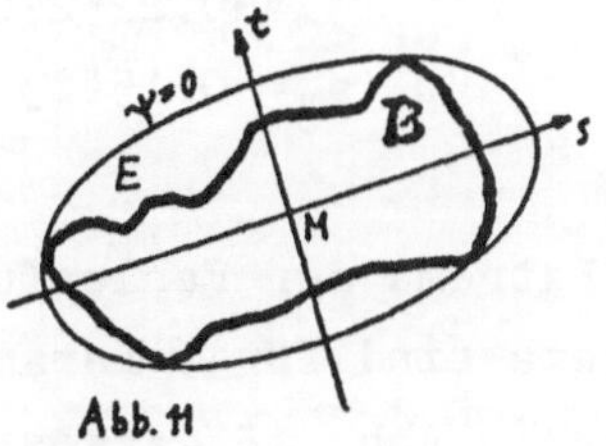

Abb. 11

Diese Funktion ψ hat die gewünschten Eigenschaften.
Es gilt nämlich

$\psi \geq 0$ in $B+\partial B$, $\psi \leq 1$ in B, ψ (M) = 1,

$$(6.18)\quad -\Delta\psi = \frac{2}{a^2} + \frac{2}{b^2} = \frac{2(a^2+b^2)}{a^2b^2} = \frac{1}{\sigma} > 0, \text{ wenn } \sigma = \frac{a^2\,b^2}{2(a^2+b^2)} \text{ ist.}$$

Konkretes Beispiel:

Bei

$$-\Delta u = \frac{1}{1+x^2+y^2} \quad \text{in } B = \{(x,y) \mid |x|<1, |y|<1\}$$

$$u = \frac{1}{1+x^2+y^2} \quad \text{auf } \partial B$$

werde u angenähert durch eine Funktion

$$w = a_1 + a_2(x^2+y^2) + a_3x^2y^2 + a_4(x^4+y^4).$$

Die Defekte sind dann

$$\varepsilon_1 = w - u = w - \frac{1}{1+x^2+y^2} \quad \text{auf } \partial B$$

$$\varepsilon_2 = \Delta w - \Delta u = \Delta w + \frac{1}{1+x^2+y^2} \quad \text{in B.}$$

Als das Gebiet B überdeckende Ellipse kann der Kreis K mit Mittelpunkt (0,0) und Radius $r = \sqrt{2}$ gewählt werden, Abb. 4.

Nach (6.18) ist dann $\sigma = \frac{1}{2}$. Es empfiehlt sich somit eine Approximation bzgl. der Norm $\|\varepsilon_1\| + \frac{1}{2}\|\varepsilon_2\|$ und (6.16) ergibt eine Fehlerabschätzung für die Lösung u.
Aus Symmetriegründen kann man sich bei der Approximation auf das Dreieck $\{(x,y)\,|\,y\geq 0,\ 0\leq x\leq 1,\ y\leq x\}$ beschränken.
Die Aufgabe wurde als lineare Optimierungsaufgabe mit dem Simplexverfahren gelöst. Bei einer Wahl der Diskretisationsschrittweite von 1/30 ergeben sich für die Koeffizienten bei

3 Parametern	4 Parametern
$a_1 = 0.6775072$	$a_1 = 0.7009896$
$a_2 = -0.2252706$	$a_2 = -0.229028$
$a_3 = 0.1541307$	$a_3 = 0.039977$
	$a_4 = 0.0223844$.

Die Extrema der Fehlerfunktionen und die Vorzeichen in den Extrema sind für 3 Parameter in Abb. 12 und für 4 Parameter in Abb. 13 dargestellt.
Bei 3 Parametern gibt es 4 H-Mengen, nämlich :

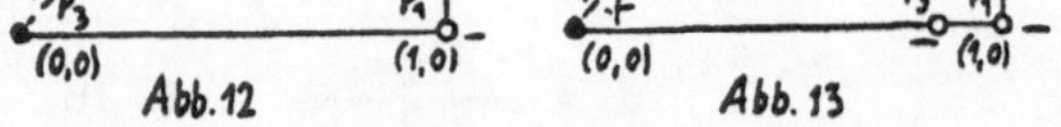

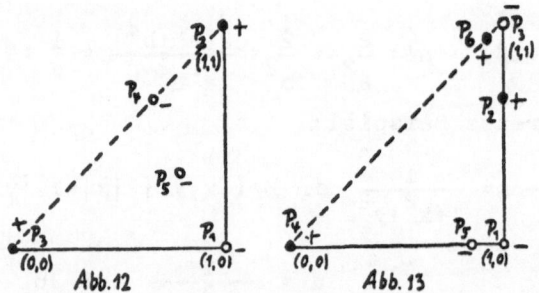

Abb.12 Abb.13

$(P_1,P_3),(P_1,P_4),(P_1,P_5),(P_2,P_4)$

$(P_1,P_3),(P_1,P_4),(P_2,P_4),(P_2,P_5)$

$(P_1,P_4),(P_1,P_5),(P_2,P_3),(P_2,P_4)$

$(P_1,P_4),(P_2,P_3),(P_2,P_4),(P_2,P_5)$, vgl. Abb. 14.

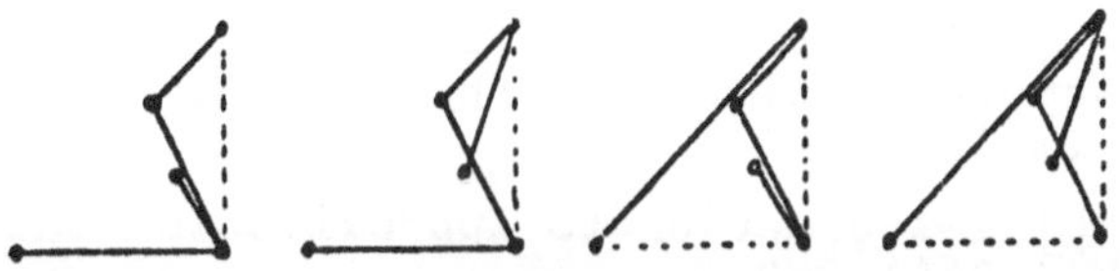

Abb.14.

Bei 4 Parametern existieren bereits 18 H-Mengen.
Beispiele sind

$$(P_1,P_4),(P_1,P_5),(P_2,P_4),(P_2,P_6),(P_3,P_5)$$

$$(P_1,P_4),(P_2,P_4),(P_2,P_5),(P_2,P_6),(P_3,P_5)$$

$$(P_1,P_5),(P_2,P_4),(P_2,P_5),(P_2,P_6),(P_3,P_4)$$

$$(P_1,P_5),(P_2,P_4),(P_2,P_5),(P_3,P_4),(P_3,P_6)$$

Im Rahmen der Rechengenauigkeit ergibt sich aufgrund des Einschließungssatzes von Nr. 2, daß die angegebenen Approximationen Minimallösungen sind. Für die Minimalabweichung $\|\varepsilon_1\| + \frac{1}{2}\|\varepsilon_2\|$ gilt

Anzahl der Parameter	$\|\varepsilon_1\|$	$\|\varepsilon_2\|$	$\|\varepsilon_1\| + \frac{1}{2}\|\varepsilon_2\|$
3	0.0477634	0.0989177	0.09722
4	0.0056540	0.0838878	0.047598

Die Autoren danken Frau Susanne Böttger und Herrn Rolf Wildhack für numerische Rechnungen auf dem Computer.

LITERATUR:

ACHIESER,N.L. [67] Vorlesungen über Approximationstheorie Akad.Verlag, Berlin (1967)

BREDENDIEK,E. [69] Simultanapproximation , Arch.Rat.Mech. Anal.33, 307-330 (1969)

BREDENDIEK,E. [70] Charakterisierung und Eindeutigkeit bei Simultanapproximationen. Z.Angew.Math.Mech 50, 403-410 (1970)

CHENEY,E-W.[66] Introduction to Approximation Theory, New York (1966) 259 S.

COLLATZ,L. [52] Aufgaben monotoner Art, Arch.Math.3, 366-376 (1952)

COLLATZ,L. [56] Approximation von Funktionen bei einer und bei mehreren unabhängigen Veränderlichen. Z.Angew. Math.Mech.36, 198-211 (1956)

COLLATZ,L. [68] Funktional Analysis und Numerische Mathematik, Springer 1968, 371 S.

COLLATZ,L. [69] Nichtlineare Approximationen bei Randwertaufgaben, V.IKM. Weimar, 169-182 (1969)

COLLATZ,L. [75] Bemerkungen zur verketteten Approximation, Intern.Ser.Num.Math.26, 41-45 (1975)

COLLATZ,L. und KRABS,W. [73] Approximationstheorie, Teubner, Stuttgart, 1973, 208 S.

COLLATZ,L. und WETTERLING,W. [75] Optimization Problems, Springer Verlag 1975, 356 S.

HOFFMANN,K.H. [69] Zur Theorie der nichtlinearen Tschebyscheff Approxiamtion mit Nebenbedingungen, Numer.Math. 14, 24-41 (1969)

HOFFMANN,K.H. [75] Über verkettete Approximation, in diesem Band

MEINARDUS,G. [67] Approximation of Functions, Theory and Numerical Methods, Springer Verlag, 1967, 198 S.

MOURSUND,D.G. [68] Computational Aspect of Chebyshev Approximation using a generalized weight function, SIAM J. Numer.Anal.5, 126-137 (1968)

SCHUMAKER,L.L. and TAYLOR,G.D. [69] On Approximation by Polynomials having restricted ranges, SIAM J. Numer. Anal.6, 31-36 (1969)

TAYLOR,G.D. [72] On minimal H-sets, Journ.Approx. Theory 5 113-117 (1972)

WATSON,G.A. [73] On the best linear one-sided Chebychev-Approximation Journ.Approx.Theory 7, 48-58 (1973)

BEMERKUNGEN ZUR NUMERISCHEN BEHANDLUNG NICHTLINEARER AUFGABEN DER TSCHEBYSCHEFF-APPROXIMATION

Ludwig Cromme

Some methods of nonlinear minimax approximation are discussed. Examples are given to illustrate applicability and numerical behaviour when approximating with splines with free knots, rational functions, sums of exponentials, and functions defined by ordinary differential equations.

Wir geben Hinweise und Bemerkungen zu Verfahren der nichtlinearen Tschebyscheff-Approximation, die wir in [4] vorgeschlagen haben. Numerisches Verhalten und Einsatzmöglichkeiten werden bei der Approximation mit Splines mit freien Knoten, bei der rationalen Approximation, bei gewöhnlichen Randwertaufgaben und bei der Approximation mit Exponentialsummen anhand von Beispielen exemplarisch dargestellt und diskutiert.

O. EINLEITUNG

In der vorliegenden Arbeit wird eine Klasse von Verfahren zur Ermittlung bester nichtlinearer Tschebyscheff-Approximationen, die bereits an anderer Stelle eher unter theoretischem Gesichtspunkt behandelt wurde, auf numerisches Verhalten und Einsatzmöglichkeiten untersucht. Es soll über die Erfahrungen berichtet werden, die wir bei der ausführlichen Erprobung auf der Rechenanlage der Universität Bonn gemacht haben. Es werden jeweils einige wenige Beispiele angegeben, die es erlauben, Möglichkeiten und Grenzen des Verfahrens exemplarisch zu diskutieren; weitere Anwendungen aus verschiedenen naturwissenschaftlich-medizinischen Bereichen finden sich in [4].

1. DAS VERFAHREN IM REGULÄREN FALL

1.1. FORMULIERUNG DES VERFAHRENS

Im regulären Fall, d.h. wenn die Tangentialräume der Parameterfunktion volle Dimension haben, lösen wir das nichtlineare Problem durch eine Folge linearer Approximationsprobleme. Das Vorliegen lokal starker Eindeutigkeit erweist sich als hinreichende Bedingung für quadratische lokale Konvergenz.

Sei $Q \subseteq R$ eine kompakte Menge reeller Zahlen, $A \subseteq R^n$ eine Parametermenge und

$$F: A \to C(Q)$$

eine zugehörige Parametrisierung; die Approximationsaufgabe besteht darin, zu vorgegebenem $f \in C(Q)$ ein $\hat{a} \in A$ zu bestimmen mit

$$(1.1) \qquad \|f - F(\hat{a})\|_\infty = \inf_{a \in A} \|f - F(a)\|_\infty ,$$

wo $\|.\|_\infty$ die Tschebyscheff-Norm (T-Norm) im üblichen Sinne bezeichne. Wir gehen davon aus, daß F einer Differenzierbarkeitsbedingung genügt und bezeichnen die Ableitungen mit F'_a.

Algorithmus für den regulären Fall

$a_1 \in A$ sei vorgegeben

Iterationsschritt

Zu $a_i \in \bar{A}$ bestimme $\gamma = \gamma(a_i) \in \bar{A}$ so, daß

$$\|f - F(a_i) - F'_{a_i}(\gamma - a_i)\|_\infty = \inf_{\gamma' \in A} \|f - F(a_i) - F'_{a_i}(\gamma' - a_i)\|_\infty$$

Ermittle ein $\lambda_i \geq 0$ mit

$$\|f - F(a_i + \lambda_i(\gamma - a_i))\|_\infty = \inf_{\lambda \geq 0} \|f - F(a_i + \lambda(\gamma - a_i))\|_\infty ,$$

setze $a_{i+1} = a_i + \lambda_i(\gamma - a_i)$ und führe einen weiteren Iterationsschritt durch mit $i+1$ anstelle von i .

Wir werden uns im folgenden auf obigen Algorithmus durch (1.2) beziehen.

Wenn in einem Punkt $\hat{a} \in A$, der (1.1) erfüllt, der Ableitungsoperator Lipschitz-stetig ist, läßt sich unter geringfügigen technischen Voraussetzungen - F muß sich lokal um $\hat{a}$ auf den Abschluß von A erweitern lassen - beweisen, daß lokal starke Eindeutigkeit hinreichend ist für lokale, quadratische Konvergenz des Verfahrens gegen den Parameter $\hat{a}$. Die genaue Formulierung und der Beweis finden sich in [4]. Wir wollen uns im folgenden auf numerische Eigenschaften des Verfahrens konzentrieren.

Bevor wir dazu auf spezielle Klassen eingehen, noch eine allgemeine Bemerkung: Das nichtlineare Approximationsproblem wird durch Algorithmus (1.2) offenbar in eine Folge linearer Probleme zerlegt. Man wird also nur dann vernünftige Ergebnisse des Gesamtalgorithmus erwarten können, wenn das zugehörige lineare Verfahren gut funktioniert. Darum sollte (1.2) mit einem numerisch stabilen Verfahren zur linearen Approximation gekoppelt werden. Das bedeutet insbesondere, daß wirksame Maßnahmen zur Vermeidung einer Anhäufung von Rundungsfehlern getroffen werden müssen, da ohne solche Vorkehrungen bei schlechter Kondition der algebraischen Probleme oft schon bei 4 oder 5 Parametern die einschlägigen Verfahren völlig versagen.

1.2 SPLINES MIT FREIEN KNOTEN

Splines [1] sind stückweise polynomiale Funktionen, die in den Anknüpfungspunkten („Knoten") gewissen Stetigkeitsbedingungen genügen. Hinreichende Bedingungen für starke Eindeutigkeit werden in SCHABACK [8] unter dem Gesichtspunkt der Alternationszahl hergeleitet. In der Praxis wird besonders häufig mit kubischen Splines gearbeitet; wir wollen im folgenden ein Beispiel zur Approximation mit kubischen Splines mit 2 freien Knoten behandeln.

Wir bezeichnen mit x_0 die kleinste, mit x_3 die größte Zahl aus Q. Dann ist bezüglich F(A) zu approximieren:

$$A := \{(\alpha_1,\alpha_2,\alpha_3,\beta_1,\beta_2,\beta_3,x_1,x_2) \in R^8 \mid x_0 \leq x_1 \leq x_2 \leq x_3 \ ; \ x_1,x_2 \in Q\}$$

$$F : A \to S_3$$

$$A \ni (\alpha_1,\alpha_2,\alpha_3,\beta_1,\beta_2,\beta_3,x_1,x_2) \xrightarrow{F}$$

$$\sum_{i=1}^{3} [\alpha_i \Delta_t^i(x_0,..,x_i)(t-x)_+^3 + \beta_i \Delta_t^i(x_{3-i},..,x_3)(x-t)_+^3]$$

wo die Knickfunktionen $(\ )_+$ durch

$$(x)_+ = \begin{cases} x, & x \geq 0 \\ 0, & x < 0 \end{cases} \quad \text{und} \quad (t-x)_+^m = \begin{cases} ((t-x)_+)^m, & m>0 \\ 1 & , m=0, x>t \\ 1/2 & , m=0, x=t \\ 0 & , m=0, x<t \end{cases}$$

definiert sind und die Differenzenquotienten, auch bei zusammenfallenden Knoten, in der üblichen Weise verstanden werden (siehe z.B. WERNER-SCHABACK [9]). Die Regularität der Tangentialräume ist gesichert, solange keine Knoten zusammenfallen.

Stellen wir uns die Aufgabe, die Exponentialfunktion e^x auf einem gleichmäßigen 101-Punkte Gitter in [0,1] zu approximieren. Es bleibt noch die Frage der Anfangsschätzung a_1 zu klären. Wenn man über die Lage der Knoten keine Vorinformationen besitzt, wird man sie äquidistant in Q verteilen - so haben wir es auch in diesem Fall gemacht - und gegebenenfalls, wenn keine Konvergenz eintritt, noch in anderen Punkten starten. Sofern wie hier bei Splines gemischt linear - nichtlineare Approximationsprobleme vorliegen, ist es am günstigsten, Verfahren (1.2) als „Vorschritt" eine lineare Approximation bezüglich der linearen Parameter bei festgehaltenen nichtlinearen Parametern vorzuschalten. Dadurch erspart man es sich, auch bezüglich der linearen Parameter Anfangsschätzungen angeben zu müssen. Mit Startwerten 1/3, 2/3 für die beiden Knoten konvergiert (1.2) dann sehr gut, jedoch so schnell, daß man die Konvergenz kaum verfolgen kann. Nicht zuletzt als Hinweis auf die Größe des Konvergenzradius haben wir deshalb in Tabelle I das Konvergenzverhalten bei den - schlechteren - Anfangsschätzungen 0,2 und 0,8 für die beiden Knoten protokolliert.

Aus der Spalte $\|f - F(a_i)\|_\infty$, die den Approximationsfehler nach der i-ten Iteration angibt, entnimmt man, daß der Fehler von etwa 2.76 auf den minimalen Fehler 0,0000159 gedrückt werden konnte. Daß tatsächlich quadratische Konvergenz vorliegt, wird aus der $\|a_i-\hat{a}\|_2/\|a_{i-1}-\hat{a}\|_2^2$ überschriebenen Spalte deutlich, wo $\|a_i-\hat{a}\|$ den Abstand des Parameters (8-Tupels) der i-ten Iteration vom Optimalparameter $\hat{a}$ in der euklidischen Norm bezeichnet; offenbar bleiben die Werte für $\|a_i-\hat{a}\|_2/\|a_{i-1}-\hat{a}\|_2^2$ beschränkt, woran man die quadratische Konvergenz abliest. Quadratische Konvergenz wird auch bereits durch das Verhalten der Parameter signalisiert: Jede Iteration bringt offenbar ungefähr eine Verdoppelung der richtigen, das heißt mit den Optimalwerten übereinstimmenden, Stellen mit sich, und gerade das bedeutet ja, grob gesagt, quadratische Konvergenz.

Noch eine Bemerkung zur Wahl der Schrittweiten λ_i bei der eindimensionalen Optimierung: Es erwies sich in allen Fällen als hinreichend, die λ_i auf nur eine signifikante Stelle zu bestimmen. Man sollte bei der Ermittlung der λ_i nicht zu zaghaft vorgehen; insbesondere wenn Oszillationen auftreten, weil die Anfangsschätzung a_1 sehr weit von $\hat{a}$ entfernt liegt, kann man das Verfahren häufig dadurch wieder flott machen, daß man die Schrittweite in einer Iteration gleich 1 setzt und die dadurch entstehende Verschlechterung des Approximationsfehlers in Kauf nimmt, dafür aber erreicht, daß anschließend das Verfahren sehr schnell gegen das Optimum läuft.

Wir haben noch weitere Spline-Approximationen mit unseren

Tabelle I

ITERAT	α_1	α_2	α_3	β_1	β_2	β_3	Knoten 1	Knoten 2
0	1,000000	1,000000	1,000000	1,000000	1,000000	1,000000	0,200000	0,800000
1	0,138979	-0,385118	1,374952	-0,423937	0,770505	-1,920522	0,312602	0,698677
2	0,164768	-0,395356	1,393202	-0,457295	0,754873	-1,953880	0,387492	0,665319
3	0,161503	-0,395931	1,396377	-0,448198	0,761173	-1,957145	0,384227	0,677106
4	0,162563	-0,396015	1,395149	-0,447022	0,760304	-1,954925	0,383272	0,674883
5	0,162564	-0,396023	1,395090	-0,447023	0,760214	-1,954833	0,383323	0,674677

ITERAT	$\Vert f-F(a_i)\Vert_\infty$	$\Vert a_i-\hat{a}\Vert_2$	$\Vert a_i-\hat{a}\Vert_2/\Vert a_{i-1}-\hat{a}\Vert_2$	$\Vert a_i-\hat{a}\Vert_2/\Vert a_{i-1}-\hat{a}\Vert_2^2$
0	2,758282	3,706481	-	-
1	0,004652	0,092056	0,024836	0,006701
2	0,001829	0,015772	0,171334	1,861200
3	0,000087	0,004142	0,262626	16,651112
4	0,000018	0,000255	0,061561	14,861978
5	0,000016	0,0000004	0,001640	6,431858

Tabelle II

Alternationspunkte
0,00
4,83
6,29
7,00

Vorzeichen der Alternate

-

Tabelle III

Alternationspunkte
0,000
0,217
5,040
5,950
6,090
6,930

Vorzeichen der Alternate

-

Tabelle IV

Alternationspunkte
-0,105
0,000
2,590
5,180
5,950
7,000

Vorzeichen der Alternate

+

Verfahren berechnet; für eine Approximation der Cosinus--Funktion siehe [4]. Es hat sich herausgestellt, daß Algorithmus (1.2) bei verallgemeinerten Monosplines oft bessere Ergebnisse liefert als bei der Approximation mit allgemeinen Splines.

1.3 RATIONALE APPROXIMATION

Speziell im rationalen polynomialen Fall läßt sich Algorithmus (1.2) besonders einfach auf EDV-Anlagen implementieren, was nicht zuletzt an der einfachen Berechenbarkeit der Tangentialräume liegt. Nach Standart-Ergebnissen über rationale Approximation (z.B. [3], Seite 162, Lemma) ist die Regulatitätsforderung an die Tangentialräume im Normalfall immer erfüllt, und in anderen Fällen wird man ohnehin keine numerisch stabilen Verfahren erwarten können, da dann der T-Operator nicht stetig ist [10].

Ein Beispiel zur Approximation physikalischer Meßwerte wurde in [4] angegeben. Betrachten wir hier die Approximation der Funktion

$$(1.3) \qquad f(x) = \sqrt[3]{x^2(6-x)} \quad , x \in R$$

Der Verlauf der Funktion ist in nebenstehender Skizze angedeutet. Nullstellen liegen vor in $x_1 = 0$, $x_2 = 6$; $(0;0)$ ist ein lokales Minimum, $(4;2\cdot\sqrt[3]{4})$ ein lokales Maximum. Im Nullpunkt liegt offenbar eine Unstetigkeitsstelle bezüglich der ersten Ableitung vor.

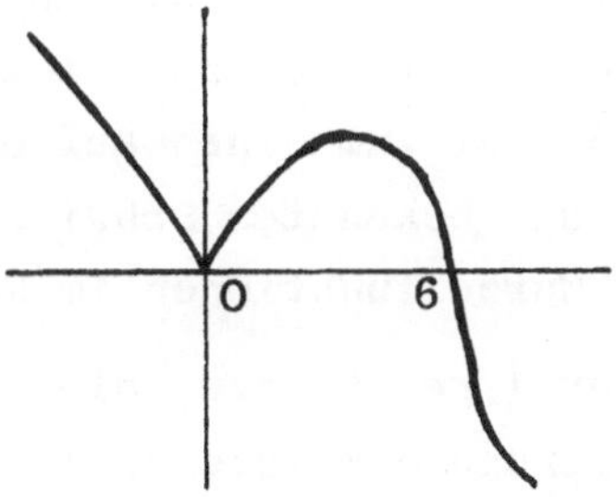

Figur 1

Approximieren wir zunächst im Intervall $[0,7]$ bezüglich $\mathcal{R}_{1,1}$; als beste Approximation ergab sich bei gleichmäßiger Diskretisierung in 101 Punkten

$$(1.4) \qquad \hat{r}(\hat{a},\hat{b},x) = \frac{1,8731 - 0,3067x}{1,0000 - 0,1358x} \quad ,$$

mit Alternationen in den in Tabelle II angegebenen Punkten. Man beachte, daß das Nennerpolynom

$$\hat{q}(x) = \hat{b}_1 - \hat{b}_2 x = 1{,}0000 - 0{,}1358x$$

in $x = 7$ seinen minimalen Wert 0,05 auf dem Definitionsbereich annimmt und in 7,36, also nur geringfügig außerhalb des betrachteten Intervalls $[0,7]$ eine Nullstelle hat. Eine Störung des Parameters $\hat{b}_2$ um nur sieben Tausendstel läßt die Nullstelle bereits in das Approximationsintervall hineinrutschen. Trotzdem erwies sich Algorithmus (1.2) auch in derartigen Fällen als außerordentlich stabil. Der Approximationsfehler von (1.4) beträgt 1,87.

In $\mathcal{R}_{2,2}$ erhält man als Lösung

$$\frac{0{,}8779 - 0{,}0054x - 0{,}0235x^2}{1{,}0000 - 0{,}3188x + 0{,}0265x^2} \tag{1.5}$$

mit einem Approximationsfehler von 0,88. Bezüglich der Nullstellen des Nennerpolynoms gilt ähnliches wie für die Approximation (1.4). Eine weitere Schwierigkeit rührt daher, daß zwei Alternationspunkte (5,95 und 6,09) nahe beieinander liegen (Tabelle III); dennoch ergeben sich auch hier keine Stabilitätsprobleme. Durch Steigerung der Polynomgrade kann die Approximationsgüte weiter verbessert werden. Daß die Approximationsfehler insgesamt recht hoch sind, ist zum einen auf die Intervallgröße, zum anderen auf die bekannten Schwierigkeiten bei der Approximation von Wurzelfunktionen im Nullpunkt zurückzuführen.

Figur 1 reizt dazu, die Frage zu prüfen, wie sich die Vergrößerung des Intervalls über den Nullpunkt hinaus, das heißt die Einbeziehung der Knickstelle, auf die Approximationsgüte auswirkt. In $\mathcal{R}_{2,2}$ ermitteln wir

$$\frac{1{,}0621 - 0{,}1972x + 0{,}0032x^2}{1{,}0000 - 0{,}3365x + 0{,}0290x^2} \tag{1.6}$$

als beste Approximation auf $[-1{,}05;\ 7{,}00]$ bei einer gleichmäßigen Diskretisierung in 116 Punkten und einer Schrittweite von 0,07. Auf dem Teilintervall $[0;7]$ arbeiten wir also mit den gleichen Stützpunkten wie bei der Ermittlung von (1.5), wodurch (1.5) und (1.6) direkt vergleichbar sind. Der Approximationsfehler von (1.6) beträgt 1,0621 mit den in Tabelle IV angegebenen Alternationspunkten. Die Vergrößerung des Approximationsintervalls läßt den minimalen Approximationsfehler also recht erheblich um etwa 21 % anwachsen. Das ist offensichtlich nicht zuletzt darauf zurückzuführen, daß die Approximation (1.6) die Knickstelle von (1.4) im Nullpunkt künstlich glätten muß.

Algorithmus (1.2) wurde noch in zahlreichen weiteren Fällen zur Approximation in den verschiedensten Klassen $\mathcal{R}_{\ell,r}$ herangezogen, wobei sich die hier und in [4] exemplarisch dargestellten Ergebnisse bestätigten.

Abschließend sei noch bemerkt, daß sich Algorithmus (1.2) auch in anderen Fällen rationaler Approximation (trigonometrische rationale Approximation usw.) analog anwenden läßt.

1.4 APPROXIMATION VON RANDWERTPROBLEMEN BEI GEWÖHNLICHEN DIFFERENTIALGLEICHUNGEN

Lösungsansätze für Differentialgleichungen mit Nebenbedingungen führen oft auf nichtlineare Approximationsprobleme. Die Parametrisierungen, die dabei entstehen, können kompliziert sein und die Überprüfung von lokaler starker Eindeutigkeit erweist sich meist als sehr schwierig. Zudem kann Algorithmus (1.2) auch dann noch gute Ergebnisse liefern, wenn keine lokal starke Eindeutigkeit vorliegt, allerdings dann meist nur mit linearer oder langsamerer Konvergenzrate.

Bei der Lösung praktischer Probleme wurde das Verfahren erfolgreich eingesetzt. Siehe [4] für die Lösung der Wärmeleistungsgleichung (gewöhnliches RWP), [6] für ein nach BLASIUS benanntes Problem, [7] für weitere Beispiele, teilweise mit Fehlerabschätzungen.

2. AUSGEARTETE TANGENTIALRÄUME UND TANGENTIALKEGEL

Algorithmus (1.2) ist nicht mehr einsetzbar, wenn der Tangentialraum im Optimalpunkt ausgeartet ist, d.h. nicht die gleiche Dimension hat wie der R^n, in den die Parametermenge eingebettet ist. Auch für derartige Ausartungsfälle wurde in [4] ein lokal konvergenter Algorithmus angegeben, zugeschnitten auf den Fall der Approximation mit Exponentialsummen, wo beim Zusammenfallen von Frequenzen derartige Erscheinungen auftreten.

Bei der Lösung praktischer Probleme scheint es uns am besten, nach folgender 2-Schritt-Methode vorzugehen:

I Man bestimme die ungefähre Lage eines lokalen Optimums (etwa durch Einsatz bewährter Verfahren der nichtlinearen Optimierung; z.B. Suchverfahren nach Nelder+Mead oder andere; siehe HIMMELBLAU [5]). Dabei verschaffe man sich insbesondere Informationen über die Vielfachheit der Frequenzen im angestrebten Optimalpunkt.

II Dann setzt man bei Festhalten der Vielfachheiten der Frequenzen Algorithmus (1.2) an.

Abschließend prüfe man nach, ob in dem ermittelten Parameter $\hat{a}$ die Kriterien für lokal beste Approximationen erfüllt sind (BRAESS [2]).

Zur Illustration ein einfaches Beispiel: Wir approximieren die Cosinus-Funktion im Intervall [-1,+1] in V_2.

Tabelle V

ITERAT	FAKTOR 1	FAKTOR 2	FREQUENZ $\frac{1}{2}$	$\|f-F(a_i)\|_\infty$
0	1,00000000	1,00000000	1,50 0,50	5,590108
1	-0,91706636	1,87649907	1,40 0,80	0,083061
2	-2,18783525	3,14702484	1,20 0,90	0,080583
3	-3,52914279	4,49045737	1,15 0,95	0,078983
4	0,96215312	-0,80342779	1,05043393	0,086523
5	0,96215338	-0,79997555	1,04684474	0,078333
6	0,96215223	-0,79996164	1,04683367	0,078331

Schritt I, der Einsatz eines Suchverfahrens, erstreckt sich auf die ersten drei Iterationen. Man erkennt sehr deutlich, daß die Frequenzen ihren anfänglichen Abstand von 1 schrittweise auf 0,2 verkleinern. Ein deutlicher Hinweis darauf, daß die Frequenzen im Optimalpunkt zusammenliegen, ist auch das starke Anwachsen der Beträge von Faktor 1 und 2 (Man denke an die Parametrisierung über Differenzenquotienten). Schließlich wird man also zu Schritt II übergehen und die Frequenzen 1 und 2 mit ihrem Mittelwert identifizieren; nach nur 3 weiteren Iterationsschritten sind die Optimalparameter dann bereits auf 8 Stellen genau.

Die vorgeschlagene 2-Schritt-Methode wurde noch in weiteren Fällen von Exponential-Approximationen erfolgreich eingesetzt. So wurde unter anderem eine medizinische Meßreihe zur Festigkeit von Sehnen analysiert [4]. Bei weiteren Problemen wurden Klassen V_N mit N bis 8 herangezogen, ohne daß damit eine „Schallgrenze" erreicht gewesen wäre. Überhaupt scheint uns bei Fragen der Berechenbarkeit bester Approximationen die Größe der Approximationsfehler eine mindestens ebenso große Rolle zu spielen wie die Größe von N. Wenn etwa, wie es uns in einem Beispiel passiert ist, der Approximationsfehler in V_4 bereits in der Größenordnung von 10^{-9} liegt, wird es nicht überraschen, daß bei weiterer Erhöhung der zur Verfügung stehenden Parameter numerische Instabilitäten auftreten.

LITERATUR

1. Ahlberg, J.H., Nilson, E.N., Walsh, J.L.: The Theory of Splines and Their Applications. New York: Academic Press 1967.
2. Braess, D.: Chebyshev approximation by γ-polynomials II. J. Appr. Th. 11, 16-37 (1974).
3. Cheney, E.W.: Introduction to Approximation Theory. New York: McGraw - Hill 1966.
4. Cromme, L.: Eine Klasse von Verfahren zur Ermittlung bester nichtlinear Tschebyscheff-Approximationen. erscheint in Numer. Math.
5. Himmelblau, D.M.: Applied Nonlinear Programming. New York: McGraw - Hill (1972).
6. Osborne, M.R., Watson, G.A.: An algorithm for minimax--approximation in the nonlinear case. The Computer J. 12, 63-68 (1969).
7. Reemtsen, R.: Ein Verfahren zur Lösung des diskreten nichtlinearen Tschebyscheff-Problems mit Anwendung auf gewisse nichtlineare Randwertaufgaben bei gewöhnlichen Differentialgleichungen. Diplomarbeit, TH Darmstadt (1975).
8. Schaback, R.: On Alternation Numbers in Nonlinear Chebyshev Approximation. J. Appr. Th., erscheint demnächst.
9. Werner, H., Schaback, R.: Praktische Mathematik II, Springer Verlag, Berlin-Heidelberg-New York (1972).
10. Werner, H.: Vorlesung über Approximationstheorie. Berlin-Heidelberg-New York: Springer, Lecture Notes in Mathematics, vol 14, 1966.

Sonderforschungsbereich 72 und
Institut für Angewandte Mathematik der
Universität Bonn
D - 5300 B o n n
Wegelerstraße 6

APPROXIMATIVE FLÄCHENINTERPOLATION

Franz Jürgen Delvos

In his paper [7] Gordon has presented a lattice theoretical approach to multivariate approximation. In particular, the blending method [1] , [6] is characterized as a maximal projection method. In practice the blending method needs transfinite information. To avoid this difficulty, Gordon has proposed a scheme of numerical approximation.

In [3] the author has treated the blending method in the abstract setting of Sard's theory of optimal interpolation [14] . The purpose of this paper is to develop a method of approximate surface interpolation which is based on Sard's method of optimal approximation of linear operators.

1. Optimale Approximation

Wir stellen die von uns benötigten Resultate aus der Theorie der optimalen Approximation zusammen [14] .

Der Hilbertraum X besitze das Skalarprodukt

$$(x,y) = (Ux,Uy) + (Fx,Fy) \quad ,$$

welches durch die stetigen, linearen Abbildungen

$$U \in L(X,Y) \quad , \quad F \in L(X,Z)$$

in die Hilberträume Y , Z induziert ist. Hierbei gelte

$$\operatorname{Im} U = Y \quad , \quad \operatorname{Im} F = Z \quad ,$$

$$\operatorname{Ker} U = \operatorname{Ker} F^{\perp}$$

Es sei nun

$$F_1 \in L(X,Z_1)$$

eine stetige, lineare Abbildung in den Hilbertraum Z_1 mit den Eigenschaften

$$\mathrm{Im}\, F_1 = Z_1 \quad , \quad \mathrm{Ker}\, F_1 \subset \mathrm{Ker}\, F \quad . \tag{1.1}$$

Sind P , P_1 die durch

$$\mathrm{Ker}\, P = \mathrm{Ker}\, F \quad , \quad \mathrm{Ker}\, P_1 = \mathrm{Ker}\, F_1 \tag{1.2}$$

definierten Orthogonalprojektoren, so gilt offenbar

$$P_1 P = P P_1 = P \quad . \tag{1.3}$$

In der Theorie der optimalen Approximation werden nun erlaubte Approximationen der Abbildung

$$G \in L(X,W)$$

(in einen Hilbertraum W) bezüglich der Observation F_1 und der Coobservation U betrachtet [14] . Die Klasse der erlaubten Approximationen ist folgendermaßen erklärt:

$$A(G) = \{EF_1 : E \in L(Z_1,W),\ \mathrm{Ker}\, U \subset \mathrm{Ker}(G-EF_1)\} \quad .$$

In [14] wird gezeigt, daß $A(G) \neq \emptyset$ gilt. Aufgrund des Quotiententheorems von Sard existiert zu jeder erlaubten Approximation EF_1 eine stetige,lineare Abbildung

$$K_E \in L(Y,W)$$

mit der Eigenschaft

$$G - EF_1 = K_E U \quad .$$

Die erlaubte Approximation E_1F_1 heißt optimal, falls

$$||K_{E_1}|| \leq ||K_E|| \quad (EF_1 \in A(G))$$

gilt.

Es bezeichne

$$F_1^+ \in L(Z_1,X)$$

die verallgemeinerte Inverse von F_1 [11], [12].
Dann gilt bekanntlich:

$$F_1^+F_1 = P_1 , \quad F_1P_1 = F_1 . \tag{1.4}$$

Wir bemerken noch, daß die Existenz von F_1^+ sofort aus dem Quotiententheorem von Sard folgt. Mittels F_1^+ läßt sich eine optimale Approximation konstruieren.

SATZ 1 ([14])
Es ist

$$(GF_1^+)F_1 = GP_1 \tag{1.5}$$

eine optimale Approximation von G bezüglich F_1 und U.

Somit ist P_1 eine optimale Approximation der Identität

$$I = id_X .$$

Die Bedeutung von P_1 ist aus der Gleichung (1.5) ersichtlich. Ferner bemerken wir noch, daß für Funktionale G die optimale Approximation eindeutig bestimmt ist [14].

2. Tensorproduktapproximation

Im nächsten Abschnitt werden wir die Methode der optimalen Approximation auf die Flächeninterpolation anwenden. Als wesentliches Hilfsmittel erweist sich dabei die Tensorproduktapproximation.

Es seien X' , X'' Hilberträume, deren Skalarprodukte wie in Abschnitt 1 durch die Abbildungen

$$U' \in L(X',Y') \quad , \quad F' \in L(X',Z')$$
$$U'' \in L(X'',Y'') \quad , \quad F'' \in L(X'',Z'')$$

induziert seien. Insbesondere gelte

$$\operatorname{Im} F' = Z' \quad , \quad \operatorname{Im} F'' = Z''$$

Dann hat das Skalarprodukt des Tensorproduktraumes

$$X = X' \otimes X''$$

die folgende Form

$$\begin{aligned}(x,y) = {} & (F'\otimes F''(x),F'\otimes F''(y)) + (F'\otimes U''(x),F'\otimes U''(y)) \\ & + (U'\otimes F''(x),U'\otimes F''(y)) + (U'\otimes U''(x),U'\otimes U''(y))\end{aligned}$$

Setzen wir ferner

$$Y = Z'\otimes Y'' \times Y'\otimes Z'' \times Y'\otimes Y'' \quad , \quad Z = Z'\otimes Z''$$

und

$$U = F'\otimes U'' \times U'\otimes F'' \times U'\otimes U'' \quad , \quad F = F'\otimes F''$$

so ist die in Abschnitt 1 beschriebene Situation gegeben.

Es ist also die Gültigkeit der folgenden Gleichungen zu zeigen:

$$\operatorname{Im}(F'\otimes U''\times U'\otimes F''\times U'\otimes U'') = Z'\otimes Y''\times Y'\otimes Z''\times Y'\otimes Y'' \quad , \qquad (2.1)$$

$$\operatorname{Ker}(F'\otimes U''\times U'\otimes F''\times U'\otimes U'') = \operatorname{Ker}(F'\otimes F'')^{\perp} \quad , \qquad (2.2)$$

$$\operatorname{Im} F'\otimes F'' = Z'\otimes Z'' \quad . \qquad (2.3)$$

Dazu betrachten wir die durch

$$\operatorname{Ker} P' = \operatorname{Ker} F' \quad , \quad \operatorname{Ker} P'' = \operatorname{Ker} F'' \quad ,$$

$$\operatorname{Ker} Q' = \operatorname{Ker} U' \quad , \quad \operatorname{Ker} Q'' = \operatorname{Ker} U''$$

definierten Orthogonalprojektoren. Dann folgen die Gleichungen (2.2) , (2.3) aus den Beziehungen (1.4) unter Beachtung von

$$P' + Q' = id_{X'} \quad , \quad P'Q' = 0 \quad ,$$

$$P'' + Q'' = id_{X''} \quad , \quad P''Q'' = 0 \quad ,$$

$$\operatorname{Ker} P'\otimes P'' = \operatorname{Ker} F'\otimes F'' \quad .$$

Es seien $u \in Z'\otimes Y''$, $v \in Y'\otimes Z''$, $w \in Y'\otimes Y''$. Dann wird durch

$$T(u,v,w) := F'^{+}\otimes U''^{+}(u) + U'^{+}\otimes F''^{+}(v) + U'^{+}\otimes U''^{+}(w)$$

eine stetige , lineare Abbildung definiert, für die

$$UT(u,v,w) = (u,v,w)$$

folgt. Damit ist aber auch die Gleichung (2.1) bewiesen.

Es seien nun

$$F_1' \in L(X,Z_1') \quad , \quad F_1'' \in L(X,Z_1'')$$

stetige und lineare Abbildungen in die Hilberträume Z_1' und Z_1'' mit den Eigenschaften

$$\operatorname{Im} F_1' = Z_1' \quad , \quad \operatorname{Im} F_1'' = Z_1''$$

und

$$\operatorname{Ker} F_1' \subset \operatorname{Ker} F' \quad , \quad \operatorname{Ker} F_1'' \subset \operatorname{Ker} F'' \quad .$$

Sind P_1' , P_1'' die durch

$$\operatorname{Ker} P_1' = \operatorname{Ker} F_1' \quad , \quad \operatorname{Ker} P_1'' = \operatorname{Ker} F_1''$$

definierten Orthogonalprojektoren, so folgt unter Beachtung von (1.4), daß der Orthogonalprojektor $P_1' \boxtimes P_1''$ der folgenden Gleichung genügt:

$$\operatorname{Ker} P_1' \boxtimes P_1'' = \operatorname{Ker} F_1' \boxtimes F_1'' \quad .$$

Beachten wir ferner (1.3), so erhält man

$$\operatorname{Ker} F_1' \boxtimes F_1'' \subset \operatorname{Ker} F' \boxtimes F'' \quad .$$

Somit sind die Ergebnisse von Abschnitt 1 anwendbar. Mit den Bezeichnungen $I' = id_{X'}$, $I'' = id_{X''}$ folgt der

SATZ 2

Es ist $P_1' \boxtimes P_1''$ eine optimale Approximation von $I = I' \boxtimes I''$ bezüglich $F_1' \boxtimes F_1''$ und $U = F' \boxtimes U'' \times U' \boxtimes F'' \times U' \boxtimes U''$.

3. Anwendung auf die Flächeninterpolation

Die Blending-Methode der Flächeninterpolation [1] , [6] läßt sich im Rahmen der Theorie der optimalen Interpolation von Sard [14] beschreiben. Mit den Bezeichnungen von Abschnitt 2 gilt der

SATZ 3 ([3])

Es sei

$$B = P_1' \otimes I'' + I' \otimes P_1'' - P_1' \otimes P_1'' \quad . \qquad (3.1)$$

Dann ist für jedes $x \in X' \otimes X''$

$$z = B(x)$$

das eindeutig bestimmte Element in der Klasse der $y \in X' \otimes X''$ mit der Eigenschaft

$$F_1' \otimes I''(y) = F_1' \otimes I''(x) \quad , \quad I' \otimes F_1''(y) = I' \otimes F_1''(x) \quad ,$$

welches das Funktional

$$\| U' \otimes U''(y) \|$$

minimiert.

Es seien nun

$$F_2' \in L(X', Z_2') \quad , \quad F_2'' \in L(X'', Z_2'')$$

stetige, lineare Abbildungen in die Hilberträume Z_2' , Z_2'' mit den Eigenschaften

$$\mathrm{Im}\, F_2' = Z_2' \quad , \quad \mathrm{Im}\, F_2'' = Z_2''$$

und

$$\mathrm{Ker}\, F_2' \subset \mathrm{Ker}\, F_1' \quad , \quad \mathrm{Ker}\, F_2'' \subset \mathrm{Ker}\, F_1'' \quad . \qquad (3.2)$$

Ferner seien P_2' , P_2'' die durch

$$\mathrm{Ker}\, P_2' = \mathrm{Ker}\, F_2' , \quad \mathrm{Ker}\, P_2'' = \mathrm{Ker}\, F_2''$$

definierten Orthogonalprojektoren.

SATZ 4

Es ist

$$B_0 = P_1' \otimes P_2'' + P_2' \otimes P_1'' - P_1' \otimes P_1''$$

eine optimale Approximation des Projektors B der Flächeninterpolation bezüglich der Observation $F_2' \otimes F_2''$ und der Coobservation $U = F' \otimes U'' \times U' \otimes F'' \times U' \otimes U''$.

Beweis: Wegen (3.2) folgt aus Satz 2, daß

$$P_2' \otimes P_2''$$

eine optimale Approximation von $I = I' \otimes I''$ bezüglich $F_2' \otimes F_2''$ und U ist. Ferner erhält man aus (3.2):

$$P_2' P_1' = P_1' P_2' = P_1' ,$$

$$P_2'' P_1'' = P_1'' P_2'' = P_1'' .$$

Dann folgt mit Satz 1, (1.5) :

$$\begin{aligned} B\, P_2' \otimes P_2'' &= P_1' \otimes I''\, P_2' \otimes P_2'' + I' \otimes P_1''\, P_2' \otimes P_2'' \\ &\quad - P_1' \otimes P_1''\, P_2' \otimes P_2'' \\ &= P_1' \otimes P_2'' + P_2' \otimes P_1'' - P_1' \otimes P_1'' \\ &= B_o . \end{aligned}$$

Offenbar erhält man B_o aus B durch Ersetzen von I' durch P_2' und I'' durch P_2'', was dem Ersetzen von I' durch F_2' und I'' durch F_2'' entspricht. Insbesondere folgt aufgrund der Voraussetzungen unter Beachtung von (1.3) und (1.4):

$$B_oB_o = B_o \quad , \quad F_1'\otimes F_2''\, B_o = F_1'\otimes F_2'' \quad , \quad F_2'\otimes F_1''\, B_o = F_2'\otimes F_1'' \quad ,$$

d. h. B_o ist ein Interpolationsprojektor. Bezüglich einer variationellen Charakterisierung von B_o verweisen wir auf [2] .

Somit liefert Satz 4 eine Begründung der von Gordon [7] angegebenen Methode der numerischen Approximation der Flächeninterpolation im Rahmen der Theorie der optimalen Approximation von Operatoren. Bezüglich numerischer Beispiele verweisen wir auf [7].

Literatur

1. Birkhoff, G. and Gordon, W. J.: The draftman's and related equations. J. Approximation Theory 1(1968), 199-208.

2. Delvos, F. J. and Kösters, H. W. : On the variational characterization of bivariate interpolation methods. Math. Z. (erscheint demnächst).

3. Delvos, F. J.: On surface interpolation. J. Approximation Theory (erscheint demnächst).

4. Delvos, F. J. und Malinka, G. : Das Blendingschema von Spline Systemen, in "Spline-Funktionen" (K. Böhmer, G. Meinardus, W. Schempp (eds.)). Mannheim-Wien-Zürich, BI-Wissenschaftsverlag 1974.

5. Gordon, W. J.: Spline-blended surface interpolation through curve networks. J. Math. Mech. 18(1969), 931-952.

6. Gordon, W. J.: Blending-function methods of bivariate and multivariate interpolation and approximation, SIAM J. Numer. Analysis 8(1971), 158-177.

7. Gordon, W. J.: Distributive lattices and the approximation of multivariate functions, in "Approximations with special emphasis on spline functions" (I. J. Schoenberg (ed.)). New York-London, Academic Press 1969.

8. Haussmann, W.: On multivariate spline systems. J. Approximation Theory 11(1974), 285-305.

9. Haussmann, W. and Münch, H. J.: Topological spline systems, in "Spline-Funktionen" (K. Böhmer, G. Meinardus, W. Schempp (eds.)). Mannheim-Wien-Zürich, BI-Wissenschaftsverlag 1974.

10. Haussmann, W. and Münch, H. J.: On the construction of multivariate spline systems, in "Approximation Theory" (G. G. Lorentz (ed.)). New York-London, Academic Press 1973.

11. Luenberger, G. G.: Optimization by vector space methods. New York London, Wiley 1969.

12. Nashed, M. Z.: Generalized inverses, normal solvability, and iteration for singular operator equations, in "Nonlinear functional analysis and applications" (L. B. Rall (ed.)). New York - London, Academic Press 1971.

13. Sard, A.: Optimal approximation. J. Functional Analysis 1(1967), 222-244; 2(1968), 368-369.

14. Sard, A.: Approximation based on nonscalar observations. J. Approximation Theory 8(1973), 315-334.

Dr. F. J. Delvos

Lehrstuhl für Mathematik I

Gesamthochschule Siegen

D-59 Siegen 21

Hölderlinstr. 3

ÜBERBESTIMMTE EIGENWERTAUFGABEN

S. Kasma und W. Wetterling

The application of the collocation principle to the problem of the oscillating membrane leads to eigenvalue problems $Ax = \lambda Bx$ with rectangular matrices A and B. In analogy to systems of linear equations these eigenvalue problems are called overdetermined, and (x,λ) is defined to be a solution if the defect $(A-\lambda B)x$ is minimized in the sense of least squares approximation under a condition $g^T x = 1$ or $x^T Cx = 1$. In this paper we consider a family of such problems with matrices A_r and B_r continuously differentiable with respect to a real variable r. Under suitable assumptions existence of a solution and convergence of an iterative method can be proved using the implicit function theorem.

1. Einleitung

Von den drei Grundaufgaben der numerischen linearen Algebra, nämlich dem linearen Gleichungssystem $Ax = r$, der Eigenwertaufgabe des speziellen Typs $Ax = \lambda x$ und der des allgemeinen Typs $Ax = \lambda Bx$, wird die erstere üblicherweise ausser für quadratische Matrizen auch für $m\times n$-Matrizen betrachtet, im Fall $m > n$ als überbestimmtes lineares Gleichungssystem angesehen und als Approximationsaufgabe etwa mit der Methode der kleinsten Quadrate gelöst. Im Unterschied zu $Ax = \lambda x$ kann auch die dritte Aufgabe $Ax = \lambda Bx$ für den Fall rechteckiger Matrizen A und B als "überbestimmte Eigenwertaufgabe" betrachtet werden.

Solche Aufgaben ergeben sich auf natürliche Weise, wenn man Eigenwertgleichungen $Tf = \lambda f$ in Funktionenräumen mit der Kollokationsmethode lösen möchte. Sei zum Beispiel T ein Differential- oder Integraloperator, die gesuchte Eigenfunktion $f = f(s)$ eine für s in einer Menge Ω des N-dimensionalen Raumes reellwertig definierte Funktion in einem geeigneten Funktionenraum F. Um die Eigenwertgleichung näherungsweise zu lösen, wird ein endlichdimensionaler linearer Teilraum $G \subset F$ mit einer Basis $\{g_1,\ldots,g_n\}$ gewählt und eine Näherung $\alpha_1 g_1 + \ldots + \alpha_n g_n = g \approx f$ nach dem Kollokationsprinzip bestimmt:

$$Tg(s_i) = \lambda g(s_i), \qquad s_i \in \Omega \qquad (i=1,\ldots,m). \tag{1}$$

Im Fall $m = n$ ist dies eine Eigenwertaufgabe des allgemeinen Typs mit quadratischen Matrizen. Wenn Ω ein eindimensionales Intervall ist, kann man zum Beispiel für s_i die n Nullstellen eines Tschebyscheff-Polynoms über diesem Intervall wählen. Bei mehrdimensionalen Bereichen Ω gibt es jedoch kein entsprechendes natürliches Prinzip zur Wahl von genau n Kollokationspunkten (ebenso vielen wie Ansatzfunktionen). Es liegt auf der Hand, eine grössere Anzahl m von Kollokationspunkten zu wählen und damit für ein oder mehrere kleinere n die dann überbestimmte Eigenwertaufgabe (1) numerisch zu lösen. Nach diesem Prinzip wird in [7] die Gleichung der Membranschwingung $-\Delta u = \lambda u$ behandelt. Dort werden als x_i die im Inneren von Ω liegenden Gitterpunkte eines Quadratgitters und die Schnittpunkte der Gittergeraden mit dem Rand von Ω gewählt.

In der Literatur ist die Eigenwertgleichung $Ax = \lambda Bx$ für rechteckige Matrizen A und B und allgemein für lineare Abbildungen A und B von einem linearen Raum in einen anderen linearen Raum verhältnismässig wenig untersucht worden. Bei Gantmacher [1] (vol. II,ch. 12) wird nach nichttrivialen Lösungen x von $(A - \lambda B)x = 0$ gefragt, also im Fall $m > n$ nach Werten von λ, für welche der Rang von $A - \lambda B$ kleiner ist als n. Für die oben beschriebene Anwendung ist diese Fragestellung nicht interessant, ebenso wie eine durch Rodrigue [6] angegebene Erweiterung des Verfahrens der konjugierten Gradienten auf diesen Fall und eine von Mangasarian [4] beschriebene Verallgemeinerung der Perron-Frobenius-Theorie.

2. Ein Orthogonalitätsprinzip

A und B seien weiterhin reelle $m\times n$-Matrizen mit $m > n$, ferner sei $x \in R^n$ ein gesuchter Vektor und λ ein gesuchter Eigenwertparameter. Wir setzen nicht voraus, dass für gewisse λ der Rang von $A - \lambda B$ kleiner als n ist, und wollen daher (x,λ) eine Lösung des überbestimmten Systems $Ax = \lambda Bx$ nennen, wenn $Ax - \lambda Bx$ in irgendeinem Sinne klein ist.

Als erste Möglichkeit erwähnen wir die Forderung, dass $(A - \lambda B)x$ orthogonal ist zu gewissen Vektoren $c_1, \ldots, c_n \in R^m$. Wenn dann C die $m\times n$-Matrix mit den Spalten c_j ist, erhält man auf diese Weise die Eigenwertgleichung

$$(C^TA - \lambda C^TB)x = 0 \tag{2}$$

mit quadratischen Matrizen C^TA und C^TB. Bei dem in [7] behandelten Problem der Membranschwingung hat sich diese Reduktion mit der Wahl $C^T = B^TD$, $D = \mathrm{diag}(d_1,\ldots,d_m)$, $d_j > 0$ und Anwendung der Vektoriteration auf (2) experimentell bewährt und durch einige theoretische Überlegungen rechtfertigen lassen.

3. Das Prinzip der minimalen Norm

Eine zweite, auf der Hand liegende Möglichkeit, dem Begriff "klein" Inhalt zu geben, soll in diesem Beitrag näher untersucht werden. In Analogie zu überbestimmten Gleichungssystemen wollen wir sagen, dass (x,λ) die überbestimmte Eigenwertaufgabe löst, wenn die Norm von $(A - \lambda B)x$ unter einer Normierungsbedingung ein lokales Minimum hat. Obwohl eine beliebige, durch ein inneres Produkt im R^m definierte Norm gewählt werden könnte und obwohl bei numerische Experimenten meist mit $\|y\| = (y^T D y)^{\frac{1}{2}}$ gearbeitet wurde, wobei D wiederum eine Diagonalmatrix mit positiven Gewichtsfaktoren war, beschränken wir uns hier der einfacheren Darstellung halber auf die gewöhnliche euklidische Norm $\|y\| = (y^T y)^{\frac{1}{2}}$. Es wird also nach lokalen Minima von

$$x^T(A - \lambda B)^T(A - \lambda B)x \tag{3}$$

gesucht. Um die für jedes λ mögliche triviale Lösung $x = 0$ auszuschliessen, wählen wir eine Normierung, etwa $g^T x = 1$ mit einem Vektor $g \in R^m$ oder $x^T C x = 1$ mit einer positiv definiten m×n-Matrix C. In [2] sind beide Möglichkeiten untersucht worden, auch allgemein in Hilberträumen. Hier beschränken wir uns auf die Normierung $g^T x = 1$. Als g kann man hier eine Schätzung für den gesuchten Eigenvektor wählen; in den numerischen Experimenten, bei denen die erste Ansatzfunktion eine ähnliche Gestalt hatte wie die Eigenfunktion (zur Grundschwingung der Membran), war zum Beispiel die Wahl $g^T = (1,0,\dots,0)$ möglich.

Für ein lokales Minimum von (3) unter der Nebenbedingung $g^T x = 1$ erhält man mit einem Lagrange-Multiplikator ρ die folgenden notwendigen Bedingungen (4a) und (4c)

$$\left.\begin{aligned} (A - \lambda B)^T(A - \lambda B)x + \rho g &= 0, && \text{(4a)}\\ g^T x &= 1, && \text{(4b)}\\ - x^T B^T(A - \lambda B)x &= 0, && \text{(4c)} \end{aligned}\right\} \quad (4)$$

die zusammen mit der Normierungsbedingung (4b) ein System von n+2 nichtlinearen Gleichungen für die n+2 Unbekannten x, λ, ρ bilden. Zur iterativen Lösung dieses Systems bietet sich die folgende Methode an:

Man beginnt mit einem Vektor $x^{(0)}$ und berechnet allgemein $x^{(\nu+1)}$ aus $x^{(\nu)}$, indem man zunächst (4c) nach λ auflöst, damit $\lambda^{(\nu)}$ erhält und mit diesem $\lambda^{(\nu)}$ das jetzt lineare Gleichungssystem (4a), (4b) nach $x = x^{(\nu+1)}$ und ρ löst. Die Frage der Durchführbarkeit und Konvergenz dieses Verfahrens wird in Abschnitt 7 behandelt. Zunächst werden einige Überlegungen über die Lösbarkeit des Systems (4) angestellt.

4. Eine parameterabhängige Aufgabe

Die in Abschnitt 1 erläuterte Anwendung rechtfertigt die folgende Überlegung: Wenn der lineare Teilraum G eine Eigenfunktion von $Tf = \lambda f$ enthält, ist das beim Kollokationsverfahren zu lösende System (1) auch im Fall $m > n$ nichttrivial lösbar; in der Schreibweise mit A und B gibt es ein λ mit $\operatorname{Rang}(A - \lambda B) < n$. Bei der praktischen Anwendung kann man zwar nicht erwarten, dass dieser Fall eintritt, wohl aber, dass die Abweichung davon nicht zu gross ist.

Wir nehmen daher an, dass A und B stetig differenzierbar von einem reellen Parameter r abhängen: $A = A_r$, $B = B_r$, und dass für $r = 0$ eine nichttriviale Lösung $(\lambda_o, x_o \neq 0)$ existiert:

$$\left.\begin{aligned}(A_o - \lambda_o B_o)x_o &= 0,\\ g^T x_o &= 1.\end{aligned}\right\} \quad (5)$$

Wir werden eine einfache hinreichende Voraussetzung dafür angeben, dass für alle r in einer Umgebung von $r = 0$ das System (4) mit $A = A_r$, $B = B_r$ lösbar ist, dass diese Lösung stetig differenzierbar von r abhängt, dass sie für festes r ein lokales Minimum von (3) liefert und das in Abschnitt 3 beschriebene Verfahren konvergiert. Diese Voraussetzung lautet: λ_o sei ein einfacher Eigenwert im folgenden Sinn:

$$(A_o - \lambda_o B_o)z - \alpha B_o x_o = 0 \implies \alpha = 0, \quad z = \gamma x_o. \qquad (6)$$

Es soll also keinen von x_o linear unabhängigen Eigenvektor z geben (Fall $\alpha = 0$), aber auch keinen Hauptvektor höherer Stufe (Fall $\alpha \neq 0$).

5. Notwendige Minimalitätsbedingungen 1. Ordnung

Für $r = 0$, also $A = A_o$, $B = B_o$ hat das System (4) die Lösung $x = x_o$, $\lambda = \lambda_o$, $\rho = 0$. Um den Satz über implizite Funktionen anwenden zu können, betrachten wir bei $r = 0$ die Frechet-Ableitung der durch die linken Seiten von (4) gegebenen nichtlinearen Funktion von (x,λ,ρ), nämlich die in den Variablen (h,μ,τ) lineare Funktion mit den Komponenten

$$(A_o - \lambda_o B_o)^T (A_o - \lambda_o B_o)h - \mu (A_o - \lambda_o B_o)^T B_o x_o + \tau g \qquad (7a)$$

$$g^T h \qquad (7b)$$

$$- x_o^T B_o^T (A_o - \lambda_o B_o)h + \mu x_o^T B_o^T B_o x_o . \qquad (7c)$$

Diese lineare Abbildung ist nichtsingulär. Setzt man nämlich (7a) bis (7c) gleich 0, so folgt aus (7a) wegen $x_o^T g = 1$ zunächst $\tau = 0$. Nach Multiplikation von (7a) mit h^T erhält man mit (7c)

$$\| (A_o - \lambda_o B_o)h - \mu B_o x_o \|^2 = 0.$$

Wegen (6) wird $\mu = 0$ und $h = \gamma x_o$, und wegen (7b) schliesslich $0 = g^T h = \gamma g^T x_o = \gamma$, also $h = 0$.

Der Satz über implizite Funktionen besagt: Es gibt ein r_1 derart, dass für beliebiges r mit $|r| < r_1$ das System (4) mit $A = A_r$, $B = B_r$ in einer Umgebung von $(x_o, \lambda_o, 0)$ genau eine Lösung $(x(r), \lambda(r), \rho(r))$ hat, wobei diese stetig differenzierbar von r abhängt und $x(0) = x_o$, $\lambda(0) = \lambda_o$, $\rho(0) = 0$ ist.

6. Hinreichende Minimalitätsbedingungen 2. Ordnung

Die Gleichungen (4) sind die notwendigen Bedingungen 1. Ordnung für ein Minimum von $\| (A - \lambda B)x \|^2$ unter der Nebenbedingung $g^T x = 1$. Wir werden sehen, dass in einer Umgebung von $r = 0$ auch die hinreichenden Bedingungen 2. Ordnung für ein lokales Minimum erfüllt sind (vgl. Luenberger [3]): Man bilde die Matrix der zweiten Ableitungen (nach(x,λ)) der Lagrange-Funktion $\| (A - \lambda B)x \|^2 + \rho (g^T x - 1)$. Die hiermit gebildete quadratische Form (in den Variablen (h,μ)) soll auf dem durch $g^T h = 0$ beschriebenen Tangentialraum positiv definit sein. Für $r = 0$ lautet diese quadratische Form

$$\| (A_o - \lambda_o B_o)h - \mu B_o x_o \|^2.$$

Wie oben folgt aus (6), dass sie für $g^T h = 0$ positiv definit ist. Aus Stetigkeitsgründen gilt die Definitheit auch in einer Umgebung von

$r = 0$, also etwa für $|r| \le r_2 \le r_1$. Für diese r hat also $\|(A_r - \lambda B_r)x\|^2$ unter der Nebenbedingung $g^T x = 1$ ein striktes lokales Minimum bei $x = x(r)$, $\lambda = \lambda(r)$.

7. Konvergenz des Iterationsverfahrens

Das in Abschnitt 3 vorgeschlagene Iterationsverfahren lautet $x^{(\nu+1)} = F(x^{(\nu)})$ $(\nu = 0, 1, 2, \ldots)$, wobei $y = F(x)$ gebildet wird nach der Vorschrift

$$\lambda = \frac{x^T B^T A x}{x^T B^T B x}, \tag{8}$$

$$\begin{bmatrix} y \\ \rho \end{bmatrix} = \begin{bmatrix} (A - \lambda B)^T (A - \lambda B) & g \\ g^T & 0 \end{bmatrix}^{-1} \begin{bmatrix} 0 \\ 1 \end{bmatrix}. \tag{9}$$

Zur Durchführbarkeit des Verfahrens ist zu bemerken: Für $r = 0$, also mit $A = A_o$, $B = B_o$ kann man, da wegen Voraussetzung (6) $B_o x_o \neq 0$ ist, λ nach (8) berechnen und erhält dabei $\lambda = \lambda_o$. Aus (6) folgt ebenfalls, dass die inverse Matrix in (9) für $A = A_o$, $B = B_o$, $\lambda = \lambda_o$ existiert. Für $r = 0$ ist also ein Iterationsschritt mit dem Startvektor x_o durchführbar, und x_o ist ein Fixpunkt der Iteration. Aus Stetigkeitsgründen ist auch in einer Umgebung von $(r,x) = (0,x_o)$ ein Iterationsschritt durchführbar, und $x = x(r)$ ist Fixpunkt der Iteration nach (8) und (9) mit $A = A_r$, $B = B_r$.

Wir werden zeigen, dass für $r = 0$, $x = x_o$ die Jacobi-Matrix der Abbildung F einen Spektralradius $\sigma < 1$ hat. Daraus folgt, dass für $r = 0$ der Punkt x_o ein anziehender Fixpunkt ist (vgl. Ortega-Rheinboldt [5], Ch. 10.1.3). Aus Stetigkeitsgründen ist auch in einer Umgebung von $(r,x) = (0,x_o)$ der Spektralradius < 1, für kleine r ist daher $x = x(r)$ ein anziehender Fixpunkt für die Iteration mit $A = A_r$, $B = B_r$, und mit einem genügend nahe bei $x(r)$ gelegenen Startvektor konvergiert die Folge $x^{(\nu)}$ nach $x(r)$.

Als Jacobi-Matrix der Abbildung F mit $A = A_o$, $B = B_o$ bei $x = x_o$ finden wir bei Berücksichtigung von $x_o = F(x_o)$ und $(A_o - \lambda_o B_o)x_o = 0$

$$J = \frac{1}{x_o^T B_o^T B_o x_o} EQ^{-1} \begin{bmatrix} (A_o-\lambda_o B_o)^T B_o x_o \\ 0 \end{bmatrix} x_o^T B_o^T (A_o-\lambda_o B_o),$$

wobei

$$E = \begin{bmatrix} 1 & & 0 & 0 \\ & \ddots & & \vdots \\ 0 & & 1 & 0 \end{bmatrix}, \qquad Q = \begin{bmatrix} (A_o-\lambda_o B_o)^T (A_o-\lambda_o B_o) & g \\ g^T & 0 \end{bmatrix}$$

ist. Da J ein dyadisches Produkt ist, ist höchstens ein Eigenwert $\neq 0$, und dessen Betrag ist der Spektralradius:

$$\sigma = \frac{1}{x_o^T B_o^T B_o x_o} \left[x_o^T B_o^T (A_o-\lambda_o B_o),\ 0 \right] Q^{-1} \begin{bmatrix} (A_o-\lambda_o B_o)^T B_o x_o \\ 0 \end{bmatrix} \geq 0.$$

Wegen (6) hat $A_o - \lambda_o B_o$ den Rang n-1. Wir können daher ohne Beschränkung der Allgemeinheit $A_o - \lambda_o B_o = (C, Cd)$ annehmen mit einer $m\times(n-1)$-Matrix C vom Rang n-1 und einem Vektor $d \in R^{n-1}$. Auch g zerlegen wir in $g^T = (h^T, \gamma)$ mit $h \in R^{n-1}$. Dann wird

$$Q = \begin{bmatrix} C^T C & C^T Cd & h \\ d^T C^T C & d^T C^T Cd & \gamma \\ h^T & \gamma & 0 \end{bmatrix}.$$

Es wurde schon bemerkt, dass Q nichtsingulär ist. Das ist jetzt äquivalent mit $\gamma \neq d^T h$. Es wird

$$Q^{-1} = \begin{bmatrix} Q_{11} & q_{12} & * \\ q_{12}^T & \delta_{22} & * \\ * & * & 0 \end{bmatrix}$$

mit

$$Q_{11} = \left[I + \frac{dh^T}{\gamma - d^T h} \right] (C^T C)^{-1} \left[I + \frac{hd^T}{\gamma - d^T h} \right],$$

$$q_{12} = - \left[I + \frac{dh^T}{\gamma - d^T h} \right] (C^T C)^{-1} \frac{h}{\gamma - d^T h}, \quad \delta_{22} = \frac{h^T (C^T C)^{-1} h}{(\gamma - d^T h)^2}.$$

Mit der Abkürzung $b = B_o x_o$ wird

$$\sigma = \frac{1}{b^T b} (b^T C, b^T Cd, 0) Q^{-1} (b^T C, b^T Cd, 0)^T$$

$$= \frac{b^T C (C^T C)^{-1} C^T b}{b^T b}$$

Die symmetrische m×m-Matrix $C(C^TC)^{-1}C^T$ hat die beiden Eigenwerte 0 und 1: Aus $C(C^TC)^{-1}C^Tu = \lambda u$ folgt $C^Tu = \lambda C^Tu$, im Fall $C^Tu \neq 0$ also $\lambda = 1$, und im Fall $C^Tu = 0$ folgt direkt $\lambda = 0$. Für den Rayleigh-Quotienten dieser Matrix gilt also $0 \leq \sigma \leq 1$. Der Fall $\sigma = 1$ ist nur möglich, wenn b Eigenvektor von $C(C^TC)^{-1}C^T$ zum Eigenwert 1 ist. Da der Eigenraum gerade der von den Spalten von C aufgespannte lineare Teilraum von R^m ist, wäre dann mit einem Vektor $v \in R^{n-1}$

$$b = B_o x_o = Cv = (C,Cd)\begin{bmatrix} v \\ 0 \end{bmatrix} = (A_o - \lambda_o B_o)\begin{bmatrix} v \\ 0 \end{bmatrix},$$

was nach (6) ausgeschlossen ist. Damit ist $\sigma < 1$ bewiesen.

8. Numerisches Beispiel

Die beiden Methoden der Abschnitte 2 und 3 wurden ausser an dem schon genannten Problem der Membranschwingungen [7] an der Integralgleichung

$$\int_0^1 \frac{f(t)dt}{1 + s + t} = \lambda f(s)$$

erprobt, um Näherungen für deren ersten Eigenwert $\lambda = 0.536\,206\ldots$ zu berechnen. Als Ansatzfunktionen wurden Polynome $g(s) = \alpha_1 + \alpha_2 s + \ldots + \alpha_n s^{n-1}$ verwendet, als Kollokationspunkte die 10 Nullstellen eines Tschebyscheff-Polynoms über [0,1]. Für verschiedene n sind hierunter die Ergebnisse der Orthogonalitätsmethode mit Vektoriteration nach Abschnitt 2 mit C = B und der Methode der minimalen Norm nach Abschnitt 3 mit Normierungsvektor $g = (1,0,\ldots,0)^T$ angegeben, ausserdem die Anzahl der Iterationsschritte bis zum Erreichen der Genauigkeit von 9 Dezimalen.

n	Orth. meth.	It.	min. Norm	It.
2	0.542 818 015	7	0.542 799 254	5
3	0.536 389 129	7	0.536 383 596	14
4	0.536 238 039	7	0.536 237 912	15
5	0.536 207 193	8	0.536 207 190	16

Es fällt auf dass die Resultate der beiden Methoden voneinander viel weniger abweichen als vom gesuchten Eigenwert. Ausser bei n = 2 kostet die Methode der minimalen Norm mehr Iterationsschritte als die Orthogonalitätsmethode. Hinzu kommt noch die Tatsache, dass bei der Methode der minimalen Norm bei jedem Schritt ein lineares Gleichungssystem mit jeweils neuer Koeffizientenmatrix zu lösen ist, während bei der Orthogonalitätsmethode mit Vektoriteration die Koeffizientenmatrix unverändert bleibt, also eine einzige Dreieckszerlegung genügt. Vom Rechenaufwand her hat sich also die Orthogonalitätsmethode als vorteilhafter erwiesen.

Eine andere, noch zu erprobende Möglichkeit ist die Anwendung des Newtonschen Iterationsverfahren auf das nichtlineare Gleichungssystem (4).

Literatur

1. Gantmacher, F.R.: The Theory of Matrices (transl.). New York, Chelsea Publ. Comp. 1959.

2. Kasma, S.: Overbepaalde eigenwaarde problemen. Verslag D-opdracht, Onderafdeling TW, Technische Hogeschool Twente 1975.

3. Luenberger, D.G.: Introduction to Linear and Nonlinear Programming. Reading, Massachusetts, Addison Wesley 1973.

4. Mangasarian, O.L.: Perron-Frobenius properties of $Ax = \lambda Bx$. J. Math. Anal. and Appl. 36 (1971), 86-102.

5. Ortega, J.M., Rheinboldt, W.C.: Iterative Solution of Nonlinear Equations in Several Variables. New York-London, Academic Press 1970.

6. Rodrigue, G.: A gradient method for the matrix eigenvalue problem $Ax = \lambda Bx$. Numerische Math. 22 (1973) 1-16.

7. Wetterling, W.: Einschliessung der Grundfrequenz von Membranen. Memorandum Nr. 53, Onderafdeling TW, Technische Hogeschool Twente 1974.

Ir. S. Kasma
Prof. Dr. W. Wetterling
Technische Hogeschool Twente
Onderafdeling TW
Postbus 217
Enschede-Drienerlo
Niederlande

AN APPLICATION OF A RESTRICTED RANGE VERSION OF THE DIFFERENTIAL CORRECTION ALGORITHM TO THE DESIGN OF DIGITAL SYSTEMS

E. H. Kaufman, Jr. and G. D. Taylor[1]

The differential correction algorithm of Cheney and Loeb uses linear programming to find good generalized rational approximations on a finite point set. An expository discussion of numerical and theoretical results for this algorithm will be given. The application of a restricted range version of the algorithm to the design of digital filters will be considered, with a discussion of numerical results and such topics as continuity of the best approximation operator and degeneracy. A Fortran listing of this weighted, restricted range differential correction program is available upon request.

Introduction

This is an expository paper on the differential correction algorithm for rational Chebyshev approximation.

[1]Supported in part by AFOSR-72-2271

The goals of this paper are threefold: First, we shall summarize some known results pertaining to this algorithm; second, we shall discuss the extension of this algorithm to the restricted range setting; third, we will describe how this extended algorithm can be used for the design of recursive digital filters satisfying prescribed filter frequency response tolerances of arbitrary shape in some frequency bands.

Included in our discussion will be open questions concerning this algorithm and numerical results obtained in our testing of the restricted version of this algorithm. Specifically, a running Fortran program has been developed which extends the differential correction algorithm to treat weighted, restricted range, generalized rational approximation. This program has proven effective to date and a Fortran listing of it is available.

The Differential Correction Algorithm

Let $T \equiv \{t_1, \ldots, t_N\}$ be a finite point set, and let $f, W, \Phi_1, \ldots, \Phi_m, \Psi_1, \ldots, \Psi_n$ be functions defined on T. The set of generalized rational functions on T is defined by

$$R_n^m[T] \equiv \{\frac{P}{Q} = \sum_{i=1}^{m} p_i\Phi_i / \sum_{j=1}^{n} q_j\Phi_j \,\Big|\, p_i, q_j \in \mathbb{R} \,\forall i, j \; Q > 0 \text{ on } T\}$$

where $\mathbb{R}$ denotes the set of real numbers. For each

$R \in R_n^m[T]$ define

$$\| f - W \cdot R \|_T \equiv \max_{t\ T} | f(t) - W(t) \cdot R(t) |.$$

Let $\Delta^* \equiv \inf\{ \| f - W \cdot R \|_T \mid R \in R_n^m[T]\}$. If the infimum is achieved for $R^* \in R_n^m[T]$, we say that R^* is a best approximation to f from $R_n^m[T]$.

The differential correction algorithm introduced by Cheney and Loeb [5] is one of various algorithms that may be applied to this problem. This algorithm proceeds as follows:

(i) Choose any initial approximation $R_o = P_o/Q_o \in R_n^m[T]$.

(ii) Having found $R_k = P_k/Q_k$, compute $\Delta_k \equiv \| f - W \cdot R_k \|_T$, and choose P_{k+1} and Q_{k+1} as a solution of the minimization problem:

minimize the expression

$$\max_{t \in T} \frac{|f(t)Q(t) - W(t)P(t)| - \Delta_k Q(t)}{Q_k(t)}$$

under the restrictions $|q_j| \leq 1$, $j = 1, \ldots, n$.

This minimization problem can be solved as a linear programming problem by introducing a new variable λ and then minimizing λ, subject to the constraints

$$\frac{f(t)Q(t) - W(t)P(t) - \Delta_k Q(t)}{Q_k(t)} \leq \lambda, \qquad t \in T$$

$$\frac{W(t)P(t) - f(t)Q(t) - \Delta_k Q(t)}{Q_k(t)} \leq \lambda, \qquad t \in T$$

$$q_j \leq 1, \qquad 1 \leq j \leq n$$

$$-q_j \leq 1, \qquad 1 \leq j \leq n$$

Since there are usually many more constraints than variables, it is more convenient computationally to solve the dual of this linear programming problem.

The following two theorems have been proved by Barrodale, Powell, and Roberts [1] in the $W(t) \equiv 1$ case.

THEOREM 1. Suppose P_k/Q_k is not a best approximation to f. Then

(i) $Q_{k+1} > 0$ on T

(ii) $\Delta_{k+1} < \Delta_k$

(iii) $\Delta_k \rightarrow \Delta^*$

THEOREM 2. Suppose $T \subseteq \mathbb{R}$, $N \geq m + n - 1$, $\Phi_i(t) = \Psi_i(t) = t^{i-1}$ $\forall i$, and f is normal. Then $\Delta_k \rightarrow \Delta^*$ quadratically, and $\| R_k - R^* \|_T$, $\| Q_k - Q^* \|_T$, $\| P_k - P^* \|_T$ are dominated by quadratically converging sequences.

As usual, f is said to be normal if there exists a best approximation $R^* = P^*/Q^*$ to f for which the defect, $d = \min(m - 1 - \partial P^*, n - 1 - \partial Q^*)$, is zero.

The proof of theorem 1 goes through unchanged if W(t) is allowed to take on arbitrary values; quadratic convergence can still be proved if W is allowed to take on arbitrary positive values (see next section).

Although convergence of Δ_k is guaranteed for any initial approximation, a good choice for P_o/Q_o will greatly reduce the computation time. A method suggested by Lee and Roberts [22] which accomplishes this is to first use one iteration of Loeb's algorithm; that is, minimize $\| f \cdot Q - W \cdot P \|_T$, subject to $q_1 = 1$. If this procedure produces an approximation with a denominator which does not change sign on T, as has nearly always happened in the examples we have run, then normalize this approximation and use it as P_o/Q_o; otherwise, take $P_o/Q_o \equiv 0/\Psi_1$ (assuming $\Psi_1 > 0$ on T). Also, we have found that for problems involving large N (say ≥ 100) it is often more efficient to run the program on some subset of T and then use the resulting approximation to initialize the full problem.

There is another version of the differential correction algorithm (Cheney and Loeb [6], Cheney and Southard [8], Rice [29. p. 116], Cheney [4, P. 171]) which differs from the one considered here (henceforth known as the ODC algorithm) in that the denominator $Q_k(t)$ of the expression to be minimized is not present; quadratic convergence has not been proved for this algorithm and experimental evidence (Barrodale, Powell, and Roberts [1], Lee and Roberts [22]) indicates that the ODC algorithm is superior. In fact, in computer comparisons run by Lee and Roberts [22] with several algorithms, only the Remez algorithm (see, for example, Rice [29, p. 109], Werner [34, 37], Fraser and Hart [14]) was faster. Although the time difference is considerable, owing largely to the fact that the Remez algorithm works only with a small reference set at each step rather than with all of T, the Remez algorithm may fail to converge if the initial reference set is not good enough. Furthermore, the ODC algorithm has a broader range of applicability; for example, it can handle approximation of functions of several variables, as well as simultaneous approximation of several functions (Kaufman and Taylor [19]).

Dua and Loeb [10] discuss the application of the ODC algorithm when $\Phi_i(t) = \Psi_i(t) = t^{i-1} \forall i$, $W(t) \equiv 1$, and T is $[0, 1]$ instead of a finite point set. Assuming the minimization subproblem can be carried out (this will no longer be a linear programming problem), they show that convergence will occur if f is normal and the initial approximation P_o/Q_o satisfies $\|f - P_o/Q_o\|_{[0,1]} < \inf \{ \|f - R\|_{[0,1]} \mid R \in R^{m-1}_{n-1}[0, 1]\}$. Quadratic convergence then follows, since Barrodale, Powell, and Roberts [1] needed the finiteness assumption on T only in proving that $\Delta_k \to \Delta^*$. It is not known whether the assumption on P_o/Q_o is necessary, but Dua and Loeb have conjectured that it is not.

A Fortran listing for the ordinary (unrestricted) version of the ODC algorithm has appeared in Kaufman and Taylor [20]. Braess [3] and Belford and Burkhalter [2] have considered differential correction type algorithms for approximation by exponential sums.

Restricted Range Approximation

We now consider the situation where the desired approximation is to be bounded by given upper and/or lower restraining curves at certain points. Accordingly, let U and L be functions defined on finite point sets T_1 and T_2, respectively, and require each approximating rational function R = P/Q, to satisfy $R(t) \leq U(t) \forall t \epsilon T_1$ and $R(t) \geq L(t) \forall t \in T_2$. This is accomplished by including with the constraints given previously, the new constraints

$$P(t) \leq Q(t)U(t), \quad t \in T_1$$
$$-P(t) \leq -Q(t)L(t), \quad t \in T_2.$$

If the initialization routine produces an approximation whose denominator changes sign on T, then it may be a nontrivial problem to find any approximation satisfying the constraints; for this reason it may be advisable to also insert in the initialization routine constraints

$$-Q(t) \leq -\varepsilon \ (t \in T)$$

for some small positive ε.

Except for quadratic convergence, the results of Barrodale, Powell, and Roberts [1] go through just as before, assuming there is an $R \in R_n^m[T]$ which satisfies the new constraints. As we shall see later, quadratic convergence also can be proved, even in the generalized approximation setting; this is an extension of a result proved in [21].

Since we are often interested in obtaining a rational approximation which is good over a closed interval of the real line or a finite union of closed intervals, and the ODC algorithm can be effectively applied only on a finite point set, we need some discretization results.

THEOREM 3. Suppose I, I_1, I_2 are finite unions of closed intervals, with f, $W \in C[I]$, $U \in C[I_1]$, $L \in C[I_2]$, and $W > 0$ on I. Suppose $\Phi_i(t) = \Psi_i(t) = t^{i-1} \forall i$ and $T \subseteq I \cup I_1 \cup I_2$. Define

$$|T| \equiv \sup_{x \in I \cup I_1 \cup I_2} \inf_{t \in T} |x - t|,$$

$$\overline{R}_n^m[I] \equiv \{R \in R_n^m[I] \mid R(t) \leq U(t) \,\forall t \in I_1,\ R(t) \geq L(t) \,\forall t \in I_2\}$$

$$\overline{R}_n^m[T] \equiv \{R \in R_n^m[T \cap I] \mid R(t) \leq U(t) \,\forall t \in T \cap I_1,\ R(t) \geq L(t) \,\forall t \in T \cap I_2\}.$$

Suppose f is normal with respect to $\overline{R}_n^m[I]$, and satisfies $f(t) \leq U(t) \,\forall t \in I \cap I_1$, $f(t) \geq L(t) \,\forall t \in I \cap I_2$. Suppose further that the best approximation R* to f from $\overline{R}_n^m[I]$ has no poles in the smallest closed interval, J, containing $I \cup I_1 \cup I_2$ (in particular, this will occur if $I \cup I_1 \cup I_2$ is an interval). Then

(i) $\exists \delta > 0$ such that for any finite T with $|T| < \delta$, f has a best approximation R_T on T from $\overline{R}_n^m[T]$, <u>with</u> $R_T \notin \overline{R}_{n-1}^{m-1}[T]$, and R_T is pole-free on I.

(ii) $\lim_{|T| \to 0} \| R_T - R^* \|_I = 0.$

PROOF. (sketch) We first note that uniqueness of R* follows by a zero counting argument from the alternation theorem at the end of this section. Let $B_T \equiv \{R \in \overline{R}_n^m[T] \,\big|\, \| f - W \cdot R \|_{T \cap I} \leq \| f - W \cdot R^* \|_I\}$. By rather standard arguments one shows that if $T^{(k)} \subseteq I \cup I_1 \cup I_2$, $|T^{(k)}| \to 0$ and $R^{(k)} \in B_{T^{(k)}} \,\forall k$, then $\| R^{(k)} - R^* \|_I \to 0$. Since $Q^* \geq \varepsilon$ on I for some $\varepsilon > 0$, it now follows that $\exists \delta > 0$ such that if $|T| < \delta$, then for all $R = P/Q \in B_T$ we must have $Q > \frac{\varepsilon}{2}$ on $T \cap I$. Thus by compactness some $R \in B_T$ is a best approximation to f from $\overline{R}_n^m[T]$. (ii) also follows from the above arguments.

If the best approximation to f from $\overline{R}_n^m[I]$ fails to exist or f is not normal, we can still prove the following theorem by standard arguments.

THEOREM 4. Suppose the hypotheses of the previous theorem are satisfied, except for the existence (and thus normality and pole-free) assumptions. Then

$$\inf_{R \varepsilon \overline{R}_n^m[T]} \| f - W \cdot R \|_T \to \inf_{R \varepsilon \overline{R}_n^m[I]} \| f - W \cdot R \|_I \text{ as } |T| \to 0.$$

Dunham [12] has a similar theorem in the generalized nonrestricted case, although his hypotheses imply the existence of a best approximation from $\overline{R}_n^m[T]$ for all T; this is not necessary for the above theorem.

In the remainder of this section we will consider some results on characterization of best approximations and continuity of the best approximation operator. Many authors have worked on such problems in the nonrestricted case; for example, Maehly and Witzgall [27], Werner [35], Loeb [24], Cheney and Loeb [7]. We will consider the generalized rational situation; that is, $\{\Phi_1, \ldots, \Phi_m\}$ and $\{\Psi_1, \ldots, \Psi_n\}$ are arbitrary linearly independent sets of functions, and we will usually not require T to be finite.

Let T, T_1, T_2 be any compact topological spaces, and suppose $W \varepsilon C[T]$, $U \varepsilon C[T_1]$, $L \varepsilon C[T_2]$ with $W > 0$ on T and $L < U$ on $T_1 \cap T_2$. Suppose $f \varepsilon \overline{C}[T] \equiv \{h \varepsilon C[T] \mid h \leq U$ on $T \cap T_1$ and $h \geq L$ on $T \cap T_2\}$. Let $\overline{R}_n^m[T] \equiv \{R \varepsilon R_n^m[T] \mid R \leq U$ on T_1 and $R \geq L$ on $T_2\}$; we will always assume that there is at least one $R \varepsilon \overline{R}_n^n[T]$ for which $R < U$ on T_1

and $R > L$ on T_2. For any $R \in \overline{R}_n^m[T]$, let S_R be the subspace of $C[T \cup T_1 \cup T_2]$ spanned by $\{\Phi_1, \ldots, \Phi_m, R \cdot \Psi_1, \ldots, R \cdot \Psi_n\}$. We say that S_R is a Haar subspace of $C[T \cup T_1 \cup T_2]$ if no element of S_R which is not identically zero on $T \cup T_1 \cup T_2$ can have more than $\dim(S_R) - 1$ zeros in $T \cup T_1 \cup T_2$. We further say that f is normal if T has at least $m + n - 1$ points and f has a best approximation $R^* \in \overline{R}_n^m[T]$ such that S_{R^*} is a Haar subspace of dimension $m + n - 1$. For given $f \in \overline{C}[T]$ and $R \in \overline{R}_n^m[T]$ we introduce the notation

$$T_{+1} \equiv \{t \in T \mid f(t) - W(t)R(t) = \|f - W \cdot R\|_T\}$$

$$T_{-1} \equiv \{t \in T \mid f(t) - W(t)R(t) = - \|f - W \cdot R\|_T\}$$

$$T_{+2} \equiv \{t \in T_2 \mid R(t) = L(t)\}$$

$$T_{-2} \equiv \{t \in T_1 \mid R(t) = U(t)\}$$

$$T_R \equiv T_{+1} \cup T_{+2} \cup T_{-1} \cup T_{-2}$$

T_R is called the set of extreme points of $f - R$. If $f \notin \overline{R}_m^m[T]$, then we have that $T_{+1} \cup T_{+2}$ and $T_{-1} \cup T_{-2}$ are disjoint, and we can define a function σ_R on T_R by

$$\sigma_R(t) \equiv \begin{cases} +1, & \text{if } t \in T_{+1} \cup T_{+2} \\ -1, & \text{if } t \in T_{-1} \cup T_{-2} \end{cases}$$

The following theorem was proved (in a more general setting) by Loeb, Moursund, and Taylor [26].

THEOREM 5. Suppose W, L, U are as above, $T = T_1 = T_2$, $f \in \overline{C}[T]$, $R \in \overline{R}_n^m[T]$, and S_R is a Haar subspace. For any $t \in T_R$, let $\hat{t} = (g_1(t), \ldots, g_s(t))$, where $\{g_1, \ldots, g_s\}$ is a basis for S_R. Let H_R denote the convex hull of

$\{\sigma_R(t) \cdot \hat{t} \mid t \in T_R\}$. Then R is a best approximation to f if and only if $0 \in H_R$, where 0 denotes the origin in s-space; furthermore, if R is best it will be unique.

PROOF: (sketch) Observe that $f(t) - W(t)R(t) = W(t) \cdot [\frac{f(t)}{W(t)} - R(t)] \forall t \in T$. The theory of Loeb, Moursund, and Taylor [26] now applies to the problem of approximating $\frac{f}{W}$ from $\{R \in R_n^m(T) \mid \ell \leq \frac{f}{W} - R \leq \mu\}$, where we take $\mu = \frac{f}{W} - L$, $\ell = \frac{f}{W} - U$.

A similar type of characterization theorem which involves a linear functional is proved by K. A. Taylor [32]. She also proves the following theorem, with the additional assumptions that T is a perfect set and $T \cup T_1 \cup T_2$ is a closed interval on the real line, but her proof goes through without these additional assumptions, where the weight function W is absorbed into $\Phi_1, \ldots, \Phi_m$, L, and U. Loeb and Moursund [25] have a similar theorem in the generalized weight function setting.

THEOREM 6. Suppose W, L, U are as above, and suppose $f \in \overline{C}[T]$ is normal, with best approximation $R^* \in \overline{R}_n^m[T]$. Then

(i) (Strong uniqueness) $\exists \alpha > 0$ such that

$\| f - W \cdot R \|_T \geq \| f - W \cdot R^* \|_T + \alpha \| R - R^* \|_T$ for all $R \in \overline{R}_n^m[T]$.

(ii) (Continuity) There exists a constant $\beta > 0$ such that for any best approximation $R_o \in \overline{R}_n^m[T]$ to $f_o \in \overline{C}[T]$, $\| R_o - R^* \|_T \leq \beta \| f_o - f \|_T$.

We conjecture here that if $f_o \in \overline{C}[T]$ and

$\|f_o - f\|_T$ is sufficiently small, then R_o must exist. Because of the continuity theorem we are guaranteed that sufficiently small errors in computing f will not lead to large errors in computing an approximation for f.

Using the strong uniqueness theorem we can state and prove the quadratic convergence theorem referred to earlier, but first we need the generalized analogue of a lemma used by Barrodale, Powell, and Roberts [1].

LEMMA 1. Suppose $R^* = P^*/Q^* \in R_n^m[T]$ and the space spanned by $\{\Phi_1, \ldots, \Phi_m, R^* \cdot \Psi_1, \ldots, R^* \cdot \Psi_n\}$ is a Haar subspace of $C[T]$ with dimension $m + n - 1$. Then $\exists \Theta > 0$ such that for all $R = P/Q \in R_n^m[T]$, $\|Q-Q^*\| \leq \Theta \|R-R^*\|$, where R and R^* are each normalized so that the maximum of the absolute values of the denominator coefficients is 1.

PROOF: Dua and Loeb [10] prove this lemma in the case where $T = [0, 1]$ and $\Phi_i(t) = \Psi_i(t) = t^{i-1} \forall i$, but the only place they require these conditions is in proving that if $Q \geq 0$ on T and $P + R^*Q \equiv 0$ on T, then $P = CP^*$ and $Q = CQ^*$ on T for some $C > 0$. This fact, however, follows from an argument of the type given by Cheney [4, p. 165].

THEOREM 7. Suppose T, T_1, T_2 are finite sets, with W, L, U as above. If f is normal, then the sequence of error norms of the approximations produced by the differential correction algorithm converges quadratically to $\Delta^* \equiv \|f - R^*\|_T$, and $\|R_k - R^*\|_T$, $\|Q_k - Q^*\|_T$,

$\| P_k - P^* \|_T$ are bounded by quadratically convergent sequences.

PROOF: Using the strong uniqueness theorem and the lemma above, the quadratic convergence proof of Barrodale, Powell, and Roberts [1] goes through where W is absorbed into $\Phi_1, \ldots, \Phi_m$, L, and U.

We close this section with an alternation theorem which will be useful in assessing the performance of the ODC algorithm.

THEOREM 8. Suppose T, T_1, T_2 are finite sets of real numbers or finite unions of closed intervals, and let I be the smallest closed interval containing $T \cup T_1 \cup T_2$. Suppose W, L, U are as above, with $f \in \overline{C}[T]$ and $f \notin \tilde{R}_n^m[T] \equiv \{R = P/Q \in \overline{R}_n^m[T] \mid Q > 0 \text{ on } I\}$. If $R \in \tilde{R}_m^m[T]$ and $\{\Phi_1, \ldots, \Phi_m, R \cdot \Psi_1, \ldots, R \cdot \Psi_n\}$ spans a Haar subspace of C[T] of dimension s, then R is a best approximation to f from $\tilde{R}_n^m[T]$ if and only if there are points $t_1 < \ldots < t_{s+1} \in T_R$ such that $\sigma_R(t_{i+1}) = -\sigma_R(t_i)$ for i = 1, ..., s.

PROOF: If $T = T_1 = T_2 = I$, then the result can be obtained from the work of Loeb, Moursund, and Taylor [26] by the arguments used in Theorem 5. If $T \neq I$ or $T_1 \neq I$ or $T_2 \neq I$, and R is best but $f - W \cdot R$ does not have enough alternations, then we can extend f, W, U, and L continuously to all of I in such a way that $L \leq f \leq U$ on I, $L \leq R \leq U$ on I, the number of alternations is unchanged, and R is still best in the extended setting; this gives a contradiction. The converse follows from a zero counting argument.

An interesting open problem here would be to investigate what happens when the assumption $Q > 0$ on I is omitted.

Design of Digital Filters

We now consider an important application of the ODC algorithm; namely, the design of recursive (i.e. nonlinear) digital filters. The most common types of filter functions have value 1 on some closed subintervals of $[0, \pi]$ (the passbands), have value 0 on other (disjoint) closed subintervals of $[0, \pi]$ (the stopbands), and are undefined in the remaining open intervals (the transition bands). The independent variable represents the (normalized) frequency of a component of an incoming signal, while the dependent variable signifies the (magnitude squared) response of the filter. In order to convert an idealized filter into hardware, one would like to approximate it by a rational function of the form $R(t) = (\sum_{i=1}^{m} p_i \cos(i-1)t)/\sum_{j=1}^{n} q_j \cos(j-1)t)$ with the restriction that $R(t)$ be nonnegative on $[0, \pi]$. In addition, other restricted range conditions are sometimes desirable. Often the error in some bands is more critical than in others, so a positive multiplicative weight function $W(t) \not\equiv 1$ is included in the approximation problem.

This problem has been attacked with a wide variety of methods, both numerical and analytical (see Helms [17] for a survey). In the nonrecursive (i.e. linear, m=1) case, a number of authors (Gimlin, Cavin, and Budge [15],

Hersey, Tufts, and Lewis [18], Lewis [23]) have used a restricted range version of the Remez algorithm based on theory developed by Taylor [30, 31]. In the recursive case, Deczky [9] uses a version of the Remez algorithm which allows for the possibility of certain nonlinear constraints among the coefficients in the numerator and denominator. Dudgeon [11] uses the ordinary version of the ODC algorithm (without restricted range constraints) to design recursive filters. He points out that, at a slight cost in accuracy, one can obtain the restricted range condition $R(t) \geq 0$ by translating upward an approximation produced by his program (if $m \geq n$). We note that the restricted range version of the ODC discussed in this paper allows one to impose the restricted range conditions directly. Other linear programming approaches to the design of recursive filters with restricted range conditions, involving approximating the filter function indirectly by forcing R to lie between upper and lower constraining curves, are discussed by Rabiner, Graham, and Helms [28], and Thajchayapong and Rayner [33]. In an entirely different approach to the filter problem, Gutknecht [16] uses the Kolmogoroff criterion to do the approximation in the complex plane directly without first approximating the magnitude squared response of the desired filter as we do in this paper.

Although the problem we are considering here appears to be one of strictly generalized rational approximation, it is equivalent to a problem of ordinary polynomial rational approximation. For example, consider a lowpass filter f defined by

$$f(t) = \begin{cases} 1, & 0 \le t \le \omega_1, \\ 0, & \omega_2 \le t \le \pi \end{cases} \quad \text{where } 0 < \omega_1 < \omega_2 < \pi$$

Let $R(t) = (\sum_{i=1}^{m} p_i \cos(i-1)t)/(\sum_{j=1}^{n} q_j \cos(j-1)t)$ be an approximation to f. Making the change of variable $x = 1-\cos t$, we get an approximation $R(x)=(\sum_{i=1}^{m} p_i \cos(i-1) \operatorname{Arccos}(1-x))/(\sum_{j=1}^{n} q_j \cos(j-1) \operatorname{Arccos}(1-x)) =$

$$= (\sum_{i=1}^{m} p_i T_{i-1}(1-x))/(\sum_{j=1}^{n} q_j T_{j-1}(1-x)) = (\sum_{i=1}^{m} \tilde{p}_i x^{i-1})/(\sum_{j=1}^{n} \tilde{q}_j x^{j-1})$$

where T_k is the kth Chebyshev polynomial. The function $\tilde{f}$ we are now approximating is defined by

$$\tilde{f}(x) = \begin{cases} 1, & 0 \le x \le 1 - \cos \omega_1 \\ 0, & 1 - \cos \omega_2 \le x \le 2. \end{cases}$$

$\tilde{f}$ is similar to f except that the bands have changed their size and location. Noting that for any $t \in [0,\omega_1] \cup [\omega_2,\pi]$ we have $x \in [0, 1 - \cos \omega_1] \cup [1 - \cos \omega_2, 2]$ and $\tilde{f}(x) - \tilde{W}(x)\tilde{R}(x) = f(t) - W(t)R(t)$ (where $\tilde{W}(x) = W(\operatorname{Arccos}(1-x)) = W(t)$) we see that (except for roundoff error) applying the differential correction algorithm with some finite T, T_1, $T_2 \subset [0, \pi]$ to the original problem will yield the same sequence of approximations as applying the differential correction algorithm to the new problem with the corresponding subsets of [0,2]. Although there may be little advantage in actually making the transformation (for one thing, equally spaced grids in the original problem correspond to unequally spaced grids in the new problem), we are still entitled to use any theorems proved for the ordinary polynomial rational function case. Another consequence of this equivalence is that best approximations exist in the nondiscretized situation if W is continuous and positive on the passbands and stopbands, since the existence proof for ordinary polynomial rational approximation goes through as long as the domains of the functions involved have no isolated points [32].

If a rational approximation is to be used to design a filter, it must have no poles in $[0,\pi]$. Although the results of Barrodale, Powell and Roberts [1] imply that $Q(t) > 0 \ \forall t \in T$, it is conceivable that Q could be negative or zero between the points of T. Indeed, the approximation procedure used by Rabiner, Graham, and Helms [28] produced an approximation with a pole in a transition band in one example; the remedy was to modify the computed approximation slightly to eliminate the pole. If the filter function to be approximated is normal, then it follows from Theorem 3 that the best approximation on T (and thus the R_k's produced by the ODC algorithm, for k sufficiently large) will be pole-free in the passbands and stopbands if T is a sufficiently fine grid. In the transition bands we could have $Q(t) < 0$ at some $t \in T_2$ in spite of the restriction $\frac{P(t)}{Q(t)} \geq 0$; however, if we also impose an upper constraint with $U(t) > 0$, then the two inequalities

$$P(t) - Q(t) \cdot U(t) \leq 0$$

$$-P(t) + Q(t) \cdot L(t) \leq 0$$

at least imply $Q(t) \geq 0$ (here $L(t) = 0$.) Yet another

approach to the pole problem is to include constraints of the form

$$-Q(t) \leq -\varepsilon, \quad t \in T \cup T_1 \cup T_2.$$

Since the slope of Q is bounded (because of the requirements $|q_j| \leq 1$ for $j = 1, \ldots, n$), this will guarantee that the approximation will be pole-free on $[0, \pi]$ if $|T \cup T_1 \cup T_2|$ is sufficiently small. One effect of this procedure is that the constraints on Q may produce a restricted range effect and cause some of the alternations of the error function to be replaced by Q achieving its lower bound (we have run examples where this happened.)

Because of the importance of normality in the theory discussed in this paper, we now consider the question of whether specific filter functions are normal. We will make use of Theorem 8, noting that because of the equivalence between our problem and the problem of approximation by ordinary polynomial rational functions, the space spanned by $\{1, \ldots, \cos(m-1)t, R, \ldots, R \cdot \cos(n-1)t\}$ will be Haar if T has at least $m+n-1$ points, with dimension $s = m+n-1-d$; the defect d is $\min\{m-1-\partial P, n-1-\partial Q\}$, where ∂P, ∂Q are taken to be the orders of the highest order terms in P and Q with nonzero coefficient (we assume P/Q is in lowest terms). We have

THEOREM 9. Let f be a lowpass filter function, that is, f is 1 on $[0, \omega_1]$ and 0 on $[\omega_2, \pi]$ where $0 < \omega_1 < \omega_2 < \pi$. Suppose we impose the restrictions $R > 0$ on $[\omega_1, \pi]$, $R < 1$ on $[\omega_1, \omega_2]$, and suppose W is positive and constant on both $[0, \omega_1]$ and $[\omega_2, \pi]$. If $R^* = P^*/Q^*$ is the best approximation to f from $\bar{R}_n^m \equiv \bar{R}_n^m[[0, \omega_1] \cup [\omega_2, \pi]]$, then we have

(i) the defect of R^* is < 1,

(ii) If $m < n$, then f is normal,

(iii) If $n = 3$, then f is normal.

PROOF: We may assume without loss of generality that $\overline{R}_n^m = \{R = P/Q = (p_1 + \ldots + p_m t^{m-1})/(q_1 + \ldots + q_n t^{n-1})$ $\mid R \geq 0$ on $[\omega_1, \pi]$, $R \leq 1$ on $[\omega_1, \omega_2]$, $Q > 0$ on $[0, \pi]$.$\}$ Now by Theorem 8, $f - W \cdot R^*$ has at least m+n-d alternating extreme points, where d is the defect of R^*.

(i) follows since using Rolle's theorem we see that $R^{*\prime}$ must have at least $m + n - d - 4$ zeros on $[0, \omega_1] \cup [\omega_2, \pi]$, but $R^{*\prime} = (Q^*P^{*\prime} - P^*Q^{*\prime})/Q^{*2}$ has numerator of degree at most m+n-2d-3.

(ii) follows since $f - W \cdot R^*$ has at most m-d alternating extreme points on $[\omega_2, \pi]$ (since P^* has at most m-d-1 zeros, counting multiplicity) and at most n-d alternating extreme points on $[0, \omega_1]$ (since $Q^* - W \cdot P^*$ has at most n-d-1 zeros), giving at most m+n-2d in all.

(iii) follows since $d \leq 1$ from (i) and if $d = 1$, then $R^* = aP^*/(t - c)$ for some $a \neq 0$ and some $c \notin [0, \pi]$, and so $R^{*\prime}$ has at most $m-d-2 = m+n-d-5$ zeros in $[0, \pi]$ (to see this, note that the derivative of the numerator of $R^{*\prime}$ is $a(t - c)P^{*\prime\prime}$, which has at most m-d-3 zeros in $[0, \pi]$).

To investigate the normality question numerically, we define

$$f_\alpha(t) = \begin{cases} 1, & 0 \leq t \leq \alpha - .05\pi \\ 0, & \alpha + .05\pi \leq t \leq \pi \end{cases}$$

Doing the approximation on a 41-point equally spaced subdivision of $[0, \pi]$ with the constraints implied by the previous theorem and $W \equiv 1$ we get the results shown in Table 1 for $\overline{R}_1^3$ and $\overline{R}_2^4$.

$I\alpha$	6	12	18	24	30	36
$\Delta^*(\overline{R}_1^3)$	.440	.367	.370	.397	.352	.392
sgn	1	1	-1	-1	-1	1
EP1	4	10	1	1	11	1
	*	*				
EP2	8	14	16	22	28	20
			*	*	*	
EP3	22	24	20	26	32	34
						*
EP4	41	41	36	41	41	38
$\Delta^*(\overline{R}_2^4)$	.186	.298	.300	.273	.295	.205
sgn	-1	-1	1	1	1	-1
EP1	1	1	1	1	1	1
EP2	4	10	8	14	18	16
	*	*				
EP3	8	14	16	22	28	28
			*	*	*	
EP4	13	20	20	26	32	34
						*
EP5	25	31	27	31	37	38
EP6	41	41	41	41	41	41

TABLE 1.

The asterisks mark the positions of the transition bands. The α's and extreme points (EP) are given in terms of the grid; thus, for example, $I\alpha = 6$ means $\alpha = (6 - 1)(.025\pi) = .125\pi$, $I\alpha = 12$ means $\alpha = (12 - 1)(.025\pi) = .275\pi$, etc. Sgn is the sign of $f - W \cdot R^*$ at EP1. These examples were run on a UNIVAC 1106 in double precision (roughly 18 decimal digits of accuracy). The maximum deviations of $|f - W \cdot R^*|$ from Δ^* (or from 0 at lower extremals in the stopband) were of the order of 10^{-16} or better; the $\overline{R}_2^4$ approximations each took 10 seconds to execute on the average, while the $\overline{R}_1^3$ approximations each took 2.5 seconds on the average.

Now f_α is always normal with respect to $\overline{R}_1^3$ in the nondiscretized case, so since the continuity theorem still holds in this situation even though the constraints are changing with α, assuming the alternating extreme points are in roughly the same places as in the discretized case, the error must have at least 5 alternating extrema for some $\alpha \in (.275\pi, .425\pi)$ since an extremum in one band cannot disappear until an extremum appears to take its place. (In this connection we note that as long as $0 < W \cdot R^* < 1$ at the two extreme points surrounding the transition band, the constraints in the transition band will not be used; since if they were, $R^{*\prime}$ would have too many zeros). Thus the approximations to f_{α_1} and f_{α_2} from $\overline{R}_1^3$ are also best from $\overline{R}_2^4$, implying that f_{α_1} and f_{α_2} are not normal with respect to $\overline{R}_2^4$. Experimental evidence indicates that for the f_α's discussed above, if $m > n$ then an extreme point will move from one band to the other for exactly $m - n$ values of α; for these α's, f_α will be non-normal if n is odd, and the error will have an extra alternation if n is even.

It is interesting to note that the location of degenerate α's is affected by the constraints. For example, direct computation of the element of $\overline{R}_1^2$ giving 4 alternating extreme points shows that in the ordinary polynomial rational function situation, f_α is non-normal with respect to $\overline{R}_2^3$ only for $\alpha = \frac{13}{20}\pi$; we have

$R^*(t) = -\frac{10}{7\pi}t + \frac{10}{7}$ with $\Delta^* = \frac{3}{7}$. If there are no constraints f_α is non-normal with respect to $\bar{R}_2^3$ only for $\alpha = \frac{1}{2}\pi$, with $R^*(t) = -\frac{20}{11\pi}t + \frac{31}{22}$ and $\Delta^* = \frac{9}{22}$.

The situation with regard to filter functions with more bands appears to be more complicated, with extreme points moving from band to band in a rather irregular fashion.

We conclude the paper with a discussion of the third example run by Dudgeon [11] in the unrestricted case. He approximates the function f defined by

$$f(t) = \begin{cases} 1, & 0 \le t \le 0.2\pi \\ 0.0123, & 0.4\pi \le t \le \pi \end{cases}$$

from R_3^{10} over a grid of points with spacing $\pi/256$. Dudgeon's result had $\Delta^* = 2.01 \times 10^{-4}$ while we obtained 1.84×10^{-4}. An algebraic check of our result showed that $Q(t) > 0$ for all $t \in [0, \pi]$. Although time comparisons between different machines are not dependable, Dudgeon used roughly 10 minutes on an IBM 360/67, while we used roughly 7 minutes on a UNIVAC 1106; this includes the time we spent running the program on a grid with spacing $\pi/64$ to get a good starting approximation for the main problem. We also ran Dudgeon's other examples, with similar results.

REFERENCES

1. Barrodale, I., Powell, M. J. D., and Roberts, F. D. K.: The Differential Correction Algorithm for Rational ℓ_∞ Approximation. SIAM J. Numer. Anal., 9(1972), 493-504.

2. Belford, G. G., and Burkhalter, J. F.: A Differential Correction Algorithm for Exponential Curve Fitting. Technical report UIUC-CAC-73-92, Center for Advanced Computation, Univ. of Illinois, Urbana (1973).

3. Braess, D.: Die Konstruktion der Tschebyscheff-Approximierenden bei der Anpassung mit Exponentialsummen. J. Approx. Theory, 3(1970), 261-273.

4. Cheney, E. W.: Introduction to Approximation Theory. McGraw-Hill, New York, 1966.

5. Cheney, E. W., and Loeb, H. L.: Two New Algorithms for Rational Approximation. Numer. Math., 3(1961), 72-75.

6. Cheney, E. W., and Loeb, H. L.: On Rational Chebyshev Approximation. Numer. Math., 4(1962), 124-127.

7. Cheney, E. W., and Loeb, H. L.: On the Continuity of Rational Approximation Operators. Arch. Rational Mech. Anal., 21(1966), 391-401.

8. Cheney, E. W., and Southard, T. H.: A Survey of Methods for Rational Approximation with Particular Reference to a New Method based on a Formula of Darboux. SIAM Review, 5(1963), 219-231.

9. Deczky, A. G.: Equiripple and Minimax (Chebyshev) Approximations for Recursive Digital Filters. IEEE Trans. Acoust., Speech, and Sig. Proc., ASSP-22 (1974), 98-111.

10. Dua, S. N., and Loeb, H. L.: Further Remarks on the Differential Correction Algorithm. SIAM J. Numer. Anal., 10(1973), 123-126.

11. Dudgeon, D. E.: Recursive Filter Design using Differential Correction. IEEE Trans. Acoust., Speech, and Sig. Proc., submitted.

12. Dunham, C. B.: Rational Chebyshev Approximation on Subsets . J. Approx. Theory, 1(1968), 484-487.

13. Dunham, C. B.: Varisolvent Approximation on Subsets. Proc. of the International Symposium on Approx. Theory, Austin, Texas (January 1973), edited by G. G. Lorentz, Academic Press, 337-340.

14. Fraser, W., and Hart, J. F.: On the Computation of Rational Approximations to Continuous Functions. Comm. Assoc. Comput. Mach., 5(1962), 401-403.

15. Gimlin, D. R., Cavin, R. K. III, and Budge, M. C.,Jr.: A Multiple Exchange Algorithm for Best Restricted Approximations. SIAM J. Numer. Anal., 11(1974), 219-231.

16. Gutknecht, M: Ein Abstiegsverfahren für Gleichmässige Approximation, mit Anwendungen. Thesis, Eidgenössischen Technischen Hochschule Zürich, 1973.

17. Helms, H. D.: Digital Filters with Equiripple or Minimax Responses. IEEE Trans. Audio and Electroacoustics, AU-19(1971), 85-93.

18. Hersey, H. S., Tufts, D. W., and Lewis, J. T.: Interactive Minimax Design of Linear Phase Nonrecursive Digital Filters Subject to Upper and Lower Function Constraints. IEEE Trans. Audio and Electroacoustics, AU-20(1972), 171-173.

19. Kaufman, E. H.,Jr. and Taylor, G. D.: An Application of Linear Programming to Rational Approximation. Rocky Mtn. J. of Math., 4(1974), 371-373.

20. Kaufman, E. H.,Jr. and Taylor, G. D.: Uniform Rational Approximation of Functions of Several Variables. Numerical Methods in Engineering, 9(1975), 297-323.

21. Kaufman, E. H., Jr. and Taylor, G. D.: Quadratic Convergence of the Differential Correction Algorithm. In preparation.

22. Lee, C. M. and Roberts, F. D. K.: A Comparison of Algorithms for Rational ℓ_∞ Approximation. Math. Comp., 27(1973), 111-121.

23. Lewis, J. T.: Restricted Range Approximation and Its Application to Digital Filter Design. Math. Comp., to appear.

24. Loeb, H. L.: Approximation by Generalized Rationals. J. SIAM Numer. Anal., 3(1966), 34-55.

25. Loeb, H. L. and Moursund, D. G.: Continuity of the Best Approximation Operator for Restricted Range Approximations. J. Approx. Theory, 1(1968), 391-400.

26. Loeb, H. L., Moursund, D. G. and Taylor, G. D.: Uniform Rational Weighted Approximations Having Restricted Ranges. J. Approx. Theory, 1(1968), 401-411.

27. Maehly, H. J. and Witzgall, C.: Tschebyscheff-Approximationen in Kleinen Intervallen II. Numer. Math., 2(1960), 293-307.

28. Rabiner, L. R., Graham, N. Y., and Helms, H. D.: Linear Programming Design of IIR Digital Filters with arbitrary Magnitude Functions. IEEE Trans. Acoust., Speech, and Sig. Proc., ASSP-22 (1974), 117-123.

29. Rice, J. R.: The Approximation of Functions, II. Addison-Wesley, Reading, 1969.

30. Taylor, G. D.: Approximation by Functions Having Restricted Ranges III. J. Math. Anal. Appl., 27(1969), 241-248.

31. Taylor, G. D. and Winter, M. J.: Calculation of Best Restricted Approximations. SIAM J. Numer. Anal., 7(1970), 248-255.

32. Taylor, K. A.: Contributions to the Theory of Restricted Polynomial and Rational Approximation. Thesis, Michigan State University, 1970.

33. Thajchayapong, P. and Rayner, P. J. W.: Recursive Digital Filter Design by Linear Programming. IEEE Trans. Audio and Electro-acoustics. AU-21(1973), 107-112.

34. Werner, H.: Tschebyscheff-Approximation in Bereich der Rationalen Funktionen bei Vorliegen einer Guten Ausgangsnaherung. Arch. Rat. Mech. Anal., 10(1962), 205-219.

35. Werner, H.: On the Rational Tschebyscheff Operator. Math. Zeitschr, 86(1964), 317-326.

36. Werner, H.: Diskretisierung bei Tschebyscheff-Approximation mit Verallgemeinerten Rationalen Funktionen. ISNM, 9(1968), 381-390.

37. Werner, H. Theoretische und Praktische Ergebnisse auf dem Gebeit der Tschebyscheff-Approximationen mit Rationalen Funktionen. Vortrag gehalten in Grenoble (20 Marz 1968).

Department of Mathematics
Central Michigan University
Mount Pleasant, MI 48859, U.S.A.

and

Department of Mathematics
Colorado State University
Fort Collins, CO 80523, U.S.A.

EIN AUFSTIEGSVERFAHREN ZUR KONSTRUKTION POLYNOMIALER MINIMALLÖSUNGEN IN DER KOMPLEXEN EBENE

VOLKER KLOTZ

For a compact region B of the complex plane let H(B) denote the class of functions f continuous on B and holomorphic on int B. The problem of determining the best uniform polynomial approximation for a given function $f \in H(B)$ is studied. In the first part a descent algorithm is presented, which solves the problem on a discrete subset on the boundary of B. Using this algorithm in the second part an ascent algorithm is derived, which converges to the best approximation on the boundary of B, which is at the same time the best approximation on B.

0. EINLEITUNG:

Es sei G ein beschränktes Gebiet der komplexen Ebene und $B := \overline{G}$ der Abschluß von G. Weiter sei H(B) die Menge der Funktionen f, die stetig auf B und holomorph auf G sind. In H(B) betrachten wir die Tschebyscheff-Norm

$$\|f\|_B = \max_{z\in B} |f(z)| .$$

Weiter sei $V_n \subset H(B)$ der lineare Teilraum der komplexwertigen Polynome p mit Grad p $\leq$ n. Zu vorgegebenem $f\in H(B)$ heißt das existierende und eindeutig bestimmte Polynom $\tilde{p}\in V_n$ mit

$$\|f - \tilde{p}\|_B \leq \|f - p\|_B \quad \text{für alle } p\in V_n$$

die Minimallösung an f auf B bzgl. V_n mit der Abweichung

$$\rho_{V_n}(f) = \min_{p\in V_n} \|f - p\|_B .$$

Auf Grund des Maximumprinzips ist $\tilde{p}\in V_n$ genau dann Minimallösung an f bzgl. V_n auf B, wenn $\tilde{p}$ die Minimallösung an f bzgl. V_n auf $R = \partial B$ ist. Wir können uns also im folgenden auf die konstruktive Ermittlung des Polynoms bester Approximation an eine vorgegebene Funktion $f\in H(B)$ bzgl. V_n auf R beschränken.

1. DAS VERFAHREN $D(N,\tilde{p};p)$:

Im ersten Teil dieser Arbeit beschreiben wir das Verfahren $D(N,\tilde{p};p)$, welches - ausgehend von dem Startpolynom $\tilde{p}$ - die Minimallösung $p\in V_n$ an f bzgl. V_n auf der Punktmenge

$$N = \{z_j\in R;\ j=1,2,\dots,m,\ m>n+2,\ z_j\neq z_i \text{ für } i\neq j\}$$

liefert.

Zu vorgegebener Punktmenge $N_\zeta \subset N$, $N_\zeta \neq \emptyset$, und zu vorgegebenem $p_k \in V_n$ sei $O(N_\zeta, p_k; q_k, \mu_k)$ das lineare Optimierungsproblem:

Maximiere die Zahl $\tilde{\mu}_k$ unter den Nebenbedingungen

$\mathrm{Re}\{(f(z) - p_k(z))q_k(z)\} - \tilde{\mu}_k \geq 0$ für $z \in N_\zeta$,

$|a_j^{(k)}| \leq 1$, $|b_j^{(k)}| \leq 1$ für $j=0,1,\ldots,n$,

wobei

$$q_k(z) = \sum_{j=0}^{n} (a_j^{(k)} + i \cdot b_j^{(k)}) z^j$$

mit $a_j^{(k)}, b_j^{(k)} \in \mathbb{R}$ sei. Das maximale $\tilde{\mu}_k$ nennen wir μ_k.

Die Aufgabe $O(N_\zeta, p_k; q_k, \mu_k)$ besitzt mindestens eine Lösung. Wir setzen weiter

$$F_k = \|f - p_k\|_N \quad ,$$

$$N(p_k) = \{z \in N;\ |f(z) - p_k(z)| = F_k\}$$

und mit $\varepsilon_k \in \mathbb{R}$ schließlich

$$N_{\varepsilon_k} = \{z \in N;\ |f(z) - p_k(z)| \geq F_k - \varepsilon_k\}.$$

Mit dem Startpolynom $\tilde{p} = p_0 \in V_n$ und mit $\varepsilon_0 = \frac{1}{2}F_0$ verläuft der k'te Schritt des Verfahrens $D(N, \tilde{p}; p)$

(1) Löse die Aufgabe $O(N_{\varepsilon_k}, p_k; q_k, \mu_k)$.

(2) (a) $\mu_k = 0$:

(α) $N_{\varepsilon_k} = N(p_k)$:

$p = p_k$ ist Minimallösung.

(β) $N_{\varepsilon_k} \neq N(p_k)$:

Setze

$$\varepsilon_{k+1} := \frac{\varepsilon_k}{2} \quad \text{und} \quad p_{k+1} := p_k .$$

(b) $\mu_k > 0$:

Setze

$$p_{k+1} = p_k + h_k \cdot q_k$$

mit

$$h_k = \min\left(\frac{\mu_k}{\|q_k\|_N^2}, \frac{\varepsilon_k}{2} \cdot \frac{2\|f-p_k\|_N - \varepsilon_k}{\mu_k + r_k}\right).$$

Hierbei ist

$$\tilde{r}_k = \min(\mathrm{Re}\{(f(z)-p_k(z))q_k(z)\}, z\in N, z\notin N_{\varepsilon_k})$$

und

$$r_k = \begin{cases} -\tilde{r}_k , & \text{falls } \tilde{r}_k < 0 \\ 0 , & \text{falls } \tilde{r}_k \geq 0 \end{cases} .$$

Außerdem definieren wir

$$\tilde{\varepsilon}_{k+1} = \begin{cases} \frac{\varepsilon_k}{2} , & \text{falls } \mu_k \leq \varepsilon_k \\ \varepsilon_k , & \text{falls } \mu_k > \varepsilon_k \end{cases}$$

und schließlich

$$\varepsilon_{k+1} = \min \left(\tilde{\varepsilon}_{k+1} , \frac{F_{k+1}}{2} \right) .$$

Zunächst beweisen wir das

LEMMA 1: Es sei $\mu_k > 0$ und h_k wie oben. Dann gilt

$$(1) \quad \|f-p_k-h_k q_k\|_N^2 = \|f-p_{k+1}\|_N^2 \leq \|f-p_k\|_N^2 - h_k \mu_k .$$

BEWEIS: Es ist offensichtlich $h_k > 0$. Wir machen die beiden Fallunterscheidungen

(α) $z \in N_{\varepsilon_k}$: Dann gilt

$$|f(z) - p_k(z) - h_k q_k(z)|^2 = |f(z) - p_k(z)|^2 +$$

$$+ h_k^2 |q_k(z)|^2 - 2h_k \cdot \mathrm{Re}\{(f(z) - p_k(z)) q_k(z)\}$$

$$\leq \|f - p_k\|_N^2 + h_k^2 \cdot \|q_k\|_N^2 - 2h_k \mu_k$$

$$\leq \|f - p_k\|_N^2 - h_k \mu_k .$$

(β) $z \in N$, $z \notin N_{\varepsilon_k}$:

Dann gilt wegen $|f(z)-p_k(z)| \leq \|f - p_k\|_N - \varepsilon_k$

$$|f(z) - p_k(z) - h_k q_k(z)|^2 \leq \|f - p_k\|_N^2 -$$

$$- \varepsilon_k (2\|f - p_k\|_N - \varepsilon_k) + h_k^2 \|q_k\|_N^2 + 2h_k r_k$$

$$\leq \|f - p_k\|_N^2 - h_k \mu_k .$$

Wir beweisen nun die Konvergenz des Verfahrens. Bricht das Verfahren nach endlich vielen Schritten ab, so ist die Minimallösung erreicht. Bricht das Verfahren nicht ab, so gilt für $k = 0,1,\ldots$

$$F_k \geq F_{k+1} \geq \rho^N_{V_n}(f) \geq 0 \quad \text{und} \quad \varepsilon_0 \geq \varepsilon_k \geq \varepsilon_{k+1} > 0.$$

Hieraus folgt die Existenz von

$$L = \lim_{k\to\infty} F_k \geq \rho^N_{V_n}(f) \quad \text{und} \tag{2}$$

$$\varepsilon = \lim_{k\to\infty} \varepsilon_k \geq 0 . \tag{3}$$

Ist $L = 0$, so sind wir wiederum fertig. Wir setzen also im folgenden $L > 0$ voraus. Dann gilt

LEMMA 2: Es ist

$$\lim_{k\to\infty} \varepsilon_k = \varepsilon = 0 .$$

BEWEIS: Wir führen einen Widerspruchsbeweis und nehmen an, es sei $\varepsilon > 0$. Dann existiert ein $n_0 \in \mathbb{N}$, so daß für $k \geq n_o$

$$0 < \varepsilon \leq \varepsilon_k \leq \mu_k$$

gilt. Für $k=0,1,\ldots$ und für $z \in N_{\varepsilon_k}$ gilt

$$\mu_k \leq \mathrm{Re}(f(z)-p_k(z))q_k(z) \leq |f(z)-p_k(z)|\cdot|q_k(z)|.$$

Weiterhin gibt es eine Konstante $\alpha > 0$ mit $\|q_k\|_N \leq \alpha$ für alle k, also ist

$$\mu_k \leq \alpha\|f - p_k\|_N \quad \text{und analog} \quad r_k \leq \alpha\|f - p_k\|_N .$$

Hieraus folgt für k = 1,2,...

$$h_k = \min \left(\frac{\mu_k}{|q_k|_N^2} , \frac{\varepsilon_k}{2} \cdot \frac{2\|f - p_k\|_N - \varepsilon_k}{\mu_k + r_k} \right)$$

$$\geq \min \left(\frac{\varepsilon}{\alpha^2} , \frac{\varepsilon}{4\alpha} \right)$$

und somit

$$h_k \mu_k \geq \varepsilon^2 \cdot \min \left(\frac{1}{\alpha^2} , \frac{1}{4\alpha} \right) > 0 .$$

Nach Lemma 1 gilt aber

$$F_{k+1}^2 \leq F_k^2 - \mu_k h_k ,$$

wodurch sich ein Widerspruch zu (2) ergibt.

Schließlich gilt der

SATZ 1: Es gilt $L = \rho_{V_n}^N (f)$ und $\lim_{k \to \infty} p_k$ ist Minimallösung an f auf N.

BEWEIS: Nehmen wir an, es sei $L > \rho_{V_n}^N (f)$. Sei p Häufungspunkt von $\{p_k\}$. Dann existiert nach Lemma 2 eine Teilfolge $\{k_i\}$ mit

$$(4) \begin{cases} \lim_{i \to \infty} p_{k_i} = p \in V_n , & \lim_{i \to \infty} q_{k_i} = q \in V_n , \\ \lim_{i \to \infty} N_{\varepsilon_{k_i}} = \tilde{N} \subset N(p) & \text{und} \lim_{i \to \infty} \mu_{k_i} = \tilde{\mu} = 0 . \end{cases}$$

Sei $\tilde{p} \in V_n$ die Minimallösung an f auf N, so folgt auf Grund unserer Annahme für i = 1,2,...

$$p_{k_i} \neq p \neq \tilde{p} .$$

Es folgt mit

$$p_{k_i}(z) = \sum_{j=0}^{n} (c_j^{(k_i)} + i\cdot d_j^{(k_i)}) z^j \quad \text{und}$$

$$\tilde{p}(z) = \sum_{j=0}^{n} (\tilde{c}_j + i\cdot\tilde{d}_j) z^j$$

für $i = 1,2,\ldots$

$$\theta = \sup_i \max_j (|c_j^{(k_i)} - \tilde{c}_j| , |d_j^{(k_i)} - \tilde{d}_j|) > 0.$$

Dann ist aber

$$\frac{p_{k_i} - \tilde{p}}{\theta} \in Q_n \quad \text{und insbesondere} \quad \frac{p - \tilde{p}}{\theta} \in Q_n$$

mit

$$Q_n = \{q \in V_n ;\ q(z) = \sum_{j=0}^{n} (a_j + ib_j) z^j , |a_j| \leq 1, |b_j| \leq 1\}.$$

Es folgt

$$\mu_{k_i} = \min_{z\in N_{\varepsilon_{k_i}}} (\mathrm{Re}\{(f(z) - p_{k_i}(z)) q_{k_i}(z)\})$$

$$\geq \min_{z\in N_{\varepsilon_{k_i}}} (\mathrm{Re}\{(\overline{f(z)} - p_{k_i}(z))\cdot \frac{\tilde{p}(z) - p_{k_i}(z)}{\theta}\}) .$$

und schließlich durch Grenzübergang $i\to\infty$

$$0 = \tilde{\mu} = \min_{z\in\tilde{N}\subset N(p)} (\mathrm{Re}(f(z) - p(z)) q(z))$$

$$\geq \min_{z \in \tilde{N}} \left(\operatorname{Re} \, (f(z) - p(z)) \cdot \frac{\tilde{p}(z) - p(z)}{\theta} \right)$$

Das ist aber ein Widerspruch, da $\tilde{p}$ bessere Approximation als p auf N ist.

2. DAS AUFSTIEGSVERFAHREN:

Im folgenden sei

$$N_k = \{ z_j \in R;\; j=1,2,..,2n+4,\; z_j \neq z_i \text{ für } j \neq i \}$$

eine Referenz von 2n+4 Punkten aus R. Für $p_k \in V_n$ setzen wir

$$E_k = \| f - p_k \|_R \quad ,$$

$$M(p_k) = \{ z \in R;\; |f(z) - p_k(z)| = E_k \}$$

und - analog dem vorhergehenden Abschnitt -

$$F_k = \| f - p_k \|_{N_k}$$

$$N(p_k) = \{ z \in N_k;\; |f(z) - p_k(z)| = F_k \} \; .$$

Ist $p_k \in V_n$ die Minimallösung an f auf N_k bzgl. V_n, so ist offensichtlich p_k die Minimallösung an f bzgl. V_n bereits auf $N(p_k)$. Wir setzen nun voraus, daß die Optimierungsaufgabe $O(N_k, p_k; q_k, \mu_k)$, was auch für die praktische Durchführung sinnvoll erscheint, mit Hilfe des Simplex-Verfahrens (siehe z.B. Collatz-Wetterling [3]) gelöst wird. Dann gilt weiter für die Minimallösung p_k an f auf N_k bzgl. V_n

LEMMA 3: Es sei $N_k = N(p_k)$. Weiter sei $q_k \in V_n$ und μ_k eine Lösung der Optimierungsaufgabe $O(N_k, p_k; q_k, \mu_k)$ und Ecke des Simplexes, das durch die Restriktionen des Optimierungsproblems beschrieben wird, so ist

$$A_k(q_k, \mu_k) = \{z \in N_k;\ \mathrm{Re}(f(z)-p_k(z))q_k(z) > 0\} \neq \emptyset$$

und für $\hat{z}_k \in A_k(q_k, \mu_k)$ gilt: p_k ist Minimallösung an f bzgl. V_n bereits auf

$$\hat{N}_k = N_k \setminus \{\hat{z}_k\} \quad .$$

BEWEIS: Mit

$$q_k(z) = \sum_{j=0}^{n} (a_j + i \cdot b_j) z^j$$

kann $\mathrm{Re}(f(z_j) - p_k(z_j))q_k(z_j)$ für $j=1,2,..,2n+4$ dargestellt werden als

$$\mathrm{Re}(f(z_j)-p_k(z_j))q_k(z_j) = \sum_{i=0}^{n} (A_i^{(j)} \cdot a_i + B_i^{(j)} \cdot b_i),$$

wobei $A_i^{(j)}$, $B_i^{(j)}$, $i = 0,1,..,n$, $j = 1,2,..,2n+4$, eindeutig bestimmte, von a_i und b_i unabhängige reelle Konstanten sind. Somit kann in der Aufgabe $O(N_k, p_k; q_k, \mu_k)$ das Restriktionensystem geschrieben werden als

$$(5) \qquad \sum_{i=0}^{n} (A_i^{(j)} \cdot a_i + \sum_{i=0}^{n} B_i^{(j)} \cdot b_i - \mu_k \geq 0 \ .$$

Nach Einführen der Schlupfvariablen $v_1, \ldots, v_{2n+4}$ und Interpretation der Variablen a_i bzw. b_i als Differenz zweier vorzeichenbeschränkter Variablen

$$a_i = a_i^+ - a_i^- \quad , \quad a_i^+ \geq 0 \quad , \quad a_i^- \geq 0 \quad ,$$

bzw.

$$b_i = b_i^+ - b_i^- \quad , \quad b_i^+ \geq 0 \quad , \quad b_i^- \geq 0$$

wird das System (5) übergeführt in das System

$$(6)\begin{cases} \sum_{i=0}^{n} A_i^{(j)} a_i^+ + \sum_{i=0}^{n} (-A_i^{(j)}) a_i^- + \\ + \sum_{i=0}^{n} B_i^{(j)} b_i^+ + \sum_{i=0}^{n} (-B_i^{(j)}) b_i^- - \mu_k - v_j = 0 \ , \end{cases}$$

$$j = 1,2,..,2n+4 \ .$$

Auf Grund des Simplex-Verfahrens gilt für $i = 0,1,...,n$

$$a_i^+ = 0 \vee a_i^- = 0 \quad \text{und} \quad b_i^+ = 0 \vee b_i^- = 0 \ .$$

(6) ergibt sich somit abgekürzt o.B.d.A. zu

$$Dv = 0$$

mit - $r = 2n+4$ gesetzt -

$$v = (a_0^+, a_1^+, .., a_n^+, b_0^+, b_1^+, .., b_n^+, -\mu_k, -v_1, .., -v_r)^T .$$

Da v Ecke des betrachteten Simplexes ist, so existiert eine Basis von v von genau $2n+4$ linear unabhängigen Spaltenvektoren von D. Hieraus folgt aber, daß mindestens eine der zu den Schlupfvariablen gehörenden Spalten von D zu der Basis von v gehört, also linear unabhängig von den übrigen ist. Es sei o.B.d.A. der $(2n+4)$'te Spaltenvektor, dann gilt $v_1 > 0$ und damit

$$\sum_{i=0}^{n} A_i^{(1)} a_i + \sum_{i=0}^{n} B_i^{(1)} b_i + (-\mu_k) + (-v_1) = 0 \quad ,$$

also, da $\mu_k = 0$ ist:

$$\operatorname{Re}(f(z_1) - p_k(z_1))q_k(z_1) = v_1 > 0 \quad .$$

Zum Nachweis der zweiten Behauptung führen wir einen Widerspruchsbeweis. Wir nehmen an, p_k sei nicht Minimallösung auf $\hat{N}_k$. Dann besitzt aber die Aufgabe $O(\hat{N}_k,p_k;\tilde{q}_k,\tilde{\mu}_k)$ eine Lösung mit $\tilde{\mu}_k > 0$, es gilt also für $z \in \hat{N}_k$

$$\operatorname{Re}(f(z) - p_k(z))\tilde{q}_k(z) \geq \tilde{\mu}_k > 0 \, .$$

Weiter gelte

$$\operatorname{Re}(f(\hat{z}_k) - p_k(\hat{z}_k))\tilde{q}_k(\hat{z}_k) = -\sigma$$

wobei nach Voraussetzung $\sigma \geq 0$ ist. Setzen wir

$$q_\alpha = \alpha \cdot q_k + (1 - \alpha)\tilde{q}_k \quad ,$$

so erfüllt q_α für jedes α mit $0 \leq \alpha \leq 1$ die "Koeffizientenbedingung" der Aufgabe $O(N_k,p_k;q_k,\mu_k)$. Mit

$$\operatorname{Re}(f(\hat{z}_k) - p_k(\hat{z}_k))q_k(\hat{z}_k) = \xi > 0$$

folgt somit für $z \in N_k$

$$\begin{aligned} \mu_\alpha(z) &= \operatorname{Re}(f(z) - p_k(z))q_\alpha(z) \\ &= \alpha \cdot \operatorname{Re}(f(z) - p_k(z))q_k(z) + \\ &\qquad + (1-\alpha)\operatorname{Re}(f(z) - p_k(z))\tilde{q}_k(z) \end{aligned}$$

und damit, wenn $\alpha = \dfrac{2\sigma + \xi}{2(\sigma + \xi)}$ gesetzt wird, weiter

$$\mu_\alpha(z) \geq \alpha\cdot 0 + (1-\alpha)\tilde{\mu}_k = \frac{\xi\cdot\tilde{\mu}_k}{2(\sigma+\xi)} > 0 \quad \text{für } z \neq \hat{z}_k \text{ bzw.}$$

$$\mu_\alpha(z) = \alpha\cdot\xi - (1-\alpha)\sigma = \frac{\xi}{2} > 0 \quad \text{für } z = \hat{z}_k\ .$$

Insgesamt folgt für $z \in N_k$

$$\mathrm{Re}(f(z) - p_k(z))q_\alpha(z) \geq \min\left(\frac{\xi\cdot\tilde{\mu}_k}{2(\sigma+\xi)}\ ,\ \frac{\xi}{2}\right) > 0\ .$$

Das ist aber ein Widerspruch zu der Voraussetzung, daß p_k Minimallösung an f auf N_k ist.

FOLGERUNG 1: $p_k \in V_n$ sei die Minimallösung an f auf N_k bzgl. V_n. Es gelte $E_k > F_k$. Weiter sei $\tilde{z}_k \in M(p_k)$ und $\hat{z}_k \in N_k \setminus N(p_k)$, falls $N_k \neq N(p_k)$, bzw. $\hat{z}_k \in A_k(q_k,\mu_k)$, falls $N_k = N(p_k)$. Dann gilt mit

$$N_{k+1} = N_k \setminus \{\hat{z}_k\} \cup \{\tilde{z}_k\}$$

für die Minimallösung p_{k+1} an f auf N_{k+1} bzgl. V_n

$$\|f - p_k\|_{N_k} < \|f - p_{k+1}\|_{N_{k+1}}\ .$$

Dann verläuft der k'te Schritt des Aufstiegsverfahrens folgendermaßen:

(1) Löse die Aufgabe $D(N_k,p_{k-1};p_k)$.

(2) (a) $F_k = E_k$:

p_k ist Minimallösung an f bzgl. V_n auch auf R und damit auf B.

(b) $F_k < E_k$:

Wähle $\tilde{z}_k \in M(p_k)$ und $\hat{z}_k \in N_k \setminus N(p_k)$, falls $N_k \neq N(p_k)$, bzw. $\hat{z}_k \in A_k(q_k, \mu_k)$, falls $N_k = N(p_k)$ und setze

$$N_{k+1} = N_k \setminus \{\hat{z}_k\} \cup \{\tilde{z}_k\} .$$

Wir führen nun den Konvergenzbeweis. Bricht das Verfahren nach endlich vielen Schritten ab, so ist die Minimallösung erreicht. Bricht das Verfahren nicht ab, so erhalten wir Approximationen $p_k \in V_n$, für die auf Grund der Folgerung 1 gilt

$$F_1 < F_2 < \dots < F_k < F_{k+1} < \dots .$$

Die Folge ist beschränkt. Es folgt

$$\lim_{k\to\infty} F_k = L . \tag{7}$$

Weiter ist die Folge $\{N_k\}$ beschränkt. Somit existiert eine Teilfolge $\{k_i\}$ mit

$$\lim_{i\to\infty} N_{k_i} = N \tag{8}$$

und es gilt

LEMMA 4:

$$|N| \geq n + 2 .$$

BEWEIS: Wir führen einen Widerspruchsbeweis und nehmen an, es gelte

$$|N| = m < n + 2 .$$

Dann sei $p \in V_n$ ein festes Polynom, das f in den Punkten $z \in N$ interpoliert. p ist Minimallösung an f auf N und es gilt

$$\|f - p\|_N = 0 .$$

Wir betrachten nun eine Folge $\{z_{k_i}\}$ mit

$$z_{k_i} \in N_{k_i} \quad \text{und} \quad |f(z_{k_i}) - p(z_{k_i})| = \|f - p\|_{N_{k_i}} .$$

Wir dürfen annehmen, daß

$$\lim_{i\to\infty} z_{k_i} = \tilde{z} \in N$$

gilt. (Eventuell muß man zu einer Teilfolge von $\{k_i\}$ übergehen). Mit $c = F_2 > 0$ existiert ein $i_0 \in \mathbb{N}$, so daß für alle $i \geq i_0$ gilt

$$|f(z_{k_i}) - f(\tilde{z})| < \frac{c}{2} \quad \text{und} \quad |f(\tilde{z}) - p(z_{k_i})| < \frac{c}{2}.$$

Es folgt für $i \geq i_0$

$$F_{k_i} = \|f-p_{k_i}\|_{N_{k_i}} \leq \|f-p\|_{N_{k_i}} = |f(z_{k_i}) - p(z_{k_i})|$$
$$\leq |f(z_{k_i}) - f(\tilde{z})| + |f(\tilde{z}) - p(z_{k_i})| < c$$

im Widerspruch zu

$$c = F_2 < F_3 < \ldots < F_{k_i} < \ldots .$$

Weiter gilt das

LEMMA 5: Die Folge $\{k_i\}$ besitze die Eigenschaft (8). Dann gilt

$$\lim_{i\to\infty} p_{k_i} = p = p(N) .$$

Hierbei ist p(N) die Minimallösung an f auf N.

BEWEIS: Es gilt für k=1,2,...

$$(9)\quad \|p_k\|_{N_k} \le \|f - p_k\|_{N_k} + \|f\|_{N_k} \le 2\cdot\|f\|_R .$$

Setzen wir

$$Q = \{q;\ q(z) = \sum_{j=0}^{n} \beta_j z^j,\ \beta_j \in \mathbb{C},\ \sum_{j=0}^{n} |\beta_j| = 1\} ,$$

und

$$\gamma = \inf_i \min_{q\in Q} \|q\|_{N_{k_i}} \quad , \quad i=1,2,\dots ,$$

so folgt aus der Haarschen Bedingung

$$\min_{q\in Q} \|q\|_{N_{k_i}} \ge \gamma > 0 .$$

Mit

$$p_{k_i}(z) = \sum_{j=0}^{n} \alpha_j^{(k_i)} z^j$$

folgt

$$\Big\| \sum_{j=0}^{n} \frac{\alpha_j^{(k_i)}}{\sum_{\nu=0}^{n} |\alpha_\nu^{(k_i)}|} \cdot z^j \Big\|_{N_{k_i}} \ge \gamma > 0$$

und damit unter Berücksichtigung von (9)

$$\sum_{j=0}^{n} |\alpha_j^{(k_i)}| \le \frac{1}{\gamma}\cdot\|p_{k_i}\|_{N_{k_i}} \le \frac{2}{\gamma}\cdot\|f\|_R < \infty \quad .$$

Für i=1,2,... sind also die Koeffizienten von p_{k_i} beschränkt. Somit ist p_{k_i} beschränkt auch auf R und die Folge $\{p_{k_i}\}$ besitzt mindestens einen Häufungspunkt p. Durch elementare Abschätzungen erhält man weiter

$$\|f - p(N)\|_N = \|f - p\|_N$$

und damit wegen $|N| \geq n+2$ schließlich $p = p(N)$. Auf Grund der Eindeutigkeit der Minimallösung $p(N)$ folgt darüber hinaus: Die Folge $\{p_{k_i}\}$ besitzt genau einen Häufungspunkt. Eine Folgerung aus den beiden vorhergehenden Lemmata ist schließlich das

LEMMA 6: Es existiert ein $c \in \mathbb{R}$ mit $0 < c < \infty$, so daß

$$\|p_k\|_R \leq c$$

für alle $k=1,2,\ldots$ gilt.

Mit Hilfe dieser Aussagen beweisen wir nun

SATZ 2: Es ist

$$L = \rho_{V_n}(f)$$

und die Folge $\{p_k\}$ konvergiert gegen die Minimallösung an f auf R bzgl. V_n.

BEWEIS: Wir führen einen Widerspruchsbeweis und nehmen an, es sei

$$L < \rho_{V_n}(f) .$$

Sei p ein beliebiger Häufungspunkt der Folge $\{p_k\}$, dann gilt wegen Lemma 6

$$\|p\|_R < \infty .$$

$\{k_i\}$ sei eine Teilfolge mit

$$\lim_{i\to\infty} p_{k_i} = p \quad ,$$

die o.B.d.A. so gewählt sei, daß

$$\lim_{i\to\infty} N_{k_i} = N$$

gilt. Dann ist bei Berücksichtigung von Lemma 6

$$n+2 \leq |N| \leq 2n+4 \ .$$

Auf Grund unserer Annahme gilt dann

$$\|f - p\|_R > \|f - p\|_N \ .$$

Aus dem Lemma 3 folgt für k=1,2,... , daß p_k bei geeignet gewähltem $\hat{z}_k \in N_k$ bereits Minimallösung auf

$$\hat{N}_k = N_k \setminus \{\hat{z}_k\}$$

ist. Die Teilfolge $\{k_i\}$ sei o.B.d.A. weiter so gewählt, daß

$$\lim_{i\to\infty} \hat{N}_{k_i} = \hat{N} \subset N$$

gilt. Dann ist p Minimallösung auch auf $\hat{N}$. Setzen wir

$$N_{k_i+1} = \hat{N}_{k_i} \cup \{\tilde{z}_{k_i}\},$$

wobei $\tilde{z}_{k_i} \in R$ der vom Verfahren ausgewählte Punkt mit

$$|f(\tilde{z}_{k_i}) - p_{k_i}(\tilde{z}_{k_i})| = \|f - p_{k_i}\|_R$$

ist, und sei p_{k_i+1} die Minimallösung an f auf N_{k_i+1}, so sei schließlich noch die Teilfolge $\{k_i\}$ so gewählt, daß

$$\lim_{i\to\infty} \tilde{z}_{k_i} = \tilde{z} \quad \text{und} \quad \lim_{i\to\infty} p_{k_i+1} = \tilde{p}$$

gilt. Hierbei ist $\tilde{z}\in R$ mit

$$|f(\tilde{z}) - p(\tilde{z})| = \|f - p\|_R$$

und $\tilde{p}$ ist Minimallösung an f auf $\hat{N} \cup \{\tilde{z}\}$. Es folgt auf Grund unserer Annahme weiter

$$\|f - \tilde{p}\|_{\hat{N}\cup\{\tilde{z}\}} > \|f - p\|_{\hat{N}} = \|f - p\|_N \ .$$

Andererseits gilt aber für i=1,2,...

$$\|f - p_{k_i+1}\|_{N_{k_i+1}} \leq \|f - p\|_N$$

und durch Grenzübergang $i\to\infty$

$$\|f - \tilde{p}\|_{\hat{N}\cup\{\tilde{z}\}} \leq \|f - p\|_N \ .$$

Das ist aber ein Widerspruch.

Somit ist gezeigt, daß jeder Häufungspunkt der Folge $\{p_k\}$ Minimallösung an f auf B bzgl. V_n ist. Da die Minimallösung eindeutig ist, besitzt die Folge $\{p_k\}$ genau einen Häufungspunkt.

BEMERKUNG: Das Verfahren $D(N_k,p_{k-1};p_k)$ liefert i.a. nicht nach endlich vielen Schritten die Minimallösung p_k an f auf N_k. Deshalb muß das Gesamtverfahren für die praktische Anwendung modifiziert werden. Hierzu führen wir für das Aufstiegsverfahren die beliebige Nullfolge $\{\delta^k\}$ ein. Das Verfahren $D(N_k, p_{k-1}; p_k)$ wird abgebrochen, wenn im i'ten Iterationsschritt die Beziehungen

$$\varepsilon_i < \delta^k \quad \text{und} \quad \mu_i < \delta^k$$

gelten. Mit der zugehörigen Näherungslösung p_i wird dann das Aufstiegsverfahren fortgesetzt. Konvergenz ist auch für das modifizierte Verfahren gewährleistet.

3. BEISPIELE: Abschließend geben wir noch ein numerisches Beispiel an, das mit Hilfe des Aufstiegsverfahrens auf der Rechenanlage CD 3300 des Rechenzentrums der Universität Erlangen-Nürnberg berechnet wurde. Wir approximieren die Funktion

$$f(z) = \frac{i \cdot z + 1}{z - 2}$$

auf

$$B_E = \{z \in \mathbb{C};\ |z| \leq 1\}$$

durch Polynome $p_n \in V_n$, $n=1,2,3$. Wir starten mit einer äquidistanten Stützstellenverteilung und wählen als Ausgangsapproximation die Minimallösung an f auf einer (n+2)-elementigen Teilmenge dieser Stützstellen. Wir geben die ersten acht signifikanten Ziffern der Ergebnisse an.

Die Minimallösungen $\tilde{p}_n \in V_n$ an f bzgl. V_n auf B_E ergeben sich (Al'per[1]) zu

$$\tilde{p}_n(z) = -\frac{1}{2} - \sum_{\nu=1}^{n-1} \frac{1+2i}{2^{\nu+1}} \cdot z^{\nu} - \frac{1+2i}{3 \cdot 2^{n-1}} \cdot z^n$$

und die Minimalabweichung zu

$$\rho_{V_n}(f) = \frac{\sqrt{5}}{3 \cdot 2^n} \quad .$$

(α) $V = V_1$:

Nach 4 Iterationsschritten erhält man die Näherungslösung

$$p_1^{(4)}(z) = -\ .50000000 \\ -(.33333333 + .66666667i)z$$

mit

$$E_4^{(1)} = .37267800 \ .$$

Es ist

$$\rho_{V_1}(f) = .37267799... \ .$$

(β) $V = V_2$:

Nach 5 Iterationsschritten erhält man die Näherungslösung

$$p_2^{(5)}(z) = -\ .50000004 + .00000001i \\ -(.25000009 + .50000004i)z \\ -(.16666654 + .33333308i)z^2$$

mit

$$E_5^{(2)} = .18633962 \ .$$

Es ist

$$\rho_{V_2}(f) = .18633899... \ .$$

(γ) $V = V_3$:

Nach 3 Iterationsschritten erhält man die Näherungslösung

$$p_3^{(3)}(z) = -.49999986 - .00000002i \\ -(.24999989 + .49999997i)z \\ -(.12499983 + .25000004i)z^2 \\ -(.08333338 + .16666653i)z^3$$

mit

$$E_3^{(3)} = .093169990 .$$

Es ist

$$\rho_{V_3}(f) = .093169499\ldots .$$

REFERENZEN:

[1] Al'per, S.Ja.: Asyptotic Values of Best Approximation of Analytic Functions in a Complex Domain. Uspehi Mat. Nauk 14(1959), 131-134.

[2] Blatt, H.-P.: Stetigkeitseigenschaften von Optimierungsaufgaben und lineare Tschebyscheff-Approximation. Z. Ciesielski and J. Musidac (eds.), Approximation Theory, D. Reidel Publishing Company, Dordrecht (1975), 33-48.

[3] Collatz, L. und W. Wetterling: Optimierungsaufgaben. Springer-Verlag, Berlin 1971.

[4] Gutknecht, M.: Ein Abstiegsverfahren für gleichmäßige Approximation, mit Anwendungen. Dissertation, ETH Zürich (1973).

[5] Klotz, V.: Polynomiale und rationale Tschebyscheff-Approximation in der komplexen Ebene. Dissertation, Universität Erlangen-Nürnberg (1974).

[6] Krabs, W.: Ein Verfahren zur Lösung gewisser nichtlinearer diskreter Approximationsprobleme. ZAMM 50(1970), 359-368.

[7] Krabs, W. und G. Opfer: Eine Methode zur Lösung des komplexen Approximationsproblems mit einer Anwendung auf konforme Abbildungen. ZAMM 55(1975), 208-211.

[8] Meinardus, G.: Approximationen von Funktionen und ihre numerische Behandlung. Springer-Verlag, Berlin 1964.

Dr. Volker Klotz
Institut für Angewandte Mathematik
Universität Erlangen-Nürnberg
852 Erlangen
Martensstr. 1

EIN KONTROLL-APPROXIMATIONSPROBLEM FÜR DIE SCHWINGENDE SAITE

Werner Krabs

In this paper the problem of controlling a vibrating string at the righthand side is considered where the left end is fixed. First the question of controllability is discussed, i.e. the question how to achieve, in a given fixed time, the complete standstill starting with an arbitrary initial state of vibration and controlling by continuous functions.

Second the problem of achieving a state with minimal vibration energy is considered under the same conditions where the control functions are allowed to be twice differentiable almost everywhere and the second derivative to be square integrable. It is shown that, under natural restrictions, there exists a unique state of minimal energy, and that each corresponding optimal control function is characterized by a weak "bang-bang-principle".

For the solution of the problem an iteration method is proposed which is based on Fourier's method.

1. Einleitung

Vorgelegt sei die eindimensionale Wellengleichung

$$y_{tt}-y_{xx}=0 \qquad (1.1)$$

in einem Gebiet $D=\{(x,t) \mid 0<x<1,\ t>0\}$ mit Anfangsbedingungen

$$y(x,0)=y_0(x),\ y_t(x,0)=y_1(x) \qquad (1.2)$$

für $0\leq x\leq 1$ und Randbedingungen

$$y(0,t)=u(t),\ y(1,t)=v(t) \qquad (1.3)$$

für $t\geq 0$. Die Funktionen y_0 und y_1 sind in geeigneter Weise fest vorgegeben und stellen den Anfangszustand einer homogenen schwingenden Saite dar, deren Bewegung durch die Wellengleichung (1.1) beschrieben wird.

Die Funktionen u und v sind in geeigneten Funktionenmengen variabel wählbar und dienen zur Steuerung der Bewegung der Saite.

Im Zusammenhang mit diesem mathematisch-physikalischen Modell sind bisher verschiedenartige Kontrollprobleme untersucht worden.

So betrachtet Butkovskiy in seinem Buch[1] (vgl. dazu auch [2] und [3]) einen bezüglich des Mittelpunktes $x=\frac{1}{2}$ der Saite symmetrischen Anfangszustand $(y_0(\cdot),\ y_1(\cdot))$, wählt u=v in (1.3) und fragt nach der kleinsten Zeitdauer T, innerhalb derer es möglich ist, durch geeignete Wahl von v den Anfangszustand in den Ruhezustand $y(\cdot,T)=y_t(\cdot,T)=o$ überzuführen. Dabei wird noch zusätzlich v in einer passenden Norm als beschränkt angenommen. Butkovskiy zeigt, daß die Steuerung eines Anfangszustandes in den Ruhezustand bei vorgegebener Zeit T auf ein Momentenproblem führt, bei dem T als Parameter auftritt, der minimal zu wählen ist. Hierbei erhebt sich naturgemäß die Frage, ob es bei Vorgabe von T überhaupt möglich ist, einen beliebigen Anfangszustand in den Nullzustand überzuführen, was als Steuerbarkeit in der Zeit T bezeichnet wird. Diese Frage wird von Butkovskiy in [1] nicht beantwortet. Vielmehr gibt er sich die Zeit T=1 vor und behandelt das Problem, in dieser Zeit einen beliebigen Anfangszustand in den Nullzustand überzuführen derart, daß die dabei benutzte Steuerungsfunktion v_0 eine möglichst kleine L_2-Norm besitzt. Durch Anwendung der Momentenmethode kommt er dabei u.a. zu folgendem Ergebnis:

Gibt man y_0 symmetrisch bezüglich $x=\frac{1}{2}$ und $y_1 = o$ vor, so ergibt sich $v_0(t)=\frac{1}{2}\, y_0(t)$ für $t\in[o,1]$.

Dieses Ergebnis läßt sich auch aus einer einfachen mechanischen Überlegung herleiten, die Roxin in [5] angestellt hat und die überdies die Aussage liefert, daß $T=1$ die minimale Zeit darstellt, in der Steuerbarkeit im obigen Sinne möglich ist. Dabei variieren u und v in einem geeigneten Funktionenraum und sind sonst keinerlei Bedingungen unterworfen. Roxin gibt in [5] aber auch noch eine Ausdehnung seiner Methode auf den Fall an, daß die Funktionen u und v punktweise durch konstante Funktionen nach unten und oben beschränkt sind. Aus den Roxinschen Überlegungen ergibt sich überdies noch, daß bei symmetrischer Vorgabe von y_0 bezüglich $x=\frac{1}{2}$ mit $y_0(o)=o$ und für $y_1=o$ die Funktion $v_0=\frac{1}{2}y_0$ auf $[o,1]$ die einzige Steuerungsfunktion ist, die den Anfangszustand (y_0,o) in die Ruhelage überführt, so daß eine Minimierung der L_2-Norm für $T=1$ nicht sinnvoll ist.

Die Frage der Steuerbarkeit mit einer Funktion mit minimaler L_2-Norm behandelt auch Russell in [6]. Er legt dabei die Gleichung

$$\rho(x)y_{tt}-(p(x)y_x)_x=o \tag{1.4}$$

der inhomogenen Saite (mit positiven Funktionen $\rho, p\in C^2[o,1]$) auf D zugrunde und betrachtet als Randbedingungen

$$p(o)y_x(o,t)=o, \quad p(1)y_x(1,t)=v(t) \tag{1.5}$$

für $t\geq o$. Im Falle $\rho=p=1$, d.h. bei der homogenen Saite, ergibt sich als minimale Steuerbarkeitszeit unter den Randbedingungen (1.5) die Zeit $T_{min}=2$, wenn v keinerlei Beschränkungen unterworfen wird. Russell betrachtet nun das Problem, zu vorgegebener Zeit $T>T_{min}$ die Steuerungsenergie $\int_0^T v(t)^2 dt$ zum Minimum zu machen, wobei v die Menge der Steuerungen durchläuft, die einen vorgegebenen Anfangszustand in die Ruhelage überführen. Solche optimalen Steuerungen werden auf implizite Weise charakterisiert.

In [7] betrachtet Russell anstelle von (1.4) die inhomogene Wellengleichung

$$\rho(x)y_{tt}-(p(x)y_x)_x=g(x)f(t) \qquad (1.6)$$

mit $\rho,p\epsilon C^2[o,1]$, $g\epsilon L_2[o,1]$ und $f\epsilon L_2[o,T]$ unter homogenen gemischten Randbedingungen anstelle von (1.5) und unter den Anfangsbedingungen (1.2) mit $y_o'',y_1'\epsilon L_2[o,1]$. Variiert wird die Steuerungsfunktion $f\epsilon L_2[o,T]$ in (1.6) und wiederum die Frage nach der minimalen Zeit T vorgelegt, innerhalb derer es möglich ist, einen gegebenen beliebigen Anfangszustand (y_o,y_1) bei geeigneter Wahl von f in den Nullzustand überzuführen. Diese Frage wird durch Lösung eines Momentenproblems in [7] vollständig beantwortet.

2. Bemerkungen zur Steuerbarkeit einer schwingenden Saite

Wir legen wieder die eindimensionale Wellengleichung (1.1) der homogenen Saite zugrunde, deren Anfangszustand durch (1.2) beschrieben wird, wobei $y_o\epsilon C^2[o,1]$ und $y_1\epsilon C^1[o,1]$ vorgegebene Funktionen sind. Die Saite soll am linken Ende fest eingespannt sein, d.h. wir nehmen zusätzlich

$$y_o(o)=o \qquad (2.1)$$

an, und am rechten Ende mit Hilfe einer stetigen Funktion $v=v(t)$ gesteuert werden, für die wir

$$v(o)=y_o(1) \qquad (2.2)$$

annehmen. Es sollen also die Randbedingungen

$$y(o,t)=o,y(1,t)=v(t) \qquad (2.3)$$

für alle $t\geq o$ erfüllt sein.

PROBLEM: Vorgegeben sei eine Zeit $T>o$. Gesucht ist eine stetige Funktion $v=v(t)$, $t\in[o,T]$ mit (2.2) derart, daß eine auf $[o,1]\times[o,T]$ stetige Lösung $y=y(x,t)$ der Anfangsrandwertaufgabe (1.1),(1.2),(2.3) existiert mit

$$y(x,T)=y_t(x,T)=o \text{ für alle } x\in[o,1]. \qquad (2.4)$$

Gesucht ist also eine Steuerungsfunktion $v\in C[o,T]$, die den Anfangszustand (1.2) in den Ruhezustand (2.4) überführt. Ist das für jede beliebige Vorgabe von Funktionen $y_o\in C^2[o,1]$ mit (2.1)und $y_1\in C^1[o,1]$ möglich, so sagen wir, es liege exakte Steuerbarkeit in der Zeit T vor.

FRAGE: Gibt es eine minimale Zeit $T>o$, in der exakte Steuerbarkeit vorliegt?

Die Beantwortung dieser Frage soll hier skizziert werden. Die Überlegungen sind völlig elementar und kommen in ähnlicher Form schon bei Roxin [5] vor. Das Ergebnis ist ein einfacher Spezialfall der von Russell in [7] erzielten Aussagen.

Bekanntlich ist jede Lösung der Wellengleichung (1.1) in $\mathbb{R}^2$ darstellbar in Form

$$y(x,t)=F(x-t)+G(x+t),(x,t)\in\mathbb{R}^2, \qquad (2.5)$$

wobei F und G zwei beliebige zweimal differenzierbare Funktionen auf $\mathbb{R}$ sind. Man macht sich leicht klar, daß die Steuerbarkeitsbedingung (2.4) genau dann erfüllt ist, wenn gilt

$$F(x-T)= -G(x+T)= -c \qquad (2.6)$$

für alle $x\in[o,1]$. Dabei ist $c\in\mathbb{R}$ eine beliebige Konstante. Weiter sieht man ein, daß die Anfangsbedingungen (1.2) gleichbedeutend sind mit

$$\left.\begin{aligned} F(x) &= \frac{1}{2}\left[y_0(x) + \int_x^1 y_1(\xi)d\xi\right] - d, \\ G(x) &= \frac{1}{2}\left[y_0(x) - \int_x^1 y_1(\xi)d\xi\right] + d \end{aligned}\right\} \text{ für } x \in [o,1], \quad (2.7)$$

wobei wiederum $d \in \mathbb{R}$ eine beliebige Konstante ist. Schließlich ist die linke Randbedingung (2.3) äquivalent mit

$$F(-t) = -G(t) \text{ für alle } t \geq o. \qquad (2.8)$$

Fallunterscheidung:

a) Sei $T<2$. Dann ist auf Grund von (2.6) notwendig

$$F(x) = -c \text{ für alle } x \in [-T, 1-T]$$

und auf Grund von (2.7),(2.8)

$$-\frac{1}{2}\left[y_0(x) - \int_x^1 y_1(\xi)d\xi\right] - d = -c$$

für alle $x \in [-1,o] \cap [-T,1-T]$, wobei $1-T>-1$ ist. Das ist aber bei beliebiger Vorgabe von $y_0 \in C^2[o,1]$ mit (2.1) und $y_1 \in C^1[0,1]$ nicht möglich. Für $T<2$ liegt also keine exakte Steuerbarkeit vor.

b) Sei $T \geq 2$. Dann ist auf Grund von (2.6) notwendig

$$F(x) = -c \text{ für alle } x \in [-T,-1],$$
$$G(x) = c \text{ für alle } x \in [T, T+1]$$

und auf Grund von (2.7), (2.8)

$$F(x) = -\frac{1}{2}\left[y_0(-x) - \int_{-x}^1 y_1(\xi)d\xi\right] - d \text{ für alle } x \in [-1,o],$$

was $F(-1) = -\frac{1}{2}\, y_0(1) - d = -c$ und somit

$$\frac{1}{2} y_0(1) = c - d \qquad (2.9)$$

impliziert. Wählt man c und d in dieser Weise, so ist

$$G(1) = \frac{1}{2} y_0(1) + d = c = -F(-1).$$

Wählt man daher c und d aus $\mathbb{R}$ so, daß (2.9) erfüllt ist und definiert

$$F(x)\begin{cases} = -c \text{ für } x\in[-T,-1], \\ = -G(-x) \text{ für } x\in[-1,o] \text{ mit } G \text{ nach (2.7)}, \\ = \frac{1}{2}[y_0(x)+\int_x^1 y_1(\xi)d\xi]-d \text{ für } x\in[o,1] \end{cases}$$

sowie

$$G(x)\begin{cases} =\frac{1}{2}[y_0(x)-\int_x^1 y_1(\xi)d\xi]+d \text{ für } x\in[o,1], \\ = c \text{ für } x\in[1,1+T], \end{cases}$$

so sind F bzw. G stetig auf $[-T,1]$ bzw. $[o,1+T]$, und $y(x,t)=F(x-t)+G(x+t)$ ist eine stetige Funktion auf $[o,1]\times[o,T]$, die die Wellengleichung (1,1) in $D=(o,1)\times(o,T)$ fast überall erfüllt (d.h. mit Ausnahme der Geraden $t=2-x, 1-x$, x und $x-1$), die den Anfangsbedingungen (1.2) und den Randbedingungen (2.3) mit

$$v(t)=F(1-t)+G(1+t),\ t\in[o,T],$$

genügt. Ferner ist wegen (2.9)

$$v(o)=F(1)+G(1)=\frac{1}{2}y_0(1)-d+c=y_0(1),$$

d.h. auch (2.2) ist erfüllt. Schließlich gilt (2.6) und damit (2.4).

Zusammenfassend kann man also sagen, daß für $T\geq 2$ exakte Steuerbarkeit in der Zeit T vorliegt. Damit ist $T=2$ zugleich die minimale Zeit, in der exakte Steuerbarkeit möglich ist.

Betrachtet man anstelle der einseitigen Steuerung der Saite eine zweiseitige, d.h. legt man anstelle von (2.3) die Randbedingungen

$$y(o,t)=u(t), y(1,t)=v(t),\ t\geq o,$$

zugrunde, wobei u und v wiederum stetige Steuerungsfunktionen sind mit

$$u(o)=y_0(o),\ v(o)=y_0(1),$$

so erhält man durch völlig analoge Überlegungen das folgende Ergebnis:

1) Für $o<T<1$ liegt keine exakte Steuerbarkeit vor.

2) Für $T=1$ liegt exakte Steuerbarkeit vor, wenn die folgende Kompatibilitätsbedingung erfüllt ist:

$$y_0(o)+y_0(1)+\int_0^1 y_1(\xi)d\xi = o.$$

3) Für $T>1$ liegt exakte Steuerbarkeit ohne Einschränkungen vor.

3. Ein Kontroll-Approximationsproblem

Wählt man bei dem Problem der einseitig gesteuerten Saite als Gesamtschwingungszeit $T>o$ eine Zeit $T<2$, so ist es auf Grund der Betrachtungen im Abschnitt 2 nicht mehr möglich, jeden Anfangszustand der Saite in der Zeit T in die Ruhelage überzuführen. Wir stellen uns daher die Aufgabe, einen Zustand mit minimaler Schwingungsenergie zu erreichen.

Dazu gehen wir wieder aus von der Anfangsrandwertaufgabe (1.1),(1.2),(2.3). Dabei seien $y_0 \in C^2[o,1]$ und $y_1 \in C^1[o,1]$ mit

$$y_0(o)=y_0(1)=o \quad (3.1)$$

[1] fest vorgegeben. Die Kontrollfunktion v in (2.3) variiere im Hilbertraum X aller Funktionen $v \in C^1[o,T]$ mit $v(o)=v'(o)=o$ derart, daß v'' fast überall auf $[o,T]$ existiert und aus $L_2[o,T]$ ist. Der Hilbertraum X ist versehen mit dem Skalarprodukt

$$\langle u,v\rangle_X = \int_0^T u''(t)v''(t)dt, \quad u,v \in X. \quad (3.2)$$

---

[1] Diese Voraussetzungen lassen sich abschwächen zu $y_0 \in \mathring{W}_2^1(o,1)$ und $y_1 \in L_2(o,1)$.

Bekanntlich ist die Lösung der halbhomogenen Anfangsrandwertaufgabe (1.1),(1.2),(2.3) mit $v=o$ gegeben durch die d'Alembertsche Integraldarstellung

$$\hat{y}(x,t)=\frac{1}{2}\left[y_0(x-t)+y_0(x+t)+\int_{x-t}^{x+t}y_1(s)ds\right]. \tag{3.3}$$

Dabei sind y_0 und y_1 ungerade und 2-periodisch auf ganz $\mathbb{R}$ fortzusetzen.

Weiter gibt es nach Triebel[8], Satz 43.3, zu jedem $v\in X$ genau eine (verallgemeinerte) Lösung $y^*=y^*(x,t,v)$ der Anfangsrandwertaufgabe

$$\begin{aligned}&y_{tt}-y_{xx}=xv''(t) \text{ fast überall } D,\\ &y(o,t)=y(1,t)=o,\ t\in[o,T],\\ &y(x,o)=y_t(x,o)=o, x\in[o,1],\end{aligned} \tag{3.4}$$

mit $y^*(\cdot,t,v)\in\mathring{W}_2^1(o,1)$ für alle $t\in[o,T]$.
Damit ist für jedes $v\in X$

$$y(x,t,v)=xv(t)-y^*(x,t,v)+\hat{y}(x,t) \tag{3.5}$$

die eindeutige (verallgemeinerte) Lösung von (1.1), (1.2),(2.3) mit $y(\cdot,t,v)\in\mathring{W}_2^1(o,1)$ für alle $t\in[o,T]$.
Nun sei

$$V=\{v\in X \mid |v''|\le 1 \text{ fast überall}\}. \tag{3.6}$$

Dann betrachten wir das
RAND-KONTROLLPROBLEM: Gesucht ist ein $\hat{v}\in V$ mit

$$E(y(\cdot,T,\hat{v}))\le E(y(\cdot,T,v)) \text{ für alle } v\in V. \tag{3.7}$$

Dabei ist $E(y(\cdot,T,v))$ für jedes $v\in X$ die Gesamtschwingungsenergie der durch v gesteuerten Saite zur Zeit T und gegeben durch

$$E(y(\cdot,T,v))=\frac{1}{2}\int_0^1[y_t(x,T,v)^2+y_x(x,T,v)^2]dx. \tag{3.8}$$

Dieses Problem können wir auch als ein Approximationsproblem auffassen. Zu dem Zweck definieren wir für jedes $v\in V$ die beiden Funktionen

$$S_1(v)(x)=y_t^*(x,T,v)-xv'(T), \tag{3.9a}$$

$$S_2(v)(x)=y_x^*(x,T,v)-v(T), \tag{3.9b}$$

und erhalten durch $S(v)=(S_1(v),S_2(v))^T$, $v\in X$, eine lineare Abbildung S von X in $Y=(L_2[o,1])^2$.
Definiert man noch $\hat{g}\in Y$ durch $\hat{g}=(\hat{y}_t,\hat{y}_x)$ mit $\hat{y}$ nach (3.3), so lautet die Gesamtschwingungsenergie (3.8) der Saite zur Zeit T bei gegebenem $v\in X$

$$E(y(\cdot,T,v))=\frac{1}{2}\|\hat{g}-S(v)\|_Y^2,$$

wobei $\|\cdot\|_Y$ die übliche Hilbertraum-Norm in Y bezeichnet. Das Rand-Kontrollproblem (3.7) ist also gleichbedeutend mit dem

KONTROLL-APPROXIMATIONSPROBLEM: Gesucht ist ein $\hat{v}\in V$ mit

$$\|\hat{g}-S(\hat{v})\|_Y\leq\|\hat{g}-S(v)\|_Y \text{ für alle } v\in V. \tag{3.10}$$

4. Existenz, Eindeutigkeit und Charakterisierung von Lösungen

Anstelle von (3.4) betrachten wir die etwas allgemeinere Aufgabe

$$\begin{aligned} &y_{tt}-y_{xx}=r(x)v''(t) \text{ fast überall in } D,\\ &y(o,t)=y(1,t)=o, t\in[o,T],\\ &y(x,o)=y_t(x,o)=o, x\in[o,1], \end{aligned} \tag{4.1}$$

mit $v\in X$ und $r\in L_2[o,1]$. Die Funktion r sei dabei fest gewählt, und v variiere in X.
Nach Triebel [8], Satz 43.3, besitzt diese Aufgabe für jedes Paar r,v genau eine (verallgemeinerte) Lösung, die gegeben ist durch

$$\overset{*}{y}(x,t,v,r)=\sum_{k=1}^{\infty}\frac{h_k}{k\pi}\int_o^t \sin k\pi(t-\tau)v''(\tau)d\tau \sin k\pi x \tag{4.2}$$

mit

$$h_k=2\int_o^1 r(x)\sin k\pi x\, dx, k=1,2,... \tag{4.3}$$

Ferner gilt

$$\int_0^1 [y_t^*(x,T,v,r)^2 + y_x^*(x,T,v,r)^2]\,dx \le$$

$$c \int_0^T v''(t)^2 dt \int_0^1 r(x)^2 dx, \tag{4.4}$$

wobei $c>o$ eine geeignete, von r und v unabhängige Konstante ist. Definiert man für jedes $v\in X$ bei festem $r\in L_2[o,1]$ die beiden Funktionen

$$S_1^r(v)(x) = y_t^*(x,T,v,r) - xv'(T), \tag{4.5a}$$

$$S_2^r(v)(x) = y_x^*(x,T,v,r) - v(T), \tag{4.5b}$$

so wird durch $S^r(v)=(S_1^r(v),S_2^r(v))^T$, $v\in X$, wegen (4.4) eine lineare Abbildung von X in $Y=(L_2[o,1])^2$ definiert.

Diese Abbildung S^r soll durch eine Folge (S^{r_n}) von geeigneten Abbildungen S^{r_n} von X in Y approximiert werden. Zu dem Zweck definieren wir für jedes $n\in\mathbb{N}$

$$y^n(x,t,v) = \sum_{k=1}^{n} \frac{h_k}{k\pi} \cdot \int_0^t \sin k\pi(t-\tau) v''(\tau) d\tau \sin k\pi x, \tag{4.6}$$

wobei die h_k durch (4.3) gegeben sind. Die Funktion y^n ist dann die eindeutige (verallgemeinerte) Lösung von (4.1) mit

$$r_n(x) = \sum_{k=1}^{n} h_k \sin k\pi x, \tag{4.7}$$

anstelle von r(x), und es ist

$$\lim_{n\to\infty} \int_0^1 (r(x)-r_n(x))^2 dx = o. \tag{4.8}$$

Unter Benutzung von y^n nach (4.6) definieren wir weiter die Abbildung $S^{r_n}=(S_1^{r_n},S_2^{r_n})^T$ von X in Y durch

$$S_1^{r_n}(v)(x)=y_t^n(x,T,v)-xv'(T), \tag{4.9a}$$

$$S_2^{r_n}(v)(x)=y_x^n(x,T,v)-v(T) \tag{4.9b}$$

und erhalten aus (4.4) die Abschätzung

$$\|S^r(v)-S^{r_n}(v)\|_Y \leq$$

$$c^{1/2}\|v\|_X\left(\int_0^1 (r(x)-r_n(x))^2dx\right)^{1/2}. \tag{4.10}$$

Durch partielle Integration ergeben sich aus (4.9a und b) und (4.6) die Darstellungen

$$S_1^{r_n}(v)(x)= -\sum_{k=1}^{n} k\pi h_k \cdot \int_0^T \sin k\pi(T-t)v'(t)dt \sin k\pi x + (r_n(x)- x)v'(T), \tag{4.11a}$$

$$S_2^{r_n}(v)(x)=\sum_{k=1}^{n} k\pi h_k \cdot \int_0^T \cos k\pi(T-t)v'(t)dt \cos k\pi x -v(T). \tag{4.11b}$$

Nach diesen Vorbereitungen beweisen wir jetzt den

SATZ 1: Das Bild $S^r(V)$ der durch (3.6) definierten Menge V unter der Abbildung $S^r=(S_1^r,S_2^r)^T$ mit S_1^r bzw. S_2^r nach (4.5a) bzw. (4.5b) ist kompakt.

Beweis: Sei (v_n) eine Folge von Funktionen $v_n \in V$. Da V schwach kompakt ist, gibt es eine Teilfolge (v_{n_i}) und ein $\hat{v} \in V$ derart, daß (v''_{n_i}) schwach gegen $\hat{v}''$ konvergiert. Versieht man X mit der Norm

$$\|v\|= \max\left(\max_{0\leq t\leq T} |v(t)|, \max_{0\leq t\leq T} |v'(t)|\right),$$

so ist V bezüglich der dadurch induzierten Topologie kompakt. Wir können daher o.B.d.A. annehmen, daß die

Folge (v_{n_i}) bzw. (v'_{n_i}) gleichmäßig gegen $\hat{v}$ bzw. $\hat{v}'$ konvergiert. Zu vorgegebenem $\varepsilon > 0$ folgt aus (4.8) und (4.10) für alle $v \in V$ die Existenz eines $n(\varepsilon) \in \mathbb{N}$ mit

$$\| S^r(v) - S^{r_n}(v) \|_Y \leq \frac{\varepsilon}{3} \text{ für alle } n \geq n(\varepsilon).$$

Wählt man $n = n(\varepsilon)$, so ergibt sich aus (4.11a und b) und der gleichmäßigen Konvergenz von (v_{n_i}) bzw. (v'_{n_i}) gegen $\hat{v}$ bzw. $\hat{v}'$ die Existenz eines $i(\varepsilon) \in \mathbb{N}$ mit

$$\| S^{r_n}(v_{n_i}) - S^{r_n}(\hat{v}) \|_Y \leq \frac{\varepsilon}{3} \text{ für alle } i \geq i(\varepsilon).$$

Damit ist

$$\| S^r(v_{n_i}) - S^r(\hat{v}) \|_Y \leq \| S^r(v_{n_i}) - S^{r_n}(v_{n_i}) \|_Y +$$

$$\| S^{r_n}(v_{n_i}) - S^{r_n}(\hat{v}) \|_Y + \| S^{r_n}(\hat{v}) - S^r(\hat{v}) \|_Y$$

$$\leq \frac{\varepsilon}{3} + \frac{\varepsilon}{3} + \frac{\varepsilon}{3} = \varepsilon \text{ für alle } i \geq i(\varepsilon),$$

was den Beweis vollendet.

Da nach Satz 1 die Menge $S^r(V)$ insbesondere abgeschlossen und überdies konvex ist, ergibt sich der für Approximationsprobleme im Hilbertraum wohlbekannte

SATZ 2: 1) Es gibt genau ein Element $S^r(\hat{v}) \in S^r(V)$ mit

$$\| \hat{g} - S^r(\hat{v}) \|_Y \leq \| \hat{g} - S^r(v) \|_Y \text{ für alle } v \in V.$$

2) $S^r(\hat{v})$ ist charakterisiert durch die folgende Maximum-Eigenschaft:

$$\langle \hat{g} - S^r(\hat{v}), S^r(\hat{v}) \rangle_Y$$

$$= \sup_{v \in V} \langle \hat{g} - S^r(\hat{v}), S^r(v) \rangle_Y. \qquad (4.12)$$

Aus diesem Satz ergibt sich insbesondere für $r(x) = x$, $x \in [0,1]$, die Lösbarkeit des Kontroll-Approximationsproblems (3.10) und damit auch des Rand-Kontrollproblems (3.7), d.h. die Existenz eines $\hat{v} \in V$ mit (3.10) bzw. (3.7). Jedes solche $\hat{v}$ nennen wir eine optimale Kontrollfunktion. Die Eindeutigkeit optimaler Kontrollfunktionen ist nicht sichergestellt.

5. Ein schwaches Bang-Bang-Prinzip

Wir wollen das Maximum-Prinzip (4.13) benutzen, um optimale Kontrollfunktionen $\hat{v}\in V$ genauer zu kennzeichnen. Zu dem Zweck gehen wir gleich etwas allgemeiner von Elementen $\hat{v}\in V$ mit (4.12) aus. Zunächst ergibt sich für jedes $v\in V$ aus (4.10) und (4.8)

$$\lim_{n\to\infty} \| S^r(v)-S^{r_n}(v)\|_Y=0$$

und hieraus weiter

$$\lim_{n\to\infty} \langle \hat{g}-S^r(\hat{v}),S^{r_n}(v)\rangle_Y = \langle \hat{g}-S^r(\hat{v}),S^r(v)\rangle_Y. \tag{5.1}$$

Unter Berücksichtigung von (4.5a und b) errechnet man für jedes $n\in\mathbb{N}$

$$\langle \hat{g}-S^r(\hat{v}),S^{r_n}(v)\rangle_Y = \int_0^T \hat{S}^n(t)v''(t)dt, \tag{5.2}$$

wobei

$$\hat{S}^n(t)=\hat{a}_0+\hat{b}_0(T-t) + \sum_{k=1}^{n} \hat{a}_k \cos k\pi(T-t)+\hat{b}_k \sin k\pi(T-t) \tag{5.3}$$

ist mit

$$\begin{aligned}
\hat{a}_0 &= -\int_0^1 y_t(x,T,\hat{v},r)\; x\, dx,\\
\hat{a}_k &= h_k \int_0^1 y_t(x,T,\hat{v},r)\sin k\pi x\, dx, \quad k=1,2,\ldots,\\
\hat{b}_0 &= -\int_0^1 y_x(x,T,\hat{v},r)dx,\\
\hat{b}_k &= h_k \int_0^1 y_x(x,T,\hat{v},r)\cos k\pi x\, dx, \quad k=1,2,\ldots,
\end{aligned} \tag{5.4}$$

wobei

$$y(x,T,\hat{v},r)=\hat{y}(x,T)-y^*(x,T,\hat{v},r)+ \quad x\,\hat{v}(t)$$

ist mit $\hat{y}$ nach (3.3) und y^* nach (4.2).
Wählt man speziell $r(x)=x$, $x\in[o,1]$, so ergibt sich aus (4.3)

$$h_k=2\,\frac{(-1)^{k+1}}{k\pi}\,,\quad k=1,2,\ldots \tag{5.5}$$

und die durch (5.3) definierte Funktionenfolge $(\hat{S}^n)$ konvergiert im quadratischen Mittel gegen

$$\hat{S}(t)=\hat{a}_0+\hat{b}_0(T-t)$$
$$+\sum_{k=1}^{\infty}\hat{a}_k\cos k\pi(T-t)+\hat{b}_k\sin k\pi(T-t)\ .$$

Bemerkung: Unter Benutzung von $y_0\in C^2[o,1]$ und $y_1\in C^1[o,1]$ läßt sich sogar zeigen, daß die Folge $(\hat{S}^n)$ gleichmäßig gegen $\hat{S}$ konvergiert, so daß $\hat{S}$ sogar eine stetige Funktion auf $[o,T]$ist.

Aus (5.1) und (5.2) folgt daher unter Berücksichtigung von $S^r=S$ nach (3.9) für $r(x)=x, x\in[o,1]$,

$$\langle\hat{g}-S(\hat{v}),S(v)\rangle_Y=\lim_{n\to\infty}\int_0^T \hat{S}^n(t)v''(t)dt$$
$$=\int_0^T \hat{S}(t)v''(t)dt,$$

so daß sich aus dem Maximum-Prinzip (4.12) für jedes $\hat{v}\in V$ mit (3.10) die Aussage

$$\int_0^T \hat{S}(t)\hat{v}''(t)dt=\sup_{v\in V}\int_0^T S(t)v''(t)dt \tag{5.6}$$

ergibt. Um hieraus eine genauere Aussage über $\hat{v}$ zu gewinnen, machen wir die Annahme

$$\langle\hat{g}-S(\hat{v}),S(\hat{v})\rangle_Y\neq o. \tag{5.7}$$

Dann ist notwendig $\hat{S}\neq o$, und aus (5.6) folgt weiterhin

$$\sup_{v\in V}\int_0^T \hat{S}(t)v''(t)dt=\int_0^T|\hat{S}(t)|\,dt \tag{5.8}$$

sowie

$$\hat{v}''(t) = \operatorname{sgn} \hat{S}(t) \text{ für alle } t\in[o,T] \text{ mit } \hat{S}(t)\neq o. \quad (5.9)$$

Diese Aussage nennt man ein schwaches Bang-Bang-Prinzip. Da (5.6) gleichbedeutend ist mit dem Maximum-Prinzip (4.12), ist (5.9) unter der Annahme (5.7) nicht nur notwendig, sondern auch hinreichend dafür, daß $\hat{v}\in V$ das Kontroll-Approximationsproblem (3.10) löst.

Bemerkung: Hinreichend für (5.7) ist die Steuerbarkeitsbedingung

$$S(X)=Y, \quad (5.10)$$

wobei $S(X)$ die abgeschlossene Hülle von $S(X)$ bezeichnet. (5.10) ist z.B. für $T\geq 2$ erfüllt.

6. Gewinnung von Näherungslösungen

Definiert man für jedes $n\in\mathbb{N}$ und jedes $v\in X$ die Funktion y^n nach (4.6) mit h_k nach (5.5) für $k=1,\dots,n$, so ist y^n die eindeutige (verallgemeinerte) Lösung von (4.1) mit

$$r_n(x)=2\sum_{k=1}^{n} \frac{(-1)^{k+1}}{k\pi} \sin k\pi x \quad (6.1)$$

anstelle von $r(x)$, und es gilt (vgl.(4.8))

$$\lim_{n\to\infty} \int_0^1 (x-r_n(x))^2 dx=o. \quad (6.2)$$

Setzt man $S_1^n=S_1^{r_n}$, $S_2^n=S_2^{r_n}$ mit $S_1^{r_n}$ bzw. $S_2^{r_n}$ nach (4.9a) bzw. (4.9b), so ergibt sich aus (4.10) und (6.2) unter Berücksichtigung von $S=S^r$, $r(x)=x$, $x\in[o,1]$, die Aussage

$$\lim_{n\to\infty} \sup_{v\in V} \| S(v)-S^n(v)\|_Y=o. \quad (6.3)$$

Nach Satz 2 gibt es genau ein Element $S^n(\hat{v}_n)\in S^n(V)$ mit

$$\|\hat{g}-S^n(\hat{v}_n)\|_Y\leq\|\hat{g}-S^n(v)\|_Y \text{ für alle } v\in V, \quad (6.4)$$

und $S^n(\hat{v}_n)$ ist charakterisiert durch das Maximum-

Prinzip

$$\langle \hat{g}-S^n(\hat{v}_n),\ S^n(\hat{v}_n)\rangle_Y = \sup_{v\in V} \langle \hat{g}-S^n(\hat{v}_n),\ S^n(v)\rangle_Y. \tag{6.5}$$

Weiter ist für jedes $v\in V$

$$\langle \hat{g}-S^n(\hat{v}_n),\ S^n(v)\rangle_Y = \int_0^T \hat{S}_n(t)v''(t)dt \tag{6.6}$$

mit

$$\hat{S}_n(t)=\hat{a}_0^n+\hat{b}_0^n(T-t) + \sum_{k=1}^{n} \hat{a}_k^n \cos k\pi(T-t)+\hat{b}_k^n \sin k\pi(T-t)\ , \tag{6.7}$$

wobei $\hat{a}_k^n=\hat{a}_k, \hat{b}_k^n=\hat{b}_k$, $k=1,\dots,n$, mit $\hat{a}_k$ und $\hat{b}_k$ nach (5.4) für $r=r_n$, $\hat{v}=\hat{v}_n$. Das Maximum-Prinzip (6.5) ist somit gleichbedeutend mit der Aussage

$$\int_0^T \hat{S}_n(t)\hat{v}_n''(t)dt = \sup_{v\in V} \int_0^T \hat{S}_n(t)v''(t)dt. \tag{6.8}$$

In Analogie zu (5.7) machen wir jetzt die Annahme

$$\langle \hat{g}-S^n(\hat{v}_n),\ S^n(\hat{v}_n)\rangle_Y \neq 0. \tag{6.9}$$

Dann ist $S_n\neq 0$, und wir erhalten als notwendige und hinreichende Bedingung dafür, daß (6.4) für $\hat{v}_n\in V$ erfüllt ist, die Aussage

$$\hat{v}_n(t)=\operatorname{sgn} \hat{S}_n(t) \text{ für alle } t\in[o,T] \text{ mit } \hat{S}_n(t)\neq 0. \tag{6.10}$$

Da $\hat{S}_n\neq 0$ nur endlich viele Nullstellen besitzt, liegt mit (6.10) sogar ein starkes Bang-Bang-Prinzip vor.

Ein Beispiel: Wir wählen

$$y_0(x)=\sin \pi x,\quad y_1(x)=0 \text{ für } x\in[o,1]$$

und $T=\frac{1}{2}$. Dann ergibt sich:

$$\hat{v}_1''(t)= \begin{cases} 1 & \text{für } o\leq t< o.3800, \\ -1 & \text{für } o.3800\leq t\leq o.5, \end{cases}$$

$$\hat{v}_5''(t)= \begin{cases} 1 & \text{für } o\leq t< o.3769, \\ -1 & \text{für } o.3769\leq t\leq o.5, \end{cases}$$

$$\hat{v}''_{10}(t)=\begin{cases} 1 & \text{für } o\le t<o.37227,\\ -1 & \text{für } o.37227\le t\le o.5,\end{cases}$$

$$\hat{v}''_{20}(t)=\begin{cases} 1 & \text{für } o\le t<o.372865,\\ -1 & \text{für } o.372865\le t\le o.5.\end{cases}$$

Um zu Konvergenzaussagen zu gelangen, gehen wir aus von einer Folge $(\hat{v}_n)$, $\hat{v}_n\in V$, von Lösungen von (6.4). Da S(V) nach Satz 1 kompakt ist, gibt es ein $\hat{v}\in V$ und eine Teilfolge $(\hat{v}_{n_i})$ mit

$$\lim_{i\to\infty} \|S(\hat{v}_{n_i})-S(\hat{v})\|_Y=o. \tag{6.11}$$

Damit ist

$$\|S^{n_i}(\hat{v}_{n_i})-S(\hat{v})\|_Y$$

$$\le \|S^{n_i}(\hat{v}_{n_i})-S(\hat{v}_{n_i})\|_Y+\|S(\hat{v}_{n_i})-S(\hat{v})\|_Y\le \sup_{v\in V}\|S^{n_i}(v)-S(v)\|_Y$$

$$+\|S(\hat{v}_{n_i})-S(\hat{v})\|_Y,$$

so daß sich aus (6.3) und (6.11)

$$\lim_{i\to\infty} \|S^{n_i}(\hat{v}_{n_i})-S(\hat{v})\|_Y=o$$

und weiter

$$\lim_{i\to\infty} \|\hat{g}-S^{n_i}(\hat{v}_{n_i})\|_Y=\|\hat{g}-S(\hat{v})\|_Y \tag{6.12}$$

ergibt. Setzt man

$$\rho = \inf_{v\in V}\|\hat{g}-S(v)\|_Y$$

und

$$\rho_n = \inf_{v\in V}\|\hat{g}-S^n(v)\|_Y$$

für jedes $n\in\mathbb{N}$, so folgt

$$|\rho - \rho_n| \le \sup_{v\in V}\|S(v)-S^n(v)\|_Y$$

und mit (6.3) weiter

$$\lim_{n\to\infty} \rho_n = \rho.$$

Hieraus folgt unter Benutzung von (6.12) und

$$\| \hat{g} - S^{n_i}(\hat{v}_{n_i}) \|_Y = \varrho_{n_i},$$

daß

$$\| \hat{g} - S(\hat{v}) \|_Y = \varrho = \inf_{v \in V} \| \hat{g} - S(v) \|_Y$$

ist, d.h. daß $\hat{v} \in V$ das Kontroll-Approximations-problem (3.10) löst.

Das trifft herleitungsgemäß für jeden Häufungspunkt der Folge $(S(\hat{v}_n))$ zu. Da $S(\hat{v})$ das einzige Element in $S(V)$ mit (3.10) ist, folgt

$$\lim_{n \to \infty} \| S^n(v_n) - S(v) \|_Y = 0.$$

Literatur

[1] Butkovskiy, A.G.: Theory of optimal control of distributed parameter systems. Elsevier Publ. Comp., New York-London-Amsterdam 1969

[2] Butkovskiy, A.G.: The method of moments in the theory of optimal control systems with distributed parameters. Automat.Remote Control 24 (1963), 1106-1113

[3] Butkovskiy, A.G. , and L.N.Poltavskii: The optimal control of a distributed oscillating system. Automat.Remote Control 26 (1965), 1835-1848

[4] Köthe,G.: Topologische lineare Räume I,Springer-Verlag, Berlin-Heidelberg-New York 1966,2.Aufl.

[5] Roxin,E.: Optimierungsprobleme mit der Wellengleichung.Preprint Nr.146 des Fachbereichs Mathematik der TH Darmstadt, Juli 1974

[6] Russell, D.L.: On boundary-value controllability of linear symmetric hyperbolic systems. "Proceedings of the Conference on the Mathematical Theory of Control",Univ.of Southern Calif.,Academic Press, New York 1967,pp.312-321

[7] Russell, D.L.: Nonharmonic Fourier series in the control of distributed parameter systems.J.Mathem. Anal.Appl. 18 (1967), 542-560

[8] Triebel,H.: Höhere Analysis.VEB Deutscher Verlag der Wissenschaften, Berlin 1972

Fachbereich Mathematik der TH Darmstadt, 61 Darmstadt, Schloßgartenstr.7

MINIMUMNORMPROBLEME
UND
ZEITOPTIMALE STEUERUNGEN

Frank Lempio

We consider special boundary control systems for parabolic differential equations where the target set is described by a convex body of continuous functions. In this paper we are mainly interested in time-optimal control problems.

Our first approach to these problems is the usual one which allows us to sharpen a bang-bang-principle recently proved by WECK. Here we make use of the same analyticity arguments used already by GLASHOFF for control problems with fixed time interval.

Our second approach consists in embedding the time-optimal control problem into a family of minimum norm problems with general operator restrictions. We investigate these minimum norm problems by means of a characterization theorem for abstract approximation problems, and we believe that this approach will be useful not only for the special problems treated in this paper but also for more general situations.

1. EINLEITUNG

Vorgelegt sei das folgende Randwertproblem für die eindimensionale Wärmeleitungsgleichung, das uns im Laufe dieser Arbeit als Modellproblem dienen wird:

$$y_t(s,t) - y_{ss}(s,t) = 0 \qquad (0 < s < 1, 0 < t \leq T),$$

$$y_s(0,t) = 0 \qquad (0 < t \leq T),$$

$$y(s,0) = 0 \qquad (0 \leq s \leq 1),$$

$$y(1,t) + \alpha\, y_s(1,t) = u(t) \qquad (0 < t \leq T).$$

Dabei sei $\alpha > 0$ fest gewählt und die Zeitdauer T ein frei wählbarer Parameter, der nur der Einschränkung $T > 0$ unterworfen ist.

Nach YEGOROV [16] hat dieses Randwertproblem für jedes $u \in L_\infty[0,T]$ genau eine verallgemeinerte Lösung

$$y(\cdot\,,\cdot\,;u)\quad,$$

die die Darstellung besitzt

$$y(s,t;u) = \sum_{k=1}^{\infty} A_k \mu_k^2 \cos(\mu_k s) \int_0^t u(\tau) \exp(-\mu_k^2(t-\tau))d\tau$$

für $0 \leq s \leq 1$, $0 \leq t \leq T$.

Hierbei ist

$$(\mu_k)_{k=1,2,3,\ldots}$$

die Folge der positiven Lösungen der Gleichung

$$\mu \tan \mu = \frac{1}{\alpha}$$

und

$$A_k = \frac{2 \sin \mu_k}{\mu_k + \sin \mu_k \cos \mu_k} \qquad (k = 1,2,3,\ldots).$$

Also gilt

$$\mu_k \geq (k - 1)\,\pi \qquad (k = 1,2,3,\ldots)$$

und

$$|A_k \, \mu_k^2 \cos(\mu_k s)| \leq \gamma \qquad (0 \leq s \leq 1 \,, k = 1,2,3,\ldots)$$

mit einer gewissen Konstanten $\gamma > 0$.

Auf Grund dieser Abschätzungen wird jedem

$$u \in L_\infty [0,T]$$

eine Temperaturverteilung

$$y(. \,, \,. \,; u)$$

zugeordnet, die das obige Randwertproblem löst und eine stetige Endtemperaturverteilung

$$y(. \,, T \,; u) \in C\,[0,1]$$

besitzt.

Damit stellt sich das Problem, durch Wahl geeigneter zulässiger Randsteuerungen $u \in L_\infty [0,T]$ eine zulässige Endtemperaturverteilung $y(. \,, T \,; u)$ herzustellen, und zwar in möglichst kurzer Zeit oder mit möglichst geringem Aufwand.

Wir versehen $L_\infty [0,T]$ und $C[0,1]$ mit der Supremum-Norm $\| \cdot \|_\infty$ und wählen der Einfachheit halber als Menge der zulässigen Steuerungen die Vereinigung

$$\bigcup_{T>0} B_T$$

der Einheitskugeln in $L_\infty [0,T]$,

$$B_T = \{u \in L_\infty[0,T] : |u(t)| \leq 1 \text{ f.ü. in } [0,T]\} ,$$

als Menge der zulässigen Endtemperaturverteilungen eine geeignete konvexe Teilmenge K von $C[0,1]$ mit nichtleerem topologischen Inneren $\text{int}(K)$. Damit erhalten wir das folgende Problem:

1.1. ZEITOPTIMALES STEUERUNGSPROBLEM. Minimiere T unter den Nebenbedingungen:

$$T > 0 \ , \quad u \in B_T$$

und

$$y(. \ , T \ ; u) \in K \quad !$$

Mit ähnlichen Problemstellungen habe sich bereits viele Autoren beschäftigt, wir nennen hier nur stellvertretend YEGOROV [16], FRIEDMAN [6] , [8],FATTORINI [4], [5] , WECK [15] .

Wir werden in dieser Arbeit das von WECK [15] bewiesene Bang-Bang-Prinzip verschärfen unter Einsatz der gleichen Analytizitätsargumente, die GLASHOFF [9] für Kontrollprobleme mit festem Zeitintervall benötigte.

Unser Hauptziel ist jedoch, den Zusammenhang herzustellen zwischen dem zeitoptimalen Steuerungsproblem 1.1. und der folgenden Schar von Steuerungsproblemen mit festem Zeitintervall, die als restringierte Minimumnormprobleme gedeutet werden können.

1.2. RESTRINGIERTES MINIMUMNORMPROBLEM. Sei $T > 0$ fest gewählt. Minimiere

$$\| u \|_\infty$$

unter den Nebenbedingungen

$$u \in L_\infty[0,T] \quad \underline{\text{und}} \quad y(., T \ ; u) \in K \quad !$$

Diese Probleme lassen sich sehr weitgehend dualitätstheoretisch behandeln. Als Resultat erhalten wir einen Existenz- und Charakterisierungssatz und daraus ebenfalls die Gültigkeit eines scharfen Bang-Bang-Prinzips für jedes der Probleme 1.2. .
Die zeitoptimale Steuerung des Problems 1.1. wird sich als Optimallösung des Problems 1.2. herausstellen, falls man für T die Minimalzeit wählt. Damit wäre dann einerseits noch einmal die Gültigkeit des scharfen Bang-Bang-Prinzips für den zeitoptimalen Fall bewiesen, andererseits glauben wir, daß sich die Problemschar 1.2. besser zur numerischen Behandlung des Problems 1.1. eignet als ein direkter Zugang.

Ist K eine Kugel in $C[0,1]$ mit Mittelpunkt $k_o \in C[0,1]$ und Radius $\epsilon > 0$,

$$K = \{k \in C[0,1]: \|k_o - k\|_\infty \leq \epsilon\} ,$$

so kann man auch folgende Problemschar betrachten.

1.3. MINIMUMNORMPROBLEM. Sei $T > 0$ fest gewählt.
Minimiere

$$\|k_o - y(. , T ; u)\|_\infty$$

unter den Nebenbedingungen

$$u \in B_T \quad !$$

Dieser Problemtyp wurde von GLASHOFF [9] ausführlich untersucht. Wiederum wird sich die zeitoptimale Steuerung des Problems 1.1. als Optimallösung des Problems 1.3. herausstellen, falls man für T die Minimalzeit wählt. Die Minimalabweichung ist dann gerade gleich ϵ .

Der interessante Fall $\epsilon = 0$, in dem sich K auf ein einziges Element $k_o \in C[0,1]$ reduziert, bereitet sowohl bei der direkten Behandlung des zeitoptimalen Problems 1.1. Schwierigkeiten als auch bei der Behandlung der beiden anderen Problemklassen. Im Falle 1.2. geht eine Stetigkeitsaussage für dualoptimale Funktionale verloren, im Fall 1.3. ist die Minimalabweichung nicht mehr positiv. Wir verfolgen daher hier die diesbezügliche Problematik nicht weiter. Wir unterdrücken ebenfalls Existenzbeweise für zeitoptimale Steuerungen, zumal die Existenzfrage für unser Modellproblem befriedigend geklärt ist, vergleiche hierzu WECK [15] .

Abschließend möchten wir noch betonen, daß die von uns benötigten Voraussetzungen für die Abbildung

$$u \to y(. , T ; u)$$

und damit auch die gewonnenen Resultate natürlich nicht nur für unser spezielles Modellproblem gültig sind. Aus Platzgründen können wir auf Verallgemeinerungsmöglichkeiten im folgenden jeweils nur sehr kurz hinweisen.

2. ZEITOPTIMALE STEUERUNGEN

Wir bezeichnen für jedes $T > 0$ mit

$$S_T : L_\infty [0,T] \to C[0,1]$$

den Operator, der jeder Steuerung

$$u \in L_\infty [0,T]$$

die Verteilung

$$y(. , T ; u) \in C[0,1]$$

zuordnet.

Für jedes $t \in (0,T]$ und jedes $u \in L_\infty[0,T]$ sei

$$u|_{[0,t]} \in L_\infty[0,t]$$

die Restriktion von u auf $[0,t]$.

Mit diesen Bezeichnungen gilt der

2.1. SATZ. Für jedes $T > 0$ ist der Operator S_T linear und stetig , und für jedes $u \in L_\infty[0,T]$ gilt

$$\lim_{t \to T-} S_t\, u|_{[0,t]} = S_T\, u \quad .$$

BEWEIS. Diese Eigenschaften lassen sich mittels der Reihendarstellung für S_t und S_T elementar verifizieren.

Zum Beispiel ist

$$|(S_t\, u|_{[0,t]})(s) - (S_T\, u)(s)|$$

$$= |\sum_{k=1}^{\infty} A_k \mu_k^2 \cos(\mu_k s) \int_0^t u(\tau) \exp(-\mu_k^2(t-\tau))d\tau$$

$$- \sum_{k=1}^{\infty} A_k \mu_k^2 \cos(\mu_k s) \int_0^T u(\tau) \exp(-\mu_k^2(T-\tau))d\tau|$$

$$= |\sum_{k=1}^{\infty} A_k \mu_k^2 \cos(\mu_k s) \int_0^t u(\tau)[\exp(-\mu_k^2(t-\tau)) - \exp(-\mu_k^2(T-\tau))]d\tau$$

$$- \sum_{k=1}^{\infty} A_k \mu_k^2 \cos(\mu_k s) \int_t^T u(\tau) \exp(-\mu_k^2(T-\tau))d\tau|$$

$$\leq \|u\|_\infty \gamma \sum_{k=1}^{\infty} \frac{1}{\mu_k^2}[2 - \exp(-\mu_k^2 t) - 2\exp(-\mu_k^2(T-t)) + \exp(-\mu_k^2 T)]$$

für alle $t \in (0,T]$, $s \in [0,1]$.

Diese Reihe ist für $t \in [0,T]$ gleichmäßig konvergent. Also ist der gliedweise Grenzübergang $t \to T-$ erlaubt, und wir erhalten

$$\lim_{t\to T-} \|S_t\, u|_{[0,t]} - S_T\, u\|_\infty$$

$$\leq \|u\|_\infty \gamma_k \sum_{k=1}^{\infty} \frac{1}{\mu_k^2} \lim_{t\to T-} [2-\exp(-\mu_k^2 t)-2\exp(-\mu_k^2 (T-t))+\exp(-\mu_k^2 T)]$$

$$= 0 \quad ,$$

was zu beweisen war.

Die in Satz 2.1. angegebenen Stetigkeitseigenschaften sind in dieser Form oder für allgemeinere Problemtypen in geeignet modifizierter Form fundamental für zeitoptimale Steuerungsprobleme. Sie liefern uns unmittelbar die Gültigkeit des folgenden Satzes.

2.2. SATZ. $T_o > 0$ sei die Minimalzeit für das zeitoptimale Steuerungsproblem 1.1. und u_o eine zugehörige zeitoptimale Steuerung.

Dann gilt

$$S_{T_o}(B_{T_o}) \cap \operatorname{int}(K) = \emptyset \; .$$

Aus dem bekannten Trennungssatz für konvexe Mengen, vergleiche etwa KÖTHE [11] , folgt das

2.3. KOROLLAR. $T_o > 0$ sei die Minimalzeit für das zeitoptimale Steuerungsproblem 1.1. und u_o eine zugehörige zeitoptimale Steuerung. Dann existiert ein nichttriviales, stetiges reelles lineares Funktional λ auf $C[0,1]$ mit

$$\lambda(S_{T_o}\, u) \leq \lambda(S_{T_o}\, u_o) \leq \lambda(k)$$

für alle $u \in B_{T_o}$ und alle $k \in K$.

Eine Analyse der Beziehung

$$\sup_{u \in B_{T_o}} \lambda(S_{T_o} u) = \lambda(S_{T_o} u_o)$$

läßt sich genauso wie bei GLASHOFF und KRABS [10] durchführen, wo Minimumnormprobleme des Typs 1.3. untersucht wurden. Benötigt werden dabei die in der folgenden Definition beschriebenen Eigenschaften der Operatoren S_T und ihrer (topologisch) adjungierten Operatoren S_T'.

2.4. DEFINITION. Sei $T > 0$ fest gewählt. Dann heißt der Operator S_T kontrollierbar, falls sein Bild $\text{im}(S_T)$ dicht ist in $C[0,1]$.

Er heißt normal, falls sich jedes nichttriviale stetige reelle lineare Funktional

$$\Phi \in \text{im}(S_T') \subset L_\infty[0,T]'$$

darstellen läßt als

$$\Phi(u) = \int_0^T \varphi(\tau)\, u(\tau) d\tau \qquad (u \in L_\infty[0,T])$$

mit einer integrierbaren Funktion

$$\varphi \in L_1[0,T] \quad ,$$

die höchstens auf einer Menge vom Maße 0 verschwindet.

Nach GLASHOFF und KRABS [9], [10] sind die Operatoren S_T für unser Modellproblem und eine ganze Reihe weiterer Probleme kontrollierbar und normal, φ läßt sich dabei sogar analytisch auf $[0,T)$ wählen.

Aus Korollar 2.3. folgt dann allein schon wegen der Kontrollierbarkeit von S_{T_o}

$$\lambda\, S_{T_o} = S_{T_o}, \lambda \neq 0_{L_\infty[0,T]},$$

und damit wegen der Normalität von S_{T_o} die Existenz einer auf $[0,T_o)$ analytischen, nicht identisch verschwindenden und auf $[0,T_o]$ integrierbaren Funktion φ mit

$$\sup_{u \in B_{T_o}} \int_0^{T_o} \varphi(\tau)\, u(\tau) d\tau = \int_0^{T_o} \varphi(\tau) u_o(\tau) d\tau .$$

Hieraus ergibt sich dann unmittelbar die folgende Verschärfung des Bang-Bang-Prinzips von WECK [15] für den zeitoptimalen Fall.

2.5. BANG-BANG-PRINZIP. $T_o > 0$ sei die Minimalzeit für das zeitoptimale Steuerungsproblem 1.1. und u_o eine zugehörige zeitoptimale Steuerung.

Dann ist u_o auf jedem Teilintervall

$$[0,t] \text{ mit } 0 \leq t < T_o$$

stückweise konstant gleich

$$+1 \text{ oder } -1$$

mit höchstens endlich vielen Sprüngen.

Dabei sind natürlich fast überall gleiche Funktionen aus $L_\infty[0,T_o]$ miteinander identifiziert worden. Übrigens folgt aus dem Bang-Bang-Prinzip auch sofort die Eindeutigkeit der zeitoptimalen Steuerung.

Die angestellten Überlegungen lassen sich auf allgemeinere Problemtypen übertragen, wir gehen hierauf nicht weiter ein. Wir wollen nur noch anmerken, daß man die Kontrollierbarkeit und Normalität von S_{T_o} und damit auch das Bang-Bang-Prinzip 2.5. gar nicht in voller Allgemeinheit benötigt, um das zeitoptimale Problem 1.1. in die Schar restringierter Minimumnormprobleme 1.2. einbetten zu können. Denn es gilt das folgende einfache

2.6. LEMMA. $T_o > 0$ sei die Minimalzeit für das zeitoptimale Steuerungsproblem 1.1. und u_o eine zugehörige zeitoptimale Steuerung. Allein aus der Existenz eines $u \in L_\infty[0,T_o]$ mit

$$S_{T_o} u \in \operatorname{int}(K)$$

folgt dann schon

$$\| u_o \|_\infty = 1 .$$

BEWEIS. Wir machen die Annahme

$$\| u_o \|_\infty < 1 .$$

Dann existiert ein hinreichend kleines

$$\xi \in (0,1]$$

mit

$$u_o + \xi(u - u_o) \in B_{T_o} .$$

Wegen

$$S_{T_o} u_o \in K , \quad S_{T_o} u \in \operatorname{int}(K)$$

ist dann

$$S_{T_o}(u_o + \xi(u-u_o)) \in \operatorname{int}(K)$$

im Widerspruch zu Satz 2.2. .

Aus der Kontrollierbarkeit von S_{T_o} folgt natürlich für jede Zielmannigfaltigkeit K mit $\mathrm{int}(K) \neq \emptyset$ die Existenz eines $u \in L_\infty[0,T_o]$ mit

$$S_{T_o} u \in \mathrm{int}(K) \quad .$$

Damit erhalten wir aus Lemma 2.6. den

2.7. SATZ. $T_o > 0$ sei die Minimalzeit für das zeitoptimale Steuerungsproblem 1.1. und u_o eine zugehörige zeitoptimale Steuerung. Dann ist u_o Optimallösung des restringierten Minimumnormproblems 1.2. für $T = T_o$, und der zugehörige Minimalwert ist gleich 1 .

Die Einbettbarkeit des zeitoptimalen Problems 1.1. in die Schar von Minimumnormproblemen 1.3. folgt schon allein aus Satz 2.2., falls K eine abgeschlossene Kugel in $C[0,1]$ ist mit positivem Radius. Denn es gilt

2.8. SATZ. $T_o > 0$ sei die Minimalzeit für das zeitoptimale Steuerungsproblem 1.1., u_o eine zugehörige zeitoptimale Steuerung und

$$K = \{k \in C[0,1]: \|k_o - k\|_\infty \leq \varepsilon\}$$

mit $k_o \in C[0,1]$ und $\varepsilon > 0$.

Dann ist u_o Optimallösung des Minimumnormproblems 1.3. für $T = T_o$, und der zugehörige Minimalwert ist gleich ε.

3. OPTIMALE STEUERUNGEN MIT MINIMALER NORM

Wir untersuchen jetzt etwas ausführlicher die Schar restringierter Minimumnormprobleme 1.2. . Hauptsächlich aus schreibtechnischen Gründen behandeln wir zunächst das folgende allgemeinere Problem.

3.1. MINIMUMNORMPROBLEM. X und Y seien reelle normierte Räume, deren Normen wir unterschiedslos mit $\| . \|$ bezeichnen.

$$S: X \to Y$$

sei ein stetiger linearer Operator.

$$z \in X$$

und eine konvexe Teilmenge

$$K \subset Y \quad \text{mit} \quad \operatorname{int}(K) \neq \emptyset$$

seien fest vorgegeben.

Damit lautet das Problem: Minimiere

$$\| z - x \|$$

unter den Nebenbedingungen

$$x \in X$$

und

$$Sx \in K \qquad !$$

Diesem Problem läßt sich auf bekannte Weise ein duales zuordnen. Wir bezeichnen dabei mit

$$X' \quad \text{bzw.} \quad Y'$$

den topologischen Dualraum von X bzw. Y , mit

$$S' : Y' \to X'$$

den (topologisch) adjungierten Operator zu S und mit $\|\cdot\|_s$ die starke Norm auf X', die definiert werden kann durch

$$\|\Phi\|_s = \sup_{\substack{x \in X \\ \|x\| \leq 1}} \Phi(x) \qquad (\Phi \in X') .$$

Damit lautet das

3.2. DUALPROBLEM. Maximiere

$$-(S'\lambda)(z) + \inf_{k \in K} \lambda(k)$$

unter den Nebenbedingungen

$$\lambda \in Y'$$

und

$$\|S'\lambda\|_s \leq 1 \quad !$$

Die für das Problempaar 3.1. und 3.2. gültigen Dualitätssätze liefern unmittelbar den folgenden Charakterisierungssatz, dessen Beweis wir der Vollständigkeit halber andeuten.

3.3. CHARAKTERISIERUNGSSATZ. Es existiere ein

$$x \in X \quad \text{mit} \quad Sx \in \text{int}(K) .$$

Dann löst x_o das Minimumnormproblem 3.1. genau dann, wenn folgende Bedingungen erfüllt sind:

i) x_o ist primal zulässig, d.h. es ist

$$x_o \in X \quad \text{und} \quad Sx_o \in K \quad ,$$

ii) es gibt ein dual zulässiges Funktional

$$\lambda \in Y' \quad \text{mit} \quad \|S'\lambda\|_s \leq 1 \quad ,$$

iii) für x_o und λ gilt

$$\lambda(Sx_o) = \inf_{k \in K} \lambda(k)$$

und

$$-(S'\lambda)(z-x_o) = \|z-x_o\| \quad .$$

BEWEIS. x_o und λ mögen die Bedingungen i), ii) und iii) erfüllen. Dann ist x_o primal zulässig, λ dual zulässig, und die zugehörigen Zielfunktionswerte sind gleich wegen

$$\|z-x_o\| = -(S'\lambda)(z-x_o)$$

$$= -(S'\lambda)(z) + \inf_{k \in K} \lambda(k) \quad .$$

Dann ist bekanntlich x_o Optimallösung des Primalproblems 3.1. und λ sogar Optimallösung des Dualproblems 3.2. .

Sei umgekehrt x_o Optimallösung des Primalproblems 3.1. . Da die Existenz eines

$$x \in X \quad \text{mit} \quad Sx \in \text{int}(K)$$

gerade die Gültigkeit der SLATER-Bedingung beinhaltet, existiert bekanntlich eine Optimallösung λ des Dualproblems 3.2., und die Werte beider Probleme sind gleich.

Da für x_o und λ natürlich i) und ii) gelten, folgt hieraus

$$\|z-x_o\| = -(S'\lambda)(z) + \inf_{k\in K} \lambda(k)$$

$$\leq -(S'\lambda)(z) + \lambda(Sx_o)$$

$$\leq \|S'\lambda\|_s \|z-x_o\|$$

$$\leq \|z-x_o\| \quad .$$

Also muß notwendig auch iii) gelten.

Diesen Charakterisierungssatz wollen wir auf die Schar von Steuerungsproblemen 1.2. anwenden. Dazu haben wir lediglich

$$X = L_\infty[0,T] \ , \quad Y = C[0,1] \ , \quad \|\cdot\| = \|\cdot\|_\infty \ ,$$

$$S = S_T \ ,$$

$$z = 0_{L_\infty[0,T]}$$

zu setzen und K wiederum als konvexe Teilmenge von $C[0,1]$ mit nichtleerem topologischen Inneren zu wählen.

Die Kontrollierbarkeit von S_T nutzen wir nur insofern aus, als sie die Existenz eines

$$u \in L_\infty[0,T] \quad \text{mit} \quad S_T u \in \text{int}(K)$$

liefert. Die in 3.3. benötigte SLATER-Bedingung ist damit erfüllt.

Aus der Normalität von S_T in ihrer zum Beweis des Bang-Bang-Prinzips 2.5. bereits herangezogenen verschärften Form und aus dem Charakterisierungssatz 3.3. folgt dann der

3.4. SATZ. Sei u_o Optimallösung des restringierten Minimumnormproblems 1.2. für $T > 0$. Dann ist u_o auf jedem Teilintervall

$$[0,t] \quad \text{mit} \quad 0 \leq t < T$$

stückweise konstant gleich

$$+ \|u_o\|_\infty \quad \text{oder} \quad - \|u_o\|_\infty$$

mit höchstens endlich vielen Sprüngen.

BEWEIS. Nach 3.3. existiert ein $\lambda \in C[0,1]'$ mit

$$\|S_T{}'\lambda\|_s \leq 1$$

und

$$(S_T{}'\lambda)(u_o) = \|u_o\|_\infty \quad .$$

Im trivialen Falle

$$\|u_o\|_\infty = 0$$

ist nichts zu zeigen.

Im nichttrivialen Falle

$$\|u_o\|_\infty > 0$$

folgt sofort

$$1 = \|S_T{}'\lambda\|_s = \sup_{u \in B_T} (S_T{}'\lambda)(u) \quad .$$

Auf Grund der Normalität von S_T existiert dann eine auf $[0,T)$ analytische, nicht identisch verschwindende und auf $[0,T]$ integrierbare Funktion φ mit

$$\sup_{u \in B_T} \int_0^T \varphi(\tau)\, u(\tau) d\tau = \frac{1}{\|u_o\|_\infty} \int_0^T \varphi(\tau)\, u_o(\tau) d\tau \, .$$

Hieraus ergibt sich dann unmittelbar die Behauptung.

Aus diesem Satz folgt natürlich wiederum die Eindeutigkeit der optimalen Steuerung u_o , da ja fast überall gleiche Funktionen aus $L_\infty[0,T]$ miteinander identifiziert werden. Außerdem liefert uns dieser Satz wegen Lemma 2.6. und Satz 2.7. für $T = T_o$ erneut das Bang-Bang-Prinzip 2.5. für den zeitoptimalen Fall.

Jedenfalls haben wir damit festgestellt, daß die Einbettung des zeitoptimalen Steuerungsproblems 1.1. in die Problemschar 1.2. insofern regulär ist, als die Optimallösungen dieser Problemschar im wesentlichen die gleichen Eigenschaften haben wie die zeitoptimale Steuerung.

Der Vollständigkeit halber wollen wir noch beweisen, daß die Probleme 1.2. auch wirklich lösbar sind, falls K abgeschlossen ist. Wir benötigen darüber hinaus lediglich die Erreichbarkeit von K in der Zeit T, d.h. die Existenz eines

$$u \in L_\infty[0,T] \quad \text{mit} \quad S_T u \in K \quad .$$

Diese folgt natürlich im Falle $\text{int}(K) \neq \emptyset$ sofort aus der Kontrollierbarkeit von S_T .

3.5. EXISTENZSATZ. $T > 0$ sei fest gewählt . Ist dann K abgeschlossen und erreichbar in der Zeit T , so besitzt das restringierte Minimumnormproblem 1.2. eine Optimallösung.

BEWEIS. Sei $T > 0$ fest gewählt. Da K erreichbar ist, existiert ein

$$\hat{u} \in L_\infty[0,T] \quad \text{mit} \quad S_T \hat{u} \in K .$$

Also existiert eine Folge

$$(u_i)_{i=1,2,3,\ldots} \subset L_\infty[0,T]$$

mit

$$\|u_i\|_\infty \leq \|\hat{u}\|_\infty , \quad S_T\, u_i \in K \qquad (i = 1,2,3,\ldots)$$

und

$$\lim_{i\to\infty} \|u_i\|_\infty = w \quad ,$$

wobei

$$w = \inf\{\|u\|_\infty : u \in L_\infty[0,T],\ S_T u \in K\}$$

der Minimalwert des Problems 1.2. ist. Da

$$\{u \in L_\infty[0,T] : \|u\|_\infty \leq \|\hat{u}\|_\infty\}$$

schwach kompakt ist bezüglich der in

$$L_\infty[0,T] = L_1[0,T]'$$

durch $L_1[0,T]$ induzierten schwachen Topologie, kann ohne Beschränkung der Allgemeinheit angenommen werden, daß die Folge $(u_i)_{i=1,2,3,\ldots}$ gegen ein

$$u_0 \in L_\infty[0,T]$$

schwach konvergiert. Aus der schwachen Unterhalbstetigkeit von $\|\cdot\|_\infty$ folgt dann sofort

$$\|u_0\|_\infty = w \quad .$$

Wir haben noch $S_T u_0 \in K$ zu zeigen und ziehen dazu die Reihendarstellung von S_T heran. Aus

$$\|S_T u_0 - S_T u_i\|_\infty$$

$$\leq \| \sum_{k=n+1}^{\infty} A_k \mu_k^2 \cos(\mu_k \cdot) \int_0^T u_0(\tau) \exp(-\mu_k^2 (T-\tau)) d\tau \|_\infty$$

$$+ \| \sum_{k=1}^{n} A_k \mu_k^2 \cos(\mu_k \cdot) \int_0^T (u_0(\tau) - u_i(\tau)) \exp(-\mu_k^2 (T-\tau)) d\tau \|_\infty$$

$$+ \| \sum_{k=n+1}^{\infty} A_k \mu_k^2 \cos(\mu_k \cdot) \int_0^T u_i(\tau) \exp(-\mu_k^2 (T-\tau)) d\tau \|_\infty$$

für $n = 1,2,3,\ldots$ und

$$\|u_i\|_\infty \leq \|\hat{u}\|_\infty \qquad (i = 1,2,3,\ldots)$$

sowie

$$\lim_{i\to\infty} \int_0^T (u_0(\tau) - u_i(\tau)) \exp(-\mu_k^2 (T-\tau)) d\tau = 0 \quad (k = 1,2,3,\ldots)$$

folgt unmittelbar

$$\lim_{i\to\infty} S_T u_i = S_T u_0 .$$

Da K abgeschlossen ist, ist notwendig

$$S_T u_0 \in K .$$

Die Forderung, daß K abgeschlossen und erreichbar sein soll, ist auch im Hinblick auf den zeitoptimalen Fall 1.1. sehr sinnvoll. Denn dort muß ebenfalls die Abgeschlossenheit und Erreichbarkeit von K für wenigstens ein $T > 0$ vorausgesetzt werden, um die Existenz einer zeitoptimalen Steuerung garantieren zu können, vergleiche hierzu WECK [15].

LITERATUR

[1] BUTKOVSKIY, A.G.: Distributed control systems. New York, American Elsevier Publ.Comp. 1969.

[2] BUTKOVSKIY, A.G., A.I. EGOROV and K.A. LURIE: Optimal control of distributed systems (A survey of Soviet publications). SIAM J. Control 6 (1968) 437 - 476.

[3] FALB, P.L.: Infinite dimensional control problems I: On the closure of the set of attainable states for linear systems. J. Math. Anal.Appl. 9(1964) 12 - 22 .

[4] FATTORINI, H.O.: Time-optimal control of solutions of operational differential equations. SIAM J. Control 2(1964), 54 - 59.

[5] FATTORINI, H.O.: The time-optimal control problem in Banach spaces. Applied Mathematics and Optimization 1 (1974), 163 - 188 .

[6] FRIEDMAN, A.: Optimal control for parabolic equations. J. Math. Anal.Appl. 18(1967), 479 - 491.

[7] FRIEDMAN, A.: Optimal control in Banach spaces. J. Math. Anal.Appl. 19(1967), 35 - 55.

[8] FRIEDMAN, A.: Optimal control in Banach space with fixed end-points. J. Math. Anal.Appl. 24(1968), 161 - 181.

[9] GLASHOFF, K.: Optimal control of one-dimensional linear parabolic differential equations. Erscheint in: BULIRSCH, R., W. OETTLI und J. STOER (Hrsg.): Optimierungstheorie und optimale Steuerungen, Tagungsbericht über die Oberwolfachtagung vom 18.11.-23.11.1974. Berlin-Heidelberg-New York, Springer-Verlag 1975.

[10] GLASHOFF, K.,und W. KRABS: Dualität und Bang-Bang-Prinzip bei einem parabolischen Rand-Kontrollproblem.
Erscheint in: Bonner Mathematische Schriften (1975).

[11] KÖTHE, G.: Topologische lineare Räume I.
2. Aufl., Berlin-Heidelberg-New York, Springer-Verlag 1966.

[12] LIONS, J.L.: Contrôle optimal des systèmes gouvernés par des équations aux dérivées partielles.
Paris, Dunod 1968.

[13] LUENBERGER, D.G.: Optimization by vector space methods.
New York-London-Sydney-Toronto, John Wiley and Sons 1969.

[14] ROBINSON, A.C.: A survey of optimal control of distributed-parameter systems.
Automatica 7(1971), 371 - 388.

[15] WECK, N.: Über Existenz, Eindeutigkeit und das "Bang-Bang-Prinzip" bei Kontrollproblemen aus der Wärmeleitung.
Erscheint in: Bonner Mathematische Schriften (1975).

[16] YEGOROV, Yu.V.: Some problems in the theory of optimal control.
USSR Comp.Math.Math.Phys.3(1963),1209-1232.

[17] YOSIDA, K.: Functional analysis. 3rd ed., Berlin-Heidelberg-New York, Springer-Verlag 1971.

FRANK LEMPIO
Institut für Angewandte Mathematik und Statistik
der Universität Würzburg
D - 87 WÜRZBURG
Am Hubland
BUNDESREPUBLIK DEUTSCHLAND

BOUNDS FOR TRIGONOMETRIC POLYNOMIALS

Theodore J. Rivlin

Two methods for finding the maximum and minimum of a given trigonometric polynomial are described and studied. They are then applied to randomly generated polynomials. The resulting data suggest that one of the methods is superior to the other.

We consider real trigonometric polynomials of degree at most m

$$(1)\quad p(x) = \frac{a_0}{2} + \sum_{j=1}^{m} (a_j \cos jx + b_j \sin jx)$$

$$= \sum_{k=-m}^{m} d_k e^{idx} \; ; \; d_{-k} = \bar{d}_k \; , \; k = 0,\ldots,m.$$

Let $\mathcal{T}_m$ denote the set of such polynomials. Given $p \epsilon \mathcal{T}_m$ we wish to discuss and compare several numerical methods for determining the quantities

$$\mu = \min_{x \epsilon R} p(x) \quad ; \quad M = \max_{x \epsilon R} p(x),$$

where R is the set of all real numbers. In the first section we describe and analyze several algorithms which give the desired bounds, and single out two methods for detailed consideration. In the second section we present the results of some computer trials using these two methods

1. Suppose $n \geq m$ and let $g_0(x),\dots,g_{2n}(x)$ be a basis for $\mathcal{T}_n$ with the properties

$$g_j(x) \geq 0\ ,\ x\epsilon R\ ,\ j = 0,\dots,2n, \tag{2}$$

and

$$\sum_{j=0}^{2n} g_j(x) \equiv 1. \tag{3}$$

If $p\epsilon\,\mathcal{T}_m$ then

$$p(x) = \sum_{j=0}^{2n} \alpha_j(n) g_j(x)$$

and we conclude, in view of (2) and (3), that

$$\underline{\alpha}(n) = \min_j \alpha_j(n) \leq \mu$$

and

$$\overline{\alpha}(n) = \max_j \alpha_j(n) \geq M.$$

We shall examine several choices of $g_0,\dots,g_{2n}$

for which the corresponding $\underline{\alpha}(n)$ and $\overline{\alpha}(n)$ converge to μ and M respectively.

Let $x_j(s)$, $j = 0,\dots,s-1$, be s equally spaced points on the unit circle. Say

$$x_j(s) = x_0(s) + \frac{2j\pi}{s}, \quad j = 0,\dots,s-1.$$

The following lemma is easily established (Cf. Zygmund [2, Vol. II]).

LEMMA. If $p \in \mathcal{T}_{s-1}$ then

$$\frac{1}{2\pi} \int_0^{2\pi} p(x)\,dx = \frac{1}{s} \sum_{j=0}^{s-1} p(x_j(s)).$$

a) Now put $s = 2n+1$. Suppose $p \in \mathcal{T}_n$ and consider the Féjer partial sum of order n of p

$$\sigma_n(p;x) = \frac{1}{2\pi} \int_0^{2\pi} p(u) F_n(x-u)\,du$$

where

$$F_n(x) = \sum_{k=-n}^{n} \left(1 - \frac{|k|}{n+1}\right) e^{ikx} = \frac{1}{n+1} \left[\frac{\sin \frac{n+1}{2} x}{\sin \frac{x}{2}} \right]^2 .$$

Since $p(\mu)F_n(x-u) \in \mathcal{T}_{2n}$ the lemma yields

$$\sigma_n(p;x) = \frac{1}{2n+1} \sum_{j=0}^{2n} p(x_j) F_n(x-x_j) \tag{4}$$

where we suppress the obvious dependence of x_j on $2n+1$ in the notation. Now

(5) $e^{ikx} = \sigma_n(\frac{n+1}{n+1-|k|} e^{ikx};x)$, $k = 0,\pm 1,\ldots,\pm n$,

hence each of e^{ikx}, $k = 0,\pm 1,\ldots,\pm n$ is a linear combination of $F_n(x-x_0),\ldots,F_n(x-x_{2n})$, which are, thus, linearly independent and form a basis for $\mathcal{T}_n$. Also putting $p = 1$ in (4) reveals that

$$\frac{1}{2n+1}\sum_{j=0}^{2n} F_n(x-x_j) = 1,$$

and so

$$g_j(x) = \frac{1}{2n+1} F_n(x-x_j),\ j = 0,\ldots,2n$$

satisfies (2) and (3). If $p\in\mathcal{T}_m$, $m \le n$, put

$$p(x) = \frac{1}{2n+1}\sum_{j=0}^{2n} \lambda_j(n)F_n(x-x_j).$$

In view of our general remarks we now see that if

$$\underline{\lambda}(n) = \min_j \lambda_j(n);\ \overline{\lambda}(n) = \max_j \lambda_j(n),$$

then $\underline{\lambda}(n) \le \mu \le \overline{\lambda}(n)$. Moreover, we have

THEOREM 1. If $p\in\mathcal{T}_m$ then

$$\lim_{n\to\infty} \underline{\lambda}(n) = \mu\ ;\ \lim_{n\to\infty} \overline{\lambda}(n) = M.$$

Proof. Note that if we put

$$q(x) = \sum_{k=-m}^{m} \frac{n+1}{n+1-|k|} d_k e^{ikx}$$

then since $\sigma_n(q;x) = p(x)$, $q(x_j) = \lambda_j(n)$, $j = 0,\ldots,2n$.

Thus for $j = 0,\ldots,2n$

$$\lambda_j(n)-p(x_j) = q(x_j)-p(x_j) = \sum_{j=im}^{m} \frac{|k|}{n+1-|k|} d_k e^{ikx_j}$$

and

$$|\lambda_j(n)-p(x_j)| \le \frac{m}{n+1-m} \sum_{k=-m}^{m} |d_k|, \; j = 0,\ldots,2n.$$

But if $\overline{\lambda}(n) = \lambda_i(n)$

$$0 \le \lambda_i(n) - M \le \lambda_i(n)-p(x_i) \le \frac{m}{n+1-m} \sum_{k=-m}^{m} |d_k| ,$$

and so $\overline{\lambda}(n) \to M$ as $n\to\infty$. A similar argument proves that $\underline{\lambda}(n) \to \mu$ as $n \to \infty$.

Remark. If we put $s = 2n$ a similar discussion shows that the $F_j(x-x_j)$, $j = 0,\ldots,2n-1$ form a basis of the desired kind for $\mathcal{T}_{n-1}(c)$, the span of 1, cos x, sin x,..., cos(n-1)x, sin(n-1)x, cos nx.

b) Next we follow the Jacksonian path. Put $s = 4n+1$,

$$K_n(x) = \frac{3}{2(n+1)^3+(n+1)}\left[\frac{\sin\frac{n+1}{2}x}{\sin\frac{x}{2}}\right]^4$$

and

(6) $$J_n(p;x) = \frac{1}{2\pi}\int_0^{2\pi} p(u)K_n(x-u)\,du.$$

Then according to the lemma we have (writing x_j for $x_j(4n+1)$)

$$J_n(p;x) = \frac{1}{4n+1}\sum_{j=0}^{4n} p(x_j)K_n(x-x_j)$$

for $p \in \mathcal{T}_{2n}$.

Now

$$K_n(x) = \sum_{j=-2n}^{2n} c_j(n)e^{ijx}$$

where

$$c_{-j} = c_j = 3\,\frac{\sum_{k=j-n}^{n}(n+1)-|k|)(n+1-|j-k|}{2(n+1)^3+(n+1)}, \quad j=0,\ldots,2n.$$

(Note that all c_j are positive.)

If

$$f(x) = \sum_{j=-2n}^{2n} f_j e^{ijx}$$

then (6) yields

(7) $$J_n(f;x) = \sum_{j=-2n}^{2n} f_j c_j e^{ijx} .$$

Thus it is easily seen that $K_n(x-x_0),\ldots,K_n(x-x_{4n})$ form a basis of the desired kind for $\mathcal{T}_{2n}$.

So if $p\in \mathcal{T}_m$, $m \le 2n$,

then

$$p(x) = \frac{1}{4n+1} \sum_{j=0}^{4n} \nu_j(n) K_n(x-x_j)$$

and if $\underline{\nu}(n) = \min \nu_j(n)$, $\overline{\nu}(n) = \max \nu_j(n)$ we have

(8) $\underline{\nu}(n) \le \mu \le M \le \overline{\nu}(n)$. Also

THEOREM 2. If $p\in \mathcal{T}_m$,

$$\lim \underline{\nu}(n) = \mu \text{ ; } \lim \overline{\nu}(n) = M.$$

Proof. Let

$$v(x) = \sum_{k=-m}^{m} \frac{d_k}{c_k} e^{ikx} ,$$

then $J_n(v;x) = p(x)$ and so

$$v(x_j) = \nu_j(n) \text{ , } j = 0,\ldots,4n.$$

Thus for $j = 0,\ldots,4n$

$$\nu_j(n)-p(x_j) = v(x_j)-p(x_j) = \sum_{k=-m}^{m} \left(\frac{1-c_k}{c_k}\right) d_k e^{ikx_j}$$

and

$$(9)\quad |\nu_j(n)-p(x_j)| \le \max_{0\le k\le m} \left(\frac{|1-c_k|}{c_k}\right) \sum_{k=-m}^{m} |d_k| .$$

Now, if $0 \le k \le m < n$ it is not hard to obtain

$$0 \le 1-c_k = \frac{3k^2(2n+3-k)}{4(n+1)^3+2(n+1)}$$

$$\le \frac{3m^2(2n+3-k)}{4(n+1)^3+2(n+1)} ,$$

and, if $m \ge 1$ (which we assume throughout)

$$c_k \ge \frac{1}{2(m+1)} .$$

Thus

$$\max_{0\le k\le m} \frac{|1-c_k|}{c_k} \le \frac{3(m+1)m^2}{n^2}$$

and (9) yields

$$(10)\quad |\nu_j(n)-p(x_j)| \le \frac{3(m+1)m^2}{n^2} \sum_{k=-m}^{m} |d_k| , j=0,\ldots,4n.$$

We now conclude our proof exactly as in Theorem 1.

Remark 1. The n^2 in the denominator on the right of (10) causes us to prefer this approach to that in Section 1a).

Remark 2. The effectiveness of the bounds given by the present method can sometimes be enhanced by a final correction, as follows. We have

$$0 \le K_n(x) \le \frac{3(n+1)^3}{2(n+1)^2+1} = \gamma_n .$$

If

$$\max_j \nu_j(n) = \nu_i(n) = \overline{\nu}(n)$$

and

$$\max_{j\neq i} \nu_j(n) = \nu_\ell(n) < \nu_i(n)$$

then

$$p(x) = \frac{1}{4n+1} K_n(x-x_i)\nu_i(n)$$

$$+(1- \frac{1}{4n+1} K_n(x-x_i))\frac{1}{4n+1} \sum_{\substack{j=0\\ j\neq i}}^{4n} \frac{\nu_j(n)K_n(x-x_j)}{1- \frac{1}{4n+1} K_n(x-x_i)}$$

$$\le \frac{1}{4n+1} K_n(x-x_i)\nu_i(n)+(1- \frac{1}{4n+1} K_n(x-x_i))\nu_\ell(n)$$

$$\le \frac{\gamma_n}{4n+1} \nu_i(n) + (1- \frac{\gamma_n}{4n+1}) \nu_\ell(n) .$$

Similarly, if

$$\min_j \nu_j(n) = \nu_I(n) = \underline{\nu}(n)$$

and

$$\min_{j\neq I} \nu_j(n) = \nu_L(n) > \nu_I(n)$$

then

$$p(x) \geq \frac{\gamma_n}{4n+1} \nu_I(n) + (1- \frac{\gamma_n}{4n+1}) \nu_L(n) .$$

c) We now turn to a different approach suggested by Ehlich and Zeller [1].

Suppose $p \in \mathcal{T}_m$,

$$p(t) = \max_{x \in R} p(x) = M,$$

and $|t-x_i(s)| \leq |t-x_j(s)|$, $j = 0,1,\ldots,s-1$. Note that $|t-x_i(s)| \leq (\pi/s)$. Taylor's expansion about t yields

$$p(x_i) = p(t) + (x_i-t)p'(t) + \frac{(x_i-t)^2}{2} p''(u)$$

where u is between x_i and t. Since $p'(t) = 0$ we have

$$\text{(11)} \quad M = p(t) \leq \max_{j=0,\ldots,s-1} p(x_j) + \frac{\pi^2}{2s^2} \sum_{k=-m}^{m} k^2 |d_k| .$$

A similar argument yields

$$\text{(12)} \quad \mu \geq \min_{j=0,\ldots,s-1} p(x_j) - \frac{\pi^2}{2s^2} \sum_{k=-m}^{m} k^2 |d_k| .$$

Since clearly,

$$M \geq \max_{j=0,\ldots,s-1} p(x_j); \ \mu \leq \min_{j=0,\ldots,s-1} p(x_j) ,$$

the bounds in (11) and (12) converge to M and μ respectively as $s \to \infty$.

2. We wish next to compare the upper and lower bounds given in 1 b) and 1 c) on sets of randomly generated trigonometric polynomials. This competition, not a comprehensive one by any means, was carried out on polynomials of low degree using an APL time-sharing facility.

The procedure was the following. A random number generator produced integers between -100 and 100 as real and imaginary parts of the coefficients of a polynomial, which was then normalized so that its absolute magnitude did not exceed 1. 100 polynomials of degree m were thus produced.

To each resulting polynomial we applied the first method, that of Section 1 b) and the second method, that of Section 1 c). With the first method, the final correction described in Remark 2 was used to obtain upper and lower bounds $M(1,n)$ and $\mu(1,n)$, respectively, and relative errors

$$\Delta(1)+ = \frac{\min M(1,n) - \max A(n)}{\max|A(n)|} , \tag{13}$$

and

$$\Delta(1)- = \frac{\min a(n) - \max \mu(1,n)}{\min|a(n)|} , \tag{14}$$

where

$$A(n) = \max p(x_j(4n+1)) \ , \ j = 0,\ldots,4n.$$

$$a(n) = \min p(x_j(4n+1)) \ , \ j = 0,\ldots,4n.$$

and the minima and maxima in (13) and (14) are taken for $n = K, K+1,\ldots,N$.

Similarly, for the second method we took $s = 4n+1$ and obtained upper and lower bounds $M(2,n)$ and $\mu(2,n)$ respectively, and relative errors

$$\Delta(2)+ = \frac{\min M(2,n) - \max A(n)}{\max|A(n)|}$$

and

$$\Delta(2)- = \frac{\min a(n) - \max \mu(1,n)}{\min |a(n)|} \ .$$

Finally, the ratios $\Delta(2)+/\Delta(1)+$ and $\Delta(2)-/\Delta(1)-$ were formed for each of the 100 polynomials of degree m. These ratios are exhibited as a cumulative histogram in the accompanying figures, identified by the appropriate parameters m,K,N.

In each figure the point (x,y) indicates that y (percent) of the 100 samples give not less than the ratio x. The vector (m,K,N) appears at the top of each figure.

The error bounds implied by (10) and (11) suggest that the second method is superior to the first, and the experimental evidence gives strong support to this view.

I with to thank my colleague, Alan Konheim, for his virtuoso performance at the APL Terminal.

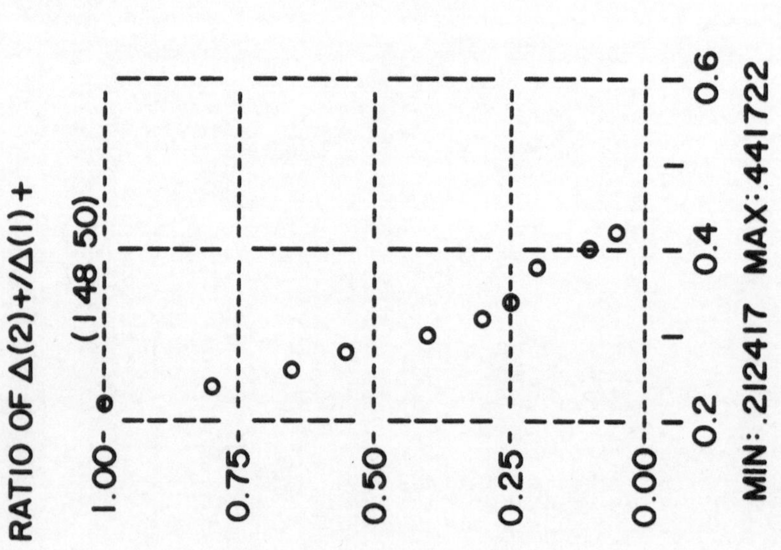

FIGURE 1

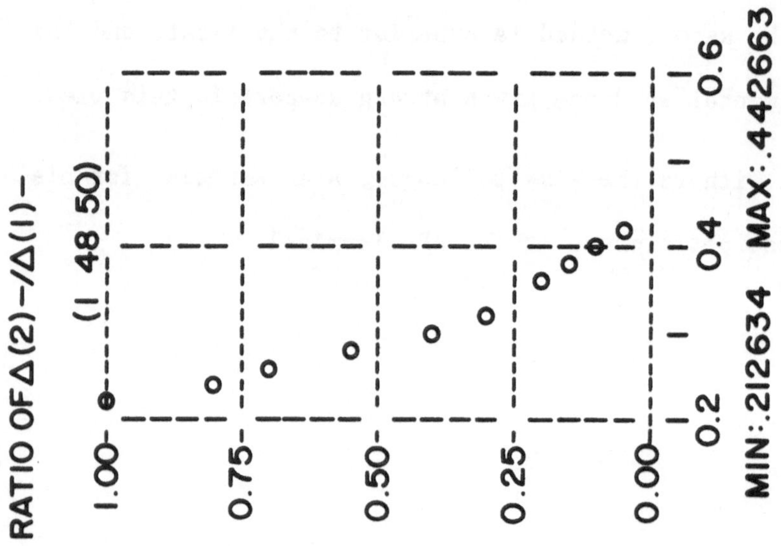

FIGURE 2

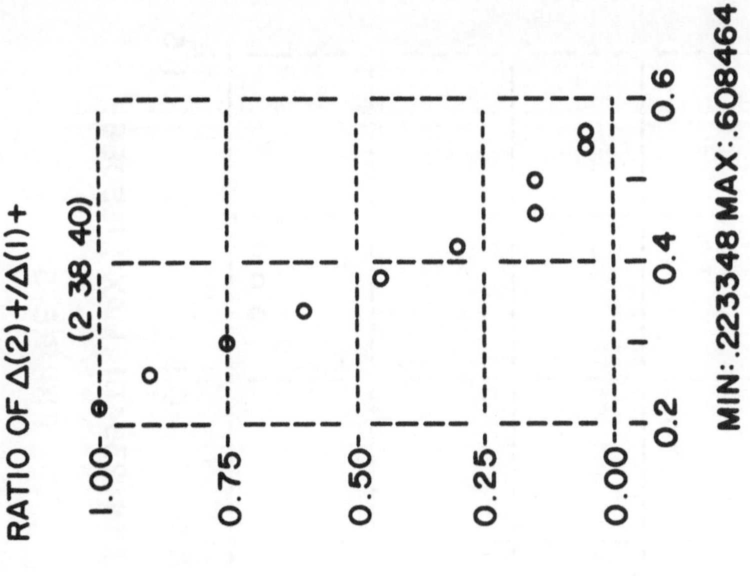

FIGURE 3

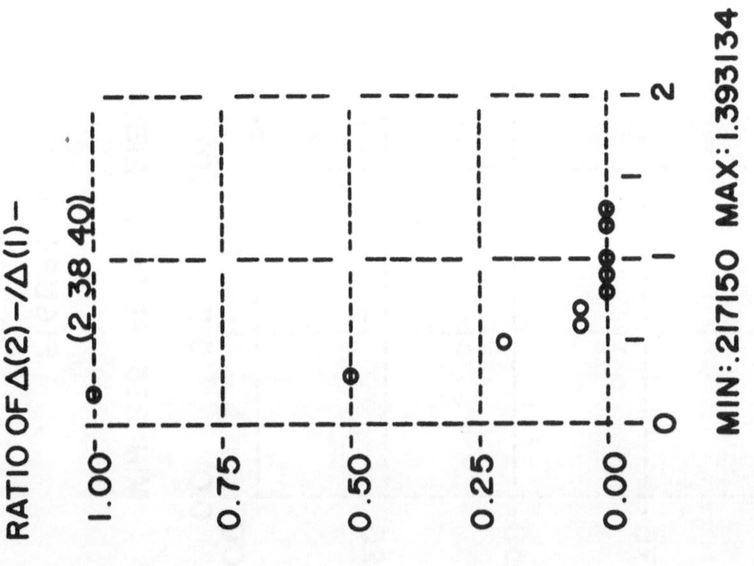

FIGURE 4

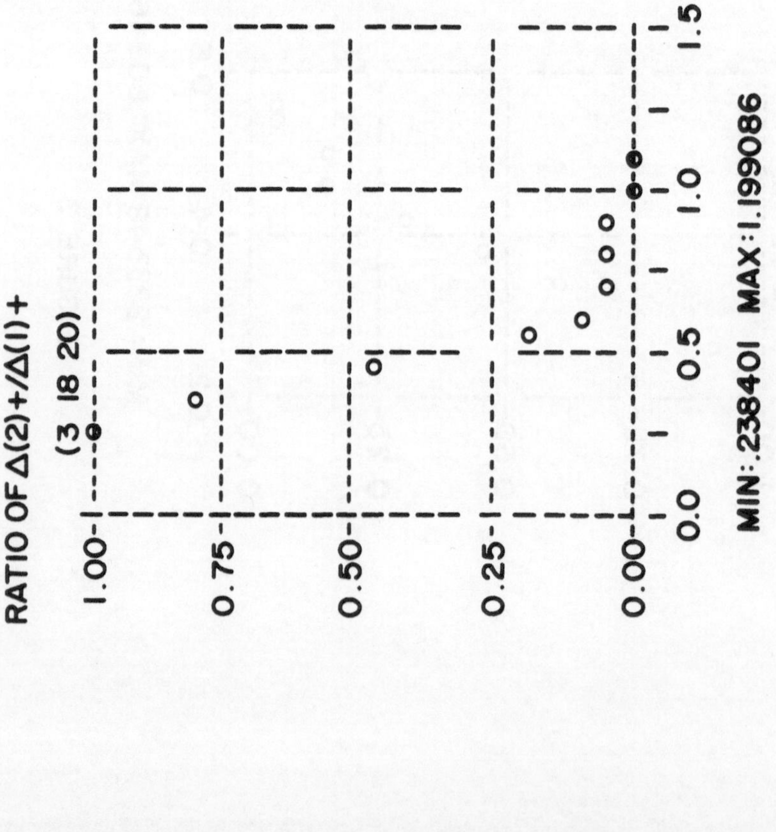

FIGURE 5

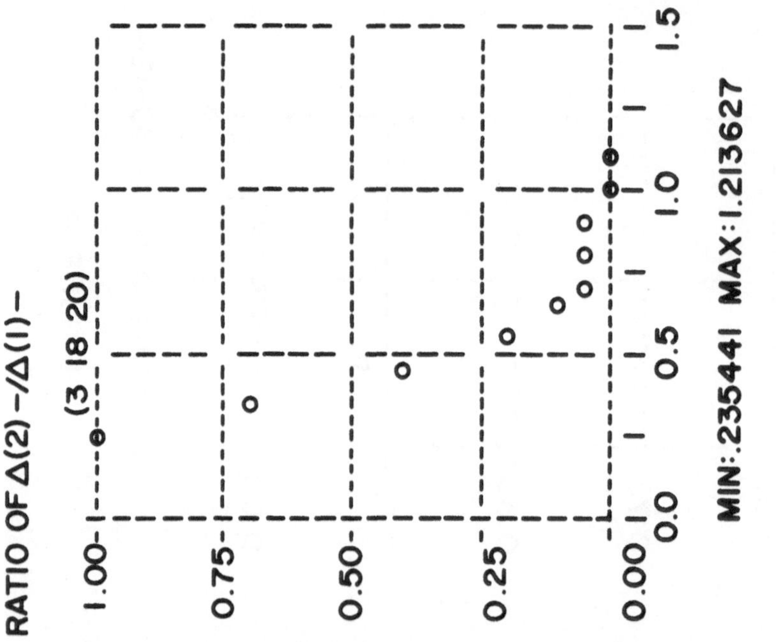

FIGURE 6

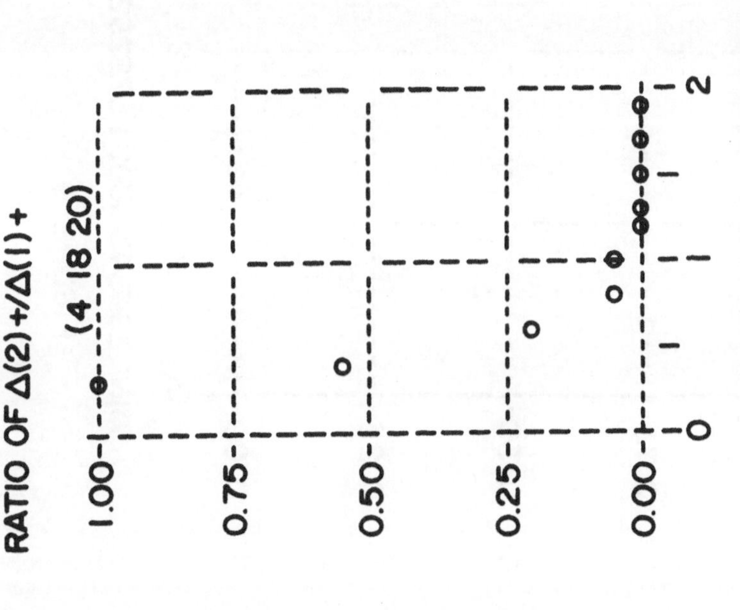

FIGURE 7

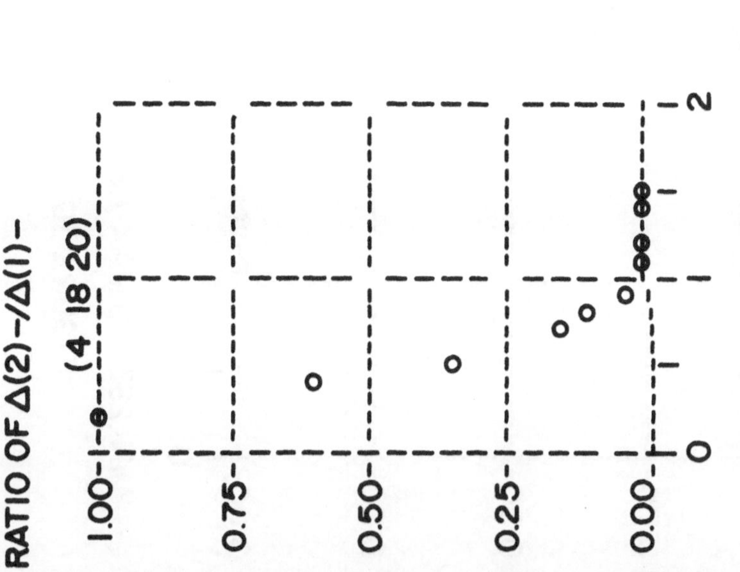

FIGURE 8

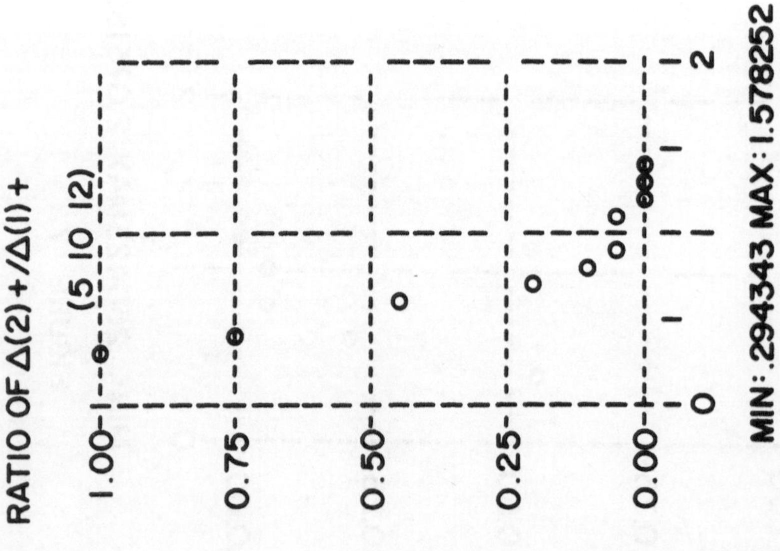

FIGURE 9

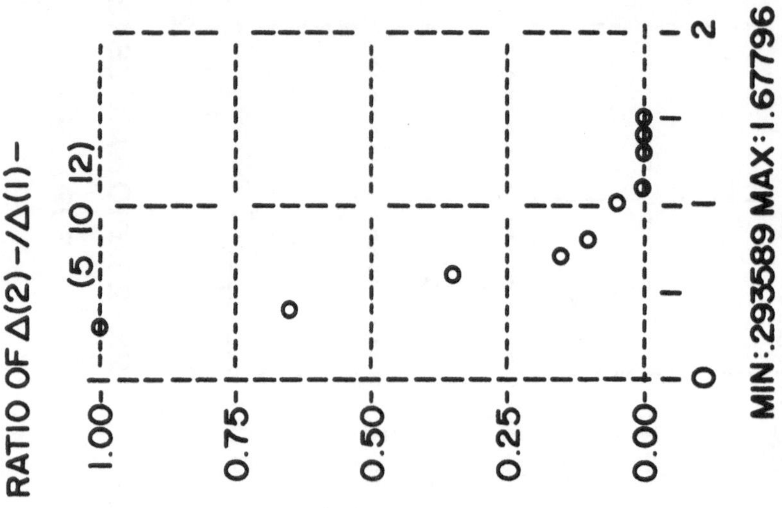

FIGURE 10

References

1. Ehlich, H., and K. Zeller, Schwankung von Polynomen zwischen Gitterpunkten, Math. Z., 86 (1964), 41-44.

2. Zygmund, A., Trigonometric Series, Vols. I and II, Cambridge University Press, London, 1959.

Thomas J. Watson Research Center
IBM
Yorktown Heights, N. Y., 10598
U.S.A.

FINITE ELEMENT APPROXIMATION OF SINGULAR FUNCTIONS

J.R.Whiteman and B.Schiff

The calculation of accurate finite element approximations to the solutions of elliptic boundary value problems in two dimensions can readily be achieved, and theoretical bounds on the finite element error can be obtained, when the boundary and boundary conditions are sufficiently smooth. However, when the boundary contains a re-entrant corner, so that the solution contains a singularity, accuracy is lost. The usual error analysis is also not applicable since the solution no longer has the required differentiability properties. Methods are described for overcoming this difficulty and for producing approximations to the stress function, to the displacements and to the stress concentration factor.

1. Introduction

This paper is concerned with finite element approximations to the solutions of problems from two dimensional elasticity where the boundary contains a sharp re-entrant corner. In such cases, the solution often contains a singularity at the corner point, which causes the approximation to lose accuracy and makes the usual error analysis inapplicable.

Problems in two dimensional elasticity can be formulated in two ways, either by writing them in differential form, where the differential equation is the biharmonic equation with the Airy stress function as the unknown, or in terms of an energy functional involving the stresses and displacements in the two co-ordinate directions. The differential equation approach is here considered first, whilst the energy functional formulation is treated in Section 6.

2. The Airy Stress Function

The stress function $U(x,y)$ is the solution of the problem

$$\begin{aligned} \Delta^2 [U(x,y)] &= 0 && (x,y) \in \Omega, \\ U(x,y) &= f(x,y), && (x,y) \in \partial\Omega, \qquad (1) \\ \frac{\partial}{\partial\nu}[U(x,y)] &= g(x,y), && (x,y) \in \partial\Omega, \end{aligned}$$

where $\Omega \subset R^2$ is a simply connected bounded domain with boundary $\partial\Omega$, $\bar{\Omega} \equiv \Omega \cup \partial\Omega$ and f,g and $\partial\Omega$ satisfy continuity conditions which are such that they ensure the existence and uniqueness of the solution of (1). Suppose that the region Ω contains a straight crack ; i.e. a re-entrant corner with internal angle 2π. The function $U(x,y)$ can in this case can be written as, see e.g. Williams [11],

$$U(r,\theta) = \sum_{i=1}^{\infty} a_i \phi_i(r,\theta), \qquad (2)$$

where (r,θ) are local polar co-ordinates with origin at the crack tip and with the arms of the crack at $\theta = \pm\pi$. Some of the ϕ_i are singular functions, so that (2) may be rewritten as

$$U(r,\theta) = z + \sum c_j \psi_j(r,\theta) ,$$

where z is a smooth function and the ψ_j are the singular ϕ's.

The finite element method can be applied to produce approximations to U, and techniques for so doing are described in Section 3. However, the coefficient a_1 of the leading singular term is of great interest in fracture mechanics, and is used by engineers as a measure of the amount of stress that the elastic solid containing the crack can withstand before fracture results. The quantity a_1 is related in a simple manner to the stress concentration factor. It is thus required that approximations to a_1, as well as those to U, be obtained.

3. Finite Element Method

In order to use the finite element method for (1) we introduce the usual Sobolev space $W_2^2(\Omega)$, which has the norm

$$\| v \|_{W_2^2(\Omega)} = \left\{ \sum_{|i| \leq 2} \int_\Omega \left(\frac{\partial^{|i|} v}{\partial x^{i_1} \partial y^{i_2}} \right)^2 dxdy \right\}^{\frac{1}{2}}, \quad v \in W_2^2(\Omega), \qquad (3)$$

where $|i| = i_1 + i_2$.

The subspace of $W_2^2(\Omega)$ in which functions satisfy on $\partial\Omega$ homogeneous boundary conditions in a generalized sense is the space $\overset{o}{W}{}_2^2(\Omega)$. The seminorm over $W_2^2(\Omega)$

$$|v|_2 = \left\{ \sum_{|i|=2} \iint_\Omega \left(\frac{\partial^{|i|} v}{\partial x^{i_1} \partial y^{i_2}} \right)^2 dx\, dy \right\}^{\frac{1}{2}}$$

is a norm over $\overset{o}{W}{}_2^2(\Omega)$ and is denoted by $\| v \|_{\overset{o}{W}{}_2^2(\Omega)}$.

If $\partial\Omega$ is sufficiently smooth, we form the weak problem corresponding to (1) : find $U \in \psi + \overset{o}{W}{}_2^2(\Omega)$ such that

$$a(U,v) = 0 \qquad \forall\, v \in \overset{o}{W}{}_2^2(\Omega), \tag{4}$$

where $\psi = f$ and $\frac{\partial\psi}{\partial\nu} = g$ on $\partial\Omega$, $\psi \in W_2^2(\bar{\Omega})$, and

$$a(v,w) = \int_\Omega \Delta v\, \Delta w \; dx\, dy\,, \quad \forall\, v,w \in W_2^2(\Omega). \tag{5}$$

The energy norm associated with (5) is

$$\| v \|_E = (a(v,v))^{\frac{1}{2}}. \tag{6}$$

For the finite element method the region is discretised in the usual way, see e.g. Strang and Fix [7], Barnhill and Whiteman [3], Whiteman [10], into elements each containing a set of nodes. Associated with every node in $\bar{\Omega}$ is a basis function $B_i(x,y) \in W_2^2(\Omega)$. The set $\{B_i(x,y)\}$ associated with nodes in Ω generates the finite dimensional space $S_o^h \subset \overset{o}{W}{}_2^2(\Omega)$, whilst the totality of basis functions over all nodes in $\bar{\Omega}$ (i.e.

including those on the boundary) defines the set $S^h \subset \psi^h + \overset{o}{W}{}_2^2(\Omega)$, elements of which satisfy the boundary conditions of (1) at nodes on the boundary $\partial\Omega$.

The Galerkin method is used to produce an approximation $U_h \in S^h$ to U from the finite dimensional problem : find $U_h \in S^h$ such that

$$a(U_h, v_h) = 0 \qquad \forall\ v_h \in S_o^h . \tag{7}$$

It has been shown [4] that the function U_h defined in this way is the best approximation to U from S^h in the energy norm (6). Thus

$$\| U - U_h \|_E \leqq \| U - w_h \|_E \qquad \forall\ w_h \in S^h . \tag{8}$$

In particular (8) holds when $w_h = \tilde{U}_h \in S^h$ is an interpolant to U, so that

$$\| U - U_h \|_E \leqq \| U - \tilde{U}_h \|_E .$$

The problem of bounding $\| U - U_h \|_E$ has thus become one of bounding the interpolation error. Many such bounds exist, see [7], and one relevant case is given below.

If the boundary $\partial\Omega$ is Lipschitzian and polygonal, and Ω is partitioned into triangular elements, it is shown in [2] that, when S^h consists of conforming piecewise k^{th} order functions, then

$$\| U - \tilde{U}_h \|_E \leqq K h^{\mu} |U|_{\ell} , \quad \mu = \min(k-1, \ell-2), \tag{9}$$

where K is a constant and $|U|_\ell$ is the ℓth order seminorm of U. A much used conforming approximating function v in S^h is that where $v \in C^1(\bar{\Omega})$ and the restriction of v to any element is a quintic polynomial, see Zlamal [12]. In this case the O(h) bound of the form (9) which demands least continuity from U is

$$\| U - \tilde{U}_h \|_E \leqq K h |U|_3 ,$$

where $k = 5$ so that $k - 1 = 4$ and $\mu = \ell - 2 = 1$ so that $\ell = 3$.

4. Singular Problems

The seminorms in (9) demand certain continuity properties of the solution U; minimally that the third derivatives of U be in $L_2(\Omega)$ in order to obtain an O(h) error bound. In the case of problems with corner singularities U does not possess this smoothness. As a consequence the finite element solution has lower accuracy. The inaccuracy is greatest in the neighbourhood of the singular point, but there is the pollution effect, see Babuska [1] whereby accuracy is lost throughout the whole of Ω. The error analysis of Section 3 is also no longer applicable. The inaccuracy can be remedied by refining the mesh locally in the manner of Babuska [1] and Gregory and Whiteman [6], or by subtracting off from U singular terms in order to create a smooth function, as has been done for a second order problem by Barnhill and Whiteman [4]. Error bounds can be obtained for the refinement case by the use of scaled or weighted Sobolev spaces and the appropriate non-integer norms. Alternatively by subtracting off singular functions error bounds may be obtained in a manner similar to [4].

It is important to note that neither the standard finite element technique nor the additional mesh refinement gives an approximation to a_1 or other a_i defined in (2), whereas these are produced automatically with the subtraction method which is, however, complicated to implement.

In order to obtain values for the a_i with the standard finite element technique, or the version using local mesh refinement, we take the series (2) in truncated form and fit it using a least squares technique to the values of U at a set of T nodal points in Ω. The choice of nodal points is guided by the convergence properties of the series.

From (2) we have that

$$U_h(r,\theta) = \sum_{i=1}^{Q} a_i \phi_i(r,\theta)$$

and hence we minimise

$$\Phi(\underline{a}) = \left\{ \sum_{j=1}^{T} (r_j)^{-\alpha} \left[U_h(r_j,\theta_j) - \sum_{i=1}^{Q} a_i \phi_i(r_j,\theta_j) \right]^2 \right\}^{\frac{1}{2}}, \tag{10}$$

where T and Q have chosen values and the weighting function $(r_j)^{-\alpha}$ is added since the leading function $\phi_1(r,\theta)$ has an r-dependence of $r^{\alpha/2}$. Although approximations to a_i, $i=1,2,\ldots,Q$ are calculated in this way, it should be remembered that our main interest is in a_1.

5. Model Problem

The following problem of type (1) is considered by Bernal and Whiteman [5]. The function U(x,y) satisfies

$$\left.\begin{aligned}
&\Delta^2 \left[U(x,y)\right] = 0 \qquad (x,y) \in \Omega, \\
&U = 0, \frac{\partial U}{\partial y} = 0 \qquad \text{on } OA, \\
&U = 0, \frac{\partial U}{\partial x} = 0 \qquad \text{on } AB, \\
&U = \sigma\left(\frac{x^2}{2} + ax + \frac{a^2}{2}\right), \frac{\partial U}{\partial y} = 0 \text{ on } BC, \\
&U = 2\sigma a^2, \frac{\partial U}{\partial x} = 2\sigma a \qquad \text{on } CD,
\end{aligned}\right\} \quad (11)$$

where Ω is the rectangle of width 2a and height 2b containing a slit of length a, as in Figure 1, subject to inplane loading σ as shown. The boundary conditions on DEFGO are found by symmetry.

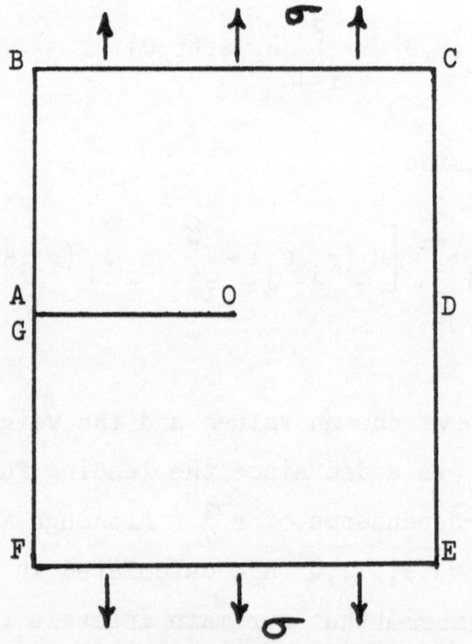

Figure 1

It is shown by Williams [11], that the series (2) in this case has the form

$$U(r,\theta) = \sum_{i=1}^{\infty} \Big[(-1)^{i-1} a_{2i-1} r^{i+\frac{1}{2}} \{ -\cos(i-3/2)\theta + \left(\frac{2i-3}{2i+1}\right) \cos(i+\tfrac{1}{2})\theta \} + (-1)^{i} a_{2i} r^{i+1} \{ -\cos(i-1)\theta + \cos(i+1)\theta \} \Big], \quad (12)$$

so that the r-dependence of the leading term is $r^{3/2}$. Finite element solutions for (11) are calculated using a right triangular partition, the short sides of the triangles being $\Delta x = 0.1 \equiv a/4$, $\Delta y = 0.175 \equiv b/4$, using the standard piecewise-quintic C^1 trial function. From these, approximations to the a_i, $i = 1,2,\ldots,Q$, are calculated using (10) with $\alpha = 3$ and taking respectively $Q = 1,2,\ldots,15$. The values for a_1 are given in Table 1.

All internal mesh points not near a corner are selected as points of fit. Also included in Table 1 are values of a_1 calculated by a similar fitting procedure from the "Motz - values" of the stress function obtained in [5] using finite difference methods modified to include singular terms.

Q	Values of a_1 obtained from:		
	Finite Element Solution	Finite Differences [5] with 4 Terms from Series (2)	Finite Differences [5] with 10 Terms from Series (2)
1	− 9088	− 9423	− 9488
2	− 10255	− 10735	− 10870
3	− 10999	− 11988	− 12125
4	− 10815	− 11928	− 12041
5	− 10837	− 12326	− 12570
6	− 10722	− 12370	− 12688
7	− 10724	− 12436	− 12779
8	− 10681	− 12445	− 12787
9	− 10666	− 12456	− 12810
10	− 10651	− 12456	− 12813
11	− 10647	− 12457	− 12824
12	− 10647	− 12457	− 12827
13	− 10649	− 12456	− 12827
14	− 10652	− 12457	− 12827
15	− 10650	− 12456	− 12827
		Value from [5] − 12443	Value from [5] − 12813

Table 1

6. Hybrid Methods

As mentioned in Section 1, an alternative approach for two dimensional elasticity - plane strain - is to use a (stress) hybrid formulation of the problem and to define the energy functional in terms of stresses and displacements, see Pian and Tong and Lasry [9]. In order to use this for problem (11) we divide Ω into a uniform partition of rectangular elements, and approximate the stresses in the interior of each element by polynomials of degree p in x and y, whilst on each element boundary the displacements are approximated by interpolation polynomials of degree q in either x or y. Values of p and q are chosen and the displacements u and v at the nodal points are calculated in a manner similar to [9] but of course without the addition of singular functions. We note that expressions of the form

$$u = \sum a_i \beta_i(r,\theta), \qquad v = \sum a_i \gamma_i(r,\theta) \qquad (13)$$

may be obtained from (2), since u and v depend on the first derivatives of the stress function $U(x,y)$. Approximate values for the a_i may thus be obtained by fitting the calculated values of u or v to the expressions in (13) in a manner similar to that of Section 4. Results for a_1, with $Q = 1,2,\ldots,15$ calculated from both u and v values on the uniform partition with mesh sizes as indicated, are given in the first four columns of Table 2, where p and q are taken as shown. It should be noted that p and q cannot be chosen

Q	Values of a_1 calculated from:					
	Unrefined				Refined	
	with $p = q = 1$, $\Delta x = 0.08889$, $\Delta y = 0.0875$		with $p = 5$, $q = 3$, $\Delta x = 0.08889$, $\Delta y = 0.0875$		with $p = q = 1$, $\Delta x = 0.1$, $\Delta y = 0.0875$	
	u	v	u	v	u	v
1	− 19597	− 13409	− 23230	− 14006	− 15863	− 13119
2	− 19782	− 15310	− 24873	− 16088	− 16127	− 13562
3	− 14270	− 11833	− 11951	− 12464	− 12406	− 12451
4	− 15980	− 13482	− 16047	− 14294	− 12902	− 12662
5	− 13873	− 13034	− 13249	− 13752	− 12385	− 12569
6	− 13832	− 12175	− 12524	− 13003	− 12421	− 12486
7	− 14421	− 12159	− 14192	− 12990	− 12504	− 12488
8	− 14435	− 12481	− 14142	− 13283	− 12508	− 12530
9	− 14305	− 12424	− 12899	− 13249	− 12487	− 12527
10	− 14425	− 12301	− 12777	− 13109	− 12495	− 12527
11	− 14401	− 12324	− 12948	− 13030	− 12493	− 12540
12	− 14424	− 12326	− 13017	− 13041	− 12497	− 12539
13	− 14505	− 12413	− 13079	− 13094	− 12507	− 12542
14	− 14502	− 12407	− 13089	− 13106	− 12506	− 12536
15	− 14600	− 12346	− 13028	− 13081	− 12508	− 12535

Table 2

independently, as, for a given value of q, the chosen p must be sufficiently large for the strains resulting from the boundary displacements to be represented adequately inside the element; see Pian and Tong [8].

The purpose of increasing the values of p and q as above is to try to improve accuracy. An alternative approach is to keep p and q small (linear polynomials) and to refine the mesh locally in the neighbourhood of the crack tip. Use is made of the refinement strategy of Gregory and Whiteman [6] as illustrated in Figure 2, with 20 levels of refinement being used. We take $p = q = 1$ in

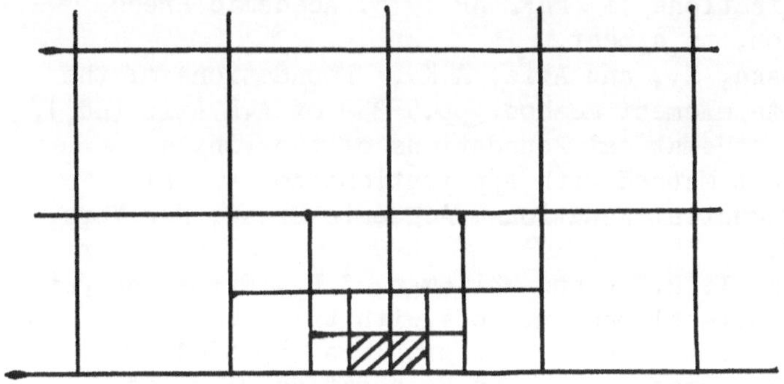

Figure 2

all elements of the refined mesh with the exception of the hatched pair where $p = 3$ and $q = 1$. This last choice is determined by the restriction mentioned above. Values of a_i are again obtained by least square fitting to the displacements. Values of a_1 are given in the last two columns of Table 2. It must be admitted that the problem of obtaining conclusive values for the stress concentration factor has not been solved here. However, it appears from Tables 1 and 2 that there is considerable similarity between the values of a_1 obtained by Bernal and Whiteman [5] and from the finite element method with refinement. This fact is worthy of note since the two methods are completely unrelated.

References

1. Babuska, I., The selfadaptive approach in the finite element method. In J.R.Whiteman (ed.), The Mathematics of Finite Elements and Applications II, MAFELAP 1975. Academic Press, London, to appear.
2. Babuska, I., and Aziz, A.K., Foundations of the finite element method. pp.5-359 of A.K.Aziz (ed.), The Mathematical Foundations of the Finite Element Method with Applications to Partial Differential Equations. Academic Press, New York, 1972.
3. Barnhill, R.E., and Whiteman, J.R., Error analysis of finite element methods with triangles for elliptic boundary value problems. pp.83-101 of J.R.Whiteman (ed.), The Mathematics of Finite Elements and Applications, Academic Press, London, 1973.
4. Barnhill, R.E., and Whiteman, J.R., Error analysis of Galerkin methods for Dirichlet problems containing boundary singularities. J.Inst.Math. Applics. 14, 121-125, 1974.
5. Bernal, M.J.M., and Whiteman, J.R., Numerical treatment of biharmonic boundary value problems with re-entrant boundaries. Comp.J.13, 87-91, 1970.
6. Gregory, J.A., and Whiteman, J.R., Local mesh refinement with finite elements for elliptic problems. Technical Report TR/24, Department of Mathematics, Brunel University, 1974.

7. Strang, G., and Fix,G., An Analysis of the Finite Element Method. Prentice Hall, New Jersey, 1973.
8. Tong, P., and Pian, T.H.H., A varational principle and the convergence of a finite element method based on assumed stress distribution. Int.J.Solids Struct. 5, 463-472, 1969.
9. Tong, P., Pian, T.H.H., and Lasry, S.J., A hybrid-element approach to crack problems in plane elasticity. Int.J.Numer.Meth.Eng.7, 297-308, 1973.
10. Whiteman, J.R., Some aspects of the mathematics of finite elements. In J.R.Whiteman (ed.), The Mathematics of Finite Elements and Applications II, MAFELAP 1975. Academic Press, London, to appear.
11. Williams, M.L., Stress singularities resulting from various boundary conditions in angular corners of plates in extension. J. Appl.Mech,24, 526-528, 1952.
12. Zlamal, M., On the finite element method. Numer. Math. 12, 394-409, 1968.

Dr. J.R.Whiteman,
School of Mathematical Studies,
Brunel University,
Uxbridge, Middlesex, UB8 3PH,
England.

Dr. B. Schiff,
Department of Mathematical Sciences,
Tel Aviv University,
Tel Aviv,
Israel.